高等学校"十三五"规划教材·计算机类

KVM 虚拟化技术基础与实践

主　编　邢静宇

副主编　单平平　张　政

主　审　刘黎明

西安电子科技大学出版社

内 容 简 介

本书从当前流行的虚拟化实现技术开始，以 KVM 和 QEMU 为例，详细解析了 KVM 的核心模块和 QEMU 的软件架构，并阐述了如何通过虚拟化管理平台管理虚拟机。

本书共分七章，第一章是虚拟化与云计算，第二章是虚拟化实现技术，第三章是构建 KVM 环境，第四章是 KVM 核心模块配置，第五章是 KVM 内核模块解析，第六章是 QEMU 软件架构分析，第七章是 KVM 虚拟机管理应用实践。

本书可作为本科计算机类专业云计算方向相关课程的教材及职业培训教材，也可作为 KVM 虚拟化技术初学者的参考书籍。

图书在版编目(CIP)数据

KVM 虚拟化技术基础与实践/邢静宇主编.

—西安：西安电子科技大学出版社，2015.12(2020.8 重钝)

高等学校"十三五"规划教材·计算机类

ISBN 978–7–5606–3912–3

Ⅰ. ① K⋯　　Ⅱ. ① 邢⋯　　Ⅲ. ① 虚拟处理机—高等学校—教材

Ⅳ. ① TP338

中国版本图书馆 CIP 数据核字(2015)第 281777 号

策　　划　李惠萍　戚文艳
责任编辑　李惠萍　杨　璠
出版发行　西安电子科技大学出版社（西安市太白南路 2 号）
电　　话　(029)88242885　88201467　　邮　编　710071
网　　址　www.xduph.com　　　　电子邮箱　xdupfxb001@163.com
经　　销　新华书店
印刷单位　西安日报社印务中心
版　　次　2015 年 12 月第 1 版　　2020 年 8 月第 2 次印刷
开　　本　787 毫米×1092 毫米　1/16　印张 15
字　　数　348 千字
印　　数　3001～3500 册
定　　价　33.00 元
ISBN 978 – 7 – 5606 – 3912 – 3 / TP
XDUP 4204001–2

＊＊＊ 如有印装问题可调换 ＊＊＊

前　　言

虚拟化技术最早出现在 20 世纪 60 年代的 IBM 大型机系统，在 70 年代的 System 370 系列中逐渐流行起来，这些机器通过一种叫虚拟机监控器的程序在物理硬件之上生成许多可以运行独立操作系统软件的虚拟机(Virtual Machine)实例。

近些年来，随着多核系统、集群、网格和云计算的广泛部署，虚拟化技术在商业应用上的优势日益体现，不仅降低了 IT 成本，而且还增强了系统的安全性和可靠性，虚拟化的概念也逐渐深入到人们日常的工作与生活中。

实际上，虚拟化技术是一套解决方案，完整的情况需要 CPU、主板芯片组、BIOS 和软件的支持，例如 VMM(Virtual Machine Monitor，虚拟机监控器)软件或者某些操作系统本身。KVM(Kernel-based Virtual Machine)作为一个主流的 Linux 系统下 x86 硬件平台上的全功能开源虚拟化解决方案，包含了一个可加载的内核模块 kvm.ko，用来提供虚拟化核心架构和处理器规范模块。

QEMU 是一款开源的模拟器及虚拟机监控器。QEMU 主要给用户提供两种使用功能。一是作为用户态模拟器，利用动态代码翻译机制来执行不同于主机架构的代码。二是作为虚拟机监控器，模拟全系统，利用其他 VMM(KVM、Xen 等)提供的硬件虚拟化支持，创建接近于主机性能的虚拟机。

KVM 从 Linux Kernel 2.6.20 开始就包含在 Linux 内核代码之中，成为 Linux 内核的一个模块，用于负责虚拟机的创建、虚拟机内存的分配、虚拟 CPU 寄存器的读写以及虚拟 CPU 的运行等。

QEMU 也是用于模拟 PC 硬件的用户空间组件，提供 I/O 设备模型以及访问外设的途径。libkvm 是 KVM 提供给 QEMU 的应用程序接口，KVM 和 QEMU 的结合成就了基于 KVM 的虚拟化技术。

本书对云计算中关键技术的虚拟化技术进行了深入的分析，在虚拟化概念的基础上，进行了虚拟化技术类型分类，并从 x86 计算机体系结构以及操作系统的工作原理出发，介绍了系统虚拟化的历程及目前主流的虚拟化产品。书中以 KVM 开源软件为例分析了虚拟化软件的环境搭建、底层模块及其实现方法，最后阐述了如何通过虚拟化管理平台对虚拟机进行管理。

本书主要用于培养学生对虚拟化技术的认识与理解，并在技术应用的基础上培养其实践能力。通过课程学习，掌握虚拟化技术(KVM 或 QEMU 等虚拟化工具)的工程级人才应能够进行云计算领域虚拟化技术的使用与开发。

本书内容新颖，注重技术应用和实践操作。每章内容紧紧围绕学生关键能力培养这一教学原则，在保证云计算及虚拟化基础理论系统性的同时，把 KVM 配置、QEMU 等实用技术融入到典型专业实践操作中，强调了实践操作的实用性，促进了"教、学、做"一体化教学模式的实现。

本书共分七章，第一章是虚拟化与云计算，第二章是虚拟化实现技术，第三章是构建

KVM 环境，第四章是 KVM 核心模块配置，第五章是 KVM 内核模块解析，第六章是 QEMU 软件架构分析，第七章是 KVM 虚拟机管理应用实践。

前三章作为知识引入部分，对云计算和虚拟化的概念进行了详细介绍，然后给出了虚拟化中常用的实现技术，包括如何部署 KVM 和 QEMU 的虚拟化环境。在接下来的三个章节里详细阐述了 KVM 的各核心模块的常用配置，通过对 KVM 和 QEMU 源码进行分析，使学生可以深入理解 KVM 和 QEMU 内核模块的构成，并能进行虚拟化的流程分析，之后还给出了 KVM 的用户空间工具 QEMU 的架构和组件介绍。在本书的最后一章，通过对 KVM 的常用虚拟化管理工具 libvirt、virt-manager 等的举例分析，说明了如何进行虚拟化的底层开发与实践。

本书由邢静宇担任主编，单平平、张政为副主编。其中，第一章、第三章和第七章由邢静宇编写，第二章和第四章由单平平编写，第五章和第六章由张政编写。全书由刘黎明主审。

本书在编写过程中得到了各编委的大力支持，同时，同行专家及相关行业人士也提出了很多宝贵意见，在此表示感谢。

虚拟化技术是一个比较新的技术领域，尽管编委会成员在编写过程中付出了很多努力，但限于编者的水平，加之时间仓促，书中不妥之处在所难免。读者如有宝贵意见和建议，可随时联系我们。我们的邮箱为 jing8089@163.com，我们会积极吸取您的建议，密切跟踪虚拟化技术新的发展动向，在本书的新版本中适时修改。

邢静宇

2015 年 7 月 31 日

目　　录

第一章 虚拟化与云计算

本书是以虚拟化技术为主要内容的一本书，但在第一章，我们将首先给出虚拟化与云计算的概念。究竟云计算和虚拟化之间有什么样的联系呢？我们从第一小节虚拟化概述中去逐步探索。

1.1 虚拟化概述

作为"智慧的信息技术"的重要组成部分，虚拟化与云计算已成为当今信息产业领域最受瞩目的新兴概念。但仍有许多人对虚拟化和云计算的概念很模糊，认为虚拟化就是云计算。通过本节的介绍，我们会逐步给大家一个清晰的认识，使大家明白到底什么是云计算，什么是虚拟化，它们二者之间又有什么样的联系。

1.1.1 云计算概念及其体系结构

1. 云计算的概念

云计算(Cloud computing)是最近几年提出来的一个信息科技领域的概念，在 2006 年，Google 推出了"Google 101 计划"，正式提出了"云"的概念和理论，"云计算"也是由 Google 提出的一种网络应用模式。

狭义的云计算是指 IT 基础设施的交付和使用模式，指通过网络以按需、易扩展的方式获得所需的 IT 基础设施。云计算厂商通过分布式计算和虚拟化技术搭建数据中心或超级计算机，以免费或按需租用的方式向技术开发者或者企业用户提供数据存储、分析以及科学计算等服务，如亚马逊(Amazon)的弹性计算云。亚马逊通过提供弹性计算云，满足了小规模软件开发人员对集群系统的需求，减小了维护负担。其收费方式相对简单明了，用户使用多少资源，只需为这一部分资源付费即可。

广义的云计算是指服务的交付和使用模式，指通过网络以按需、易扩展的方式获得所需的服务。这种服务可以是与 IT 和软件、互联网相关的，也可以是任意其他的服务，它具有超大规模、虚拟化、可靠安全等特性。厂商通过建立网络服务器集群，向各种类型的客户提供在线软件服务、软件租借、数据存储、计算分析等不同类型的服务。

在 Google 正式提出了"云"的概念后，亚马逊、微软、IBM 几大公司巨头也都宣布了自己的"云计划"。在全球各大 IT 巨头的努力推动下，近两年来，云计算在全球获得了飞速发展，并日益成为信息化建设领域的一大热点和未来趋势。

但是，云计算作为一个快速发展中的概念，并没有一个具体的、统一的定义。可以说，云计算是网格计算、分布式计算、并行计算、效用计算、网络存储、虚拟化、负载均衡等传统计算机技术和网络技术发展融合的产物。它通过网络把多个成本相对较低的计算实体整合成一个具有强大计算能力的完美系统，并借助 IaaS(Infrastructure as a Service，基础架构即服务)、PaaS(Platform as a Service，平台即服务)、SaaS(Software as a Service，软件即服务)等先进的商业模式把系统强大的计算能力分布到终端用户手中。

2. 云计算体系结构

为了便于理解云计算的体系结构，我们先按照下面的划分方式介绍一下云计算的类别。

第一种，IaaS。IaaS 通过互联网提供了数据中心、基础架构硬件和软件资源。IaaS 可以提供服务器、操作系统、磁盘存储、数据库和信息资源。最高端 IaaS 的代表产品是亚马逊的 AWS(Amazon Web Services)，不过 IBM、VMware 和惠普以及其他一些传统 IT 厂商也提供这类服务。IaaS 通常会按照"弹性云"的模式引入其他的使用和计价模式，也就是在任何一个特定的时间，都只使用你需要的服务，并且只为之付费。

第二种，PaaS。PaaS 提供了基础架构，软件开发者可以在这个基础架构之上建设新的应用，或者扩展已有的应用，同时却不必购买开发、质量控制或生产服务器。Salesforce.com 的 Force.com、Google 的 App Engine 和微软的 Azure(微软云计算平台)都采用了 PaaS 的模式。这些平台允许公司创建个性化的应用，也允许独立软件厂商或者其他的第三方机构针对垂直细分行业创造新的解决方案。

第三种，SaaS。SaaS 是最为成熟、最出名，也是得到最广泛应用的一种云计算。大家可以将它理解为一种软件分布模式，在这种模式下，应用软件安装在厂商或者服务供应商那里，用户可以通过某个网络来使用这些软件，通常使用的网络是互联网。这种模式通常也被称为"随需应变(on demand)"软件，这是最成熟的云计算模式，因为这种模式具有高度的灵活性，已经证明的可靠的支持服务，强大的可扩展性，因此能够降低客户的维护成本和投入，而且由于这种模式的多宗旨式的基础架构，运营成本也得以降低。Salesforce.com、NetSuite、SPSCommerce.net 和 Google 的 Gmail 都是这方面非常好的例子。

IaaS、PaaS 和 SaaS 之间的区别并不是那么重要，因为这三种模式都是采用外包的方式来减轻企业负担，降低管理、维护服务器硬件、网络硬件、基础架构软件或应用软件的人力成本的。从更高的层次上看，它们都试图去解决同一个商业问题——用尽可能少甚至是为零的资本支出，获得功能、扩展能力、服务和商业价值。当某种云计算的模式获得成功时，这三者之间的界限就会进一步模糊。成功的 SaaS 或 IaaS 服务可以很容易地延伸到平台领域。

一般来说，云计算能够分为 IaaS、PaaS 和 SaaS 三种不同的服务类型，而不同的厂家又提供了不同的解决方案，到目前为止并没有一个统一的技术体系结构，这对读者了解云计算的原理构成了障碍。在此，我们通过综合不同厂家的方案，构造了一个供商榷的云计算体系结构。

云计算技术体系结构分为 4 层：物理资源层、资源池层、管理中间件层和 SOA(Service-Oriented Architecture，面向服务的体系结构)构建层，如图 1-1 所示。

物理资源层包括计算机、存储器、网络设施、数据库和软件等。

资源池层是将大量相同类型的资源构成同构或接近同构的资源池，如计算资源池、数据资源池等。构建资源池更多的是物理资源的集成和管理工作，例如研究在一个标准集装箱的空间如何装下 2000 个服务器，解决散热和故障节点替换的问题并降低能耗。

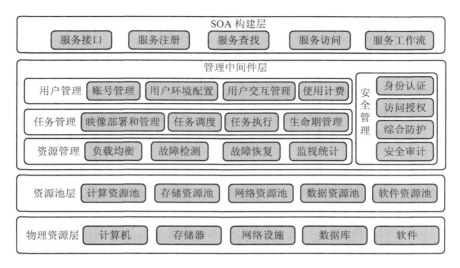

图 1-1　云计算的体系结构

　　管理中间件层负责对云计算的资源进行管理，包括资源管理、任务管理、用户管理和安全管理等工作，并对众多应用任务进行调度，使资源能够高效、安全地为应用提供服务。其中，资源管理负责均衡地使用云资源节点，检测节点的故障并试图恢复或屏蔽之，同时对资源的使用情况进行监视统计；任务管理负责执行用户或应用提交的任务，包括完成用户任务映像(Image)的部署和管理、任务调度、任务执行、任务生命期管理等；用户管理是实现云计算商业模式的一个必不可少的环节，包括提供用户交互接口、管理和识别用户身份、创建用户程序的执行环境、对用户的使用进行计费等；安全管理保障云计算设施的整体安全，包括身份认证、访问授权、综合防护和安全审计等。

　　SOA 构建层将云计算能力封装成标准的 Web Services 服务，并纳入到 SOA 体系进行管理和使用，包括服务注册、查找、访问和构建服务工作流等。管理中间件和资源池层是云计算技术的最关键部分，SOA 构建层的功能更多依靠外部设施提供。

1.1.2　虚拟化的基本概念

　　近两年，"云计算"、"虚拟化"、Amazon EC2、VMware 这些字眼充斥在各式各样的介质上，好像技术不和这些字眼沾点边，就不是最新的趋势了。其实虚拟化这个技术早就出现在你我的生活中，而"云端"、"EC2"这些新的名词，更是和虚拟化脱不了关系。我们在介绍虚拟化概念的同时，来看看这些让人困惑的技术词汇对你我的生活到底有什么影响。

　　本书的大部分读者应该对计算机知识都非常熟悉，但如果问"什么是虚拟化"，可能大部分人的回答都会是"就是在一个操作系统中运行另一个操作系统"，虽然这个答案也没错，但这并不是真正"虚拟化"的意义，只能说是虚拟化在硬件和操作系统之间的一个实践。那么到底什么是虚拟化呢？

　　虚拟化(Virtualization)已经成为 IT 界炙手可热的话题，在虚拟化市场这块大蛋糕面前，各厂商你争我夺，纷纷标榜自己的独到优势，一时间在虚拟化领域出现了百家争鸣的态势。然而，对于初学虚拟化的读者可能会有些迷惑，到底哪一家的技术更有优势？到底哪一家的产品符合自己的需求？笔者在给出虚拟化概念的同时，也希望能以自己的菲薄之力拨开虚拟之云，重现虚拟化真实之本。

虚拟化是对资源的逻辑抽象、隔离、再分配、管理的一个过程，通常对虚拟化的理解有广义与狭义两种。广义的虚拟化意味着将不存在的事物或现象"虚拟"成为存在的事物或现象的方法，计算机科学中的虚拟化包括平台虚拟化、应用程序虚拟化、存储虚拟化、网络虚拟化、设备虚拟化等。狭义的虚拟化专指在计算机上模拟运行多个操作系统平台。

其实，一直以来对于虚拟化并没有统一的标准定义，但大多数定义都包含这样几个方面：

(1) 虚拟的内容是资源(包括 CPU、内存、存储、网络等)；

(2) 虚拟出的物理资源有着统一的逻辑表示，而且这种逻辑表示能够提供给用户与被虚拟的物理资源大部分相同或完全相同的功能；

(3) 经过一系列的虚拟化过程，使得资源不受物理资源的限制和约束，由此可以带给我们与传统 IT 相比更多的优势，包括资源整合、提高资源利用率、动态 IT 等。

如果我们从计算机的不同层次入手，来给虚拟化作出一个定义，那么我们首先来看一下计算机的服务层级的结构，如图 1-2 所示。

图 1-2　计算机的服务层级

在硬件部分，硬件厂家虽然可以用各式各样的新技术来制作先进的产品，但还是得考虑到产品的通用性。以 CPU 为例，虽然各种 CPU 厂家都以高速低耗电为主要设计原则，但从信息行业来说，还是有几个必须遵守的架构，如 Intel 架构、PowerPC 架构等。这也是硬件厂家在设计时的较少制约。

操作系统的功能很复杂，主要是硬件与上层用户的沟通。举例来说，如果你买了一块新的显示适配器想要玩三维游戏，必须先安装驱动程序才能发挥硬件的功能及效能。这时操作系统的用处，就是提供游戏和硬件之间沟通的管道(驱动程序)，因此没有操作系统的话，硬件和用户之间是被隔离的。

对于框架库而言，大家都有使用 IE 浏览器的经验，如果你在使用 IE 时，只将"C:\Program Files\Internet Explorer\iexplore.exe"克隆出来，再拿到另一台电脑使用，这个 IE 是无法运行的。原因是这个 IE 在运行时，虽然有运行文件了，但还需要底层的框架提供各种功能。这些框架就是所谓的底层架构(Framework)。这么做的好处是让程序开发人员有一个共通的平台，并且也能确保开发出来的软件能在任何安装 Framework 的计算机上运行。Java Runtime、Microsoft Framework 就是常见的例子。

应用程序就是我们所看到的单独的软件，如 Chrome、Word 等。当我们要使用软件时，只要运行该软件的可执行文件就可以。计算机中软件的单位都是可执行文件，再大的软件都有一个代表性的可执行文件。而网页上的软件则由 index.html 这一类的首页来给定，或是由 Web Server 来给定软件的入口点。

软件呈现出来的功能称为服务。一般来说，一个现代的软件服务包括了物理数据(放在数据库系统中)、业务逻辑以及界面(Interface)。用户通过界面，以业务逻辑为工具来操作物理数据，就是一个基本的服务模式。

事实上，这些不同的层级之间与当前的架构是紧紧依赖的。没有软件的话，服务就无法提供给用户；没有 Framework，软件就无法运行；没有操作系统的话，就无法安装各式各样的软件和 Framework；没有硬件当然就什么都没有了。为了避免层次之间的紧密依赖性，在 1960 年，就有人引入虚拟化的概念，做法很简单，就是将上一层对下一层的依赖撤销；换句话说，就是将本层的依赖从底层中抽离出来，因此我们定义"虚拟化"的正规说法，可以为"虚拟化，就是不断抽离依赖的过程"。

"虚拟"从字面上看就是"假"的，意味着"本来没有这个东西，但要假装让你觉得有，以达到我们使用的目的"。事实上，这个较白话的解释，就是当前虚拟化的真正实践原则。下面我们从不同的层级来给出虚拟化的例子。

1) 服务虚拟化的例子

例如，通常在申请网站时，需要一个域名和对应的 IP，但 IP 不够，因此我们可以利用 Web Server 中的配置，让多个域名指向一个 IP。按照前面的解释，就是"让域名能脱离对 IP 的依赖"。而另一个解释更清楚，就是"原来没有这么多 IP 来一对一指向域名，我们就假装有这么多 IP 对应到不同的域名"，因此一个 IP 可以对多个域名，这样节省 IP 的目的就达到了。

2) 软件虚拟化的例子

软件虚拟化的例子最常见的就是可携式软件(或称绿色软件，Portable Software)了。有些软件放在 USB 随身盘中，带到哪里都可以运行，这种软件和下层 Framework 的依赖被打破，不需要 Framework 也可以运行。

3) Framework 虚拟化的例子

让 Framework 不再受制于操作系统，让这个 Framework 支持的应用软件都能运行在各式各样的操作系统之上。当前做得最好的应该就是 Java Runtime。虽然在不同的操作系统上都要安装不同版本的 Java，但不同的操作系统都能运行 Java 的 Runtime 算是一个较贴近的例子。

4) 操作系统虚拟化的例子

操作系统虚拟化是本书的重点，也就是让操作系统不再依赖硬件，直接可以运行在一个统一的"硬件界面"上。VMware vSphere 就是最好的例子，VMware vSphere 提供了一个"硬件界面"，让一台服务器上能并发运行多个操作系统，使操作系统都以为"自身在一台物理机器上"。

5) 硬件虚拟化的例子

硬件还能虚拟化吗？当然可以。最好的例子就是存储设备的虚拟化。我们可以将多个硬件组合成一个大存储池，并且依照我们的需要再将这个存储池进行分割。

1.1.3 虚拟化的目的

虚拟化的起因很简单，就是因为硬件资源的浪费，主要针对的问题就是硬件资源效率的低落。在计算机 CPU 和内存的效能及数量以摩尔定律倍数成长的同时，CPU 和内存在操作系统中的使用效率低落的情况反而加重。所谓的效率低落，就是无法完全发挥 CPU 的完整性能。虽然软件和操作系统的专家不断改良效率，但改进的速度远远比不上 CPU 和内存发展的速度，因此让单个硬件平台运行多个操作系统的观念成为解决这个问题的最好答案。当前大部分服务器的 CPU 使用率常在 5%以下，内存使用率更在 30%以下，因此把多个操作系统放在一台机器中，多少可以让 CPU 的利用率高一些。

虚拟化的主要目的是对 IT 基础设施和资源管理方式的简化，以帮助企业减少 IT 资源的开销，整合资源，节约成本。

从近几年虚拟机大量部署到企业的成功案例可以看出，越来越多的企业开始关注虚拟化技术给企业带来的好处，同时也在不断地审视自己目前的 IT 基础架构，从而希望改变传统架构。根据虚拟化技术的特点，其应用价值可以体现在"云"办公、虚拟制造、工业、金融业、政府、教育机构等方面。

虚拟化解决了当今我们遇到的许多问题，这主要体现在以下 4 个方面：

(1) 可以在一个特定的软硬件环境中虚拟另一个不同的软硬件环境，并且可以打破层级依赖的现状。VMware Workstation 就是一款用于虚拟另一个不同的软硬件环境的软件。其运行的主界面如图 1-3 所示。

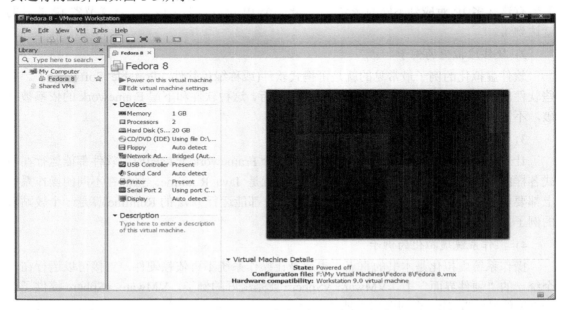

图 1-3　VMware Workstation 主界面

(2) 提高计算机设备的利用率。可以在一台物理服务器上同时安装并运行多种操作系统，从而提高物理设备的使用率。而且，当其中一台虚拟机发生故障时，并不会影响其他操作系统，实现了故障隔离。

(3) 在不同的物理服务器之间会存在兼容性的问题。为使不同品牌、不同硬件兼容，虚拟化可以统一虚拟硬件而达到使其相互融合的目的。

(4) 虚拟化可节约潜在成本。在硬件采购、操作系统许可、电力消耗、机房温度控制和服务器机房空间等方面都可体现节约成本的效果，如表 1-1 所示。

表 1-1 虚拟化可节约的潜在成本

类　别	可节约的潜在成本
硬件	不需要为每台服务器或桌面都配置硬件
操作系统许可	可以得到无限的虚拟机许可，从而节省开支
电力消耗	如果每台物理机所消耗的电力是一定的，那么总电力开销不会随着虚拟机规模的增长而增长
机房温度控制	无需添加新的制冷设备
服务器机房空间	虚拟机不是物理机器，所以无需增加数据中心空间

在解决问题的同时，把真实的硬件资源用 Hypervisor 模拟成虚拟的硬件设备有很多好处，这些好处包括：

(1) 降低成本。将硬件资源虚拟化之后，可以有效提高已有硬件的使用率，减少浪费，从而降低硬件的采购成本与运行时的能耗、管理成本。

(2) 增加可用性。虚拟化之前，一旦某个硬件设备崩溃或者损坏，对所提供的 IT 服务的影响是巨大的。虚拟化之后，只需对总的硬件资源进行一定的冗余配置，即可避免出现这种情况。类似地，当硬件需要进行更换或者升级时，使用虚拟化可以让 IT 服务做到无缝对接。

(3) 增加可扩展性。应用程序对于计算资源以及存储资源的需求存在着一定的波动，将硬件进行虚拟化后可以做到"物尽其用"，均衡各个服务器之间的负载。

(4) 方便管理。在将各个服务器统一到虚拟化平台后，可以有效地提高管理效率，便于发现 IT 服务中的问题和瓶颈。

1.1.4 虚拟化与云计算的关系

EOH 云服务总监 Richard Vester 表示，虚拟化是一种综合技术，然而云计算是一种商业模型，云计算可能会利用虚拟化技术，但本质上虚拟化并不是一种技术。

我们首先来看，虚拟化是一个广义的术语，是指计算元件在虚拟而不是真实的基础上运行，是一个为了简化管理、优化资源的解决方案。在电脑运算中，虚拟化通常扮演硬件平台、操作系统(OS)、存储设备或者网络资源等角色。

而云计算是现有技术和模式的演进和采用，云计算是为了让用户能够受益于这些技术而无需去深入了解和掌握它们，旨在降低成本和帮助用户专注于他们的核心业务，而不是让 IT 成为他们的阻碍。

然而，由于来自非 IT 人员(某些董事会)的压力和"虚拟化就是云"这种错误的认知，许多的 IT 机构自吹自擂地说他们已经"迁移到云"。

那么，虚拟化和云计算到底是什么样的关系呢？我们在前面给出了云计算的概念，也给出了虚拟化的概念。可以看出，云计算其实是包含了许多核心技术的概念，比如虚拟化、并行计算、分布式数据库、分布式存储等。其中虚拟化技术是云计算的基石，是云计算服务得以实现的最关键的技术。通过虚拟化技术可以将各种硬件、软件、操作系统、存储、网络以及其他 IT 资源进行虚拟化，并纳入到云计算管理平台进行管理。这样一来，IT 能力都可以转变为可管理的逻辑资源，通过互联网可以把这些资源像水、电和天然气一样提供给最终用户，以实现云计算的最终目标。

云计算的不断发展是 IT 信息产业发展的一个未来趋势，正如我们的互联网应用的蓬勃发展一样。目前一些 RIA(Rich Internet Applications)富客户端应用的迅速发展，开源软件和 HTML5 的不断推广，无疑都是为了给用户提供更好的服务。云计算的提出，是在前人的肩膀上，通过糅合现有的技术，为用户或者企业提供更好的服务的一种新的 IT 模式，因此可以说云计算本身带来的是一种 IT 产业格局的变化。

虚拟化技术是云计算系统的核心组成部分，是将各种计算及存储资源充分整合和高效利用的关键，虚拟化从根本上来说，其目的就是对技术资产的最充分利用。

云计算是为用户提供使用便利，帮助其随时随地获取各种高度可扩展的、灵活的 IT 资源，并按需使用，按使用付费的高效模式。云计算是一种"一切皆服务"的模式，通过该模式在网络上或"云"上提供服务。

基于云计算的存储产品正在逐渐改变企业经营大量数据的方式。对于那些希望从这些产品中获得最佳回报的企业而言，硬件基础设施要求服务器和存储器完全基于能够提供可扩展性、可靠性和灵活性而设计。尽管云计算和虚拟化并非捆绑技术，但是二者同时使用仍可正常运行并实现优势互补。云计算和虚拟化二者交互工作，云计算解决方案依靠并利用虚拟化提供服务，而那些尚未部署云计算解决方案的公司仍然可以利用端到端虚拟化从内部基础设施中获得更佳的投资回报和收益。

例如，为了提供"按需使用，按使用付费"服务模式，云计算供应商必须利用虚拟化技术。因为只有利用虚拟化，他们才能获得灵活的基础设施以提供终端用户所需的灵活性，这一点对外部(公有或共享的云)供应商和内部(私有云)供应商都适用。

总而言之，我们必须承认虚拟化是云计算中的主要支撑技术之一。虚拟化将应用程序和数据在不同层次以不同的面貌展现，这样有助于使用者、开发及维护人员方便地使用、开发及维护这些应用程序和数据。虚拟化允许 IT 部门添加、减少移动硬件和软件到它们想要的地方。虚拟化为组织带来灵活性，从而改善 IT 运维和减少成本支出。

一旦接受云计算作为总方针来运行业务，通过简化管理流程和提高效率来降低总成本可以为虚拟化平台带来巨大的价值。

云计算和虚拟化是密切相关的，但是虚拟化对于云计算来说并不是必不可少的。云计算将各种 IT 资源以服务的方式通过互联网交付给用户，然而虚拟化本身并不能给用户提供自服务层。没有自服务层，就不能提供计算服务。云计算模型允许终端用户自行提供自己的服务器、应用程序和包括虚拟化等其他的资源，这反过来又能使企业最大程度地处理自身的计算资源，但这仍需要系统管理员为终端用户提供虚拟机。

云计算方案通过使用虚拟化技术使整个 IT 基础设施的资源部署更加灵活。反过来，虚拟化方案也可以引入云计算的理念，为用户提供按需使用的资源和服务。在一些特定业务中，云计算和虚拟化是分不开的，只有同时应用两项技术，服务才能顺利开展。

可以这么说，云计算把计算当做公用资源，而不是一个具体的产品或者是技术。作为一个最为基本的想法，我们可以说云计算是由公用计算的概念演进而来，也可以把云计算想象为把许多不同的计算机当做一个计算环境。

1.1.5　虚拟化未来的发展前景

谈到虚拟化未来的发展前景，首先我们来看一下虚拟化的历史起源与近几年的发展。

虚拟化技术源于大型机，大型机上的虚拟分区技术最早可以追溯到 20 世纪六七十年代。早在 20 世纪 60 年代，IBM 率先实施虚拟化，作为对大型机进行逻辑分区以形成若干独立虚拟机的一种方式。这些分区允许大型机进行"多任务处理"，即同时运行多个应用程序和进程。由于当时大型机是十分昂贵的资源，因此设计了虚拟化技术来进行分区，可以让用户尽可能地充分利用昂贵的大型机资源。

随着技术的发展和市场竞争的需要，大型机上的技术开始向小型机或 UNIX 服务器上移植。IBM、HP 和 SUN 后来都将虚拟化技术引入各自的高端 RISC 服务器系统中。30 多年来，应该说虚拟化技术在上述高端产品上的应用已经日臻成熟。但真正使用大型机和小型机的用户毕竟还是少数，加上各家产品和技术之间并不完全兼容，致使虚拟化曲高和寡。

在 20 世纪 80 年代和 90 年代，由于客户端—服务器应用程序以及价格低廉的 x86 服务器和台式机成就了分布式计算技术，虚拟化实际上已被人们弃用。20 世纪 90 年代，Windows 的广泛使用以及 Linux 作为服务器操作系统的出现奠定了 x86 服务器的行业标准地位。但 x86 服务器和桌面部署的增长带来了新的 IT 基础架构和运作难题。这些难题包括：

(1) 基础架构利用率低。根据市场调研公司美国国际数据集团(International Data Corporation，IDC)的报告，典型的 x86 服务器部署平均达到的利用率仅为总容量的 10%到 15%。企业组织通常在每台服务器上运行一个应用程序，以避免出现一个应用程序中的漏洞影响同一服务器上其他应用程序的可用性的风险。

(2) 物理基础架构成本日益攀升。为支持不断增长的物理基础架构而需要的运营成本稳步攀升。大多数计算基础架构都必须时刻保持运行，因此耗电量、制冷和设施成本不随利用率水平而变化。

(3) IT 管理成本不断攀升。随着计算环境日益复杂，基础架构管理人员所需的专业教育水平和经验以及此类人员的相关成本也随之增加。企业组织在与服务器维护相关的手动任务方面需花费过多的时间和资源，因而也需要更多的人员来完成这些任务。

(4) 故障切换和灾难保护不足。关键服务器应用程序停机和关键最终用户桌面不可访问对企业组织造成的影响越来越大。安全攻击、自然灾害、流行疾病以及恐怖主义的威胁使得对桌面和服务器进行业务连续性规划显得更为重要。

最终用户桌面的维护成本高昂，为企业桌面的管理和保护带来了许多难题。因为，在不影响用户有效工作能力的情况下，控制分布式桌面环境并强制实施管理、访问和安全策略，实现起来十分复杂且成本高昂。必须不断地对桌面环境应用数目众多的修补程序和升级以消除安全漏洞。

1999 年，VMware 推出了针对 x86 系统的虚拟化技术，旨在解决上述很多难题，并将 x86 系统转变成通用的共享硬件基础架构，以便使应用程序环境在完全隔离、移动性和操作系统方面有选择的空间。

x86 计算机与大型机不同，它在设计上不支持全面虚拟化，因此 VMware 必须克服难以解决的难题才能在 x86 计算机上开发出虚拟机。

在大型机和 PC 中，大多数 CPU 的基本功能都是执行一系列存储的指令(即软件程序)。x86 处理器中有 17 条特定指令在虚拟化时会产生问题，从而导致操作系统显示警告、终止应用程序或直接完全崩溃。因此，这 17 条指令是在 x86 计算机上首次实现虚拟化时的严重障碍。

为应对 x86 体系结构中会产生问题的这些指令，VMware 开发了一种自适应虚拟化技术。在生成这些指令时此技术会将它们"困住"，然后将它们转换成可以虚拟化的安全指令，同时允许所有其他指令不受干扰地执行，这样就产生了一种与主机硬件匹配并保持软件完全兼容性的高性能虚拟机，VMware 在这方面功不可没。

总结来看，虚拟化的发展经历了四个阶段：

第一个阶段是大型机上的虚拟化，就是简单地、硬性地划分硬件资源。

第二个阶段就是大型机技术开始向 UNIX 系统或类 UNIX 系统的迁移，比如 IBM 的 AIX、SUN 的 Solaris 等操作系统都带有虚拟化的功能特性。

第三个阶段则是针对 x86 平台的虚拟化技术的出现，这主要是源于斯坦福大学计算机实验室的一批教授的研究，包括 VMware 以及 Connectix(2003 年其 Virtual PC 部门被微软收购)的核心技术人员都是从斯坦福出来的，开源的 XEN 与 VMware 等基本类似，主要不同之处是需要改动内核，但都是通过软件模拟硬件层，然后在模拟出来的硬件层上安装完整的操作系统，然后在操作系统上跑应用。其核心思想可以用"模拟"两个字来概括，即用软的模拟硬的，并能实现异构操作系统的互操作。

第四个阶段就是近几年开始出现或者被人注意的虚拟化技术，主要有芯片级的虚拟化、操作系统的虚拟化和应用层的虚拟化。

现在让我们回到虚拟化未来发展前景的问题上，虚拟化是迅速变化的领域，在 2014 年世界各地的很多公司都开始考虑虚拟化，即使是那些不太愿意部署新技术的公司。随着时间的推移和技术的发展，是时候预测一下虚拟化的发展趋势了。一方面我们要预测会发生什么变化，另一方面要看看这些变化会对虚拟化技术和整个行业有什么影响。

VMware、Microsoft、Red Hat 和 Citrix 都已经在各自的虚拟化层中实现了对 CPU 和内存的虚拟化。VMware 则更进一步提出了软件定义数据中心的理念，旨在将虚拟化技术延伸到网络和存储技术中。虚拟化这些资源的意义何在呢？对用户而言有什么益处？相对于虚拟化 CPU 和内存而言，虚拟化网络和存储又有什么特殊的价值？这绝对是值得我们认真思考的问题。

关于 CPU 虚拟化，我们可以回过头看一下，如果把 CPU 虚拟化定义为抽象物理 CPU，以方便工作负载使用计算资源，则 VMware 并不是第一个实现 CPU 虚拟化的厂商，现代操作系统早就做到了。负载包括线程和进程，操作系统负责将这些线程和进程调度到 CPU 中运行。VMware 通过 CPU 虚拟化技术解决的难题是如何在一个操作系统实例中运行多个应用。实现这一任务的困难之处在于每一个应用都与操作系统之间有着密切的依赖关系。一个应用通常只能运行于特定版本的操作系统和中间件之上，这就是 Windows 用户常常提到的"DLL 地狱"。因此，大多数用户只能在一个 Windows 操作系统实例上运行一种应用，操作系统实例独占一台物理服务器。这种状况会导致物理服务器的 CPU 资源被极大地浪费。能够使多个操作系统实例同时运行在一台物理服务器之上，是 VMware 所提供的 CPU 虚拟化技术的价值所在。通过整合服务器充分利用 CPU 资源，可以给用户带来极大的收益。服务器整合的益处能够得以实现的前提是工作负载并不需要知晓它们正在共享 CPU，虚拟化层必须具备这种能力。这是 CPU 虚拟化与其他虚拟化形式所不同的地方。

所谓内存虚拟化，是指 VMware 的 CPU 虚拟化通过时间片的方式实现 CPU 的共享，而通过虚拟化技术来共享内存，就没这么简单了。假设一个应用程序需要 2 GB 物理内存，那么分配 2 GB 虚拟内存给它，但它对应的物理内存也必须存在，否则应用程序的性能将变得很差(通常使用磁盘交换内存页)。VMware 通过透明页共享技术可以实现一定程度上的内存共享。虚拟化层能够识别出各操作系统只读内存区域(代码页)中的相同部分，这些页面在内存中只保留一个副本。需要强调的是，CPU 时间分片是虚拟化层能够实现的，内存却不能按时间分片。多个应用可以共用一个 CPU，但多个应用却不能同时使用一段内存区域。CPU 的速度在持续增长，虚拟机的密度主要受限于服务器上物理内存的数量。

再就是网络虚拟化。虽然网络虚拟化已经在 IT 界讨论多年，但 2015 年这项技术已成为现实。网络虚拟化吸引企业的原因在于它能够解决工作负载配置方面存在的瓶颈问题。事实上，网络虚拟化提供的更大灵活性和自动化也是吸引很多不同行业的企业的原因。正常情况下，企业可能需要两到八周的时间启动和运行新服务。而网络虚拟化可以显著加快这个过程，甚至可能在不到一天的时间内完全启用服务。网络虚拟化还可以提供网络安全性。

但是网络虚拟化也有 CPU 虚拟化和内存虚拟化所不具备的独到之处，它将一部分通过网络硬件实现的工作转移给了虚拟网络软件。VMware 很早就已经在软件中实现了虚拟交换机，微软的 Hyper-V 中也有类似的东西。运行在同一主机上的两台虚拟机要相互通讯，网络流量不需要通过物理网卡传送到物理交换机。如果你把服务于某个应用的 WEB 服务器、应用服务器和数据库服务器放在同一台主机上，那么只有数据库服务器的流量会流经网卡(使用 NAS)或 HBA 卡(使用光纤存储)，因此网络虚拟化可以减少物理服务器所需网口的数量，这也可以称之为"网络整合"，减少三分之一到一半的网线(以及 TOR 交换机的端口)也算是一大成就了。另外，把交换设备的控制权和交换设备本身移到软件中还有更深远的意义和价值，用户将不再需要那些昂贵且智能的交换机。所有的智能都移到了软件之中，谁还需要智能交换机呢？这时，可能你只需要一台能够转发数据包的傻瓜交换机就可以了。

还有存储虚拟化。目前存储虚拟化已经引起了全世界企业的关注，主要是因为它可以提供很多优势。存储虚拟化允许利用多种存储设备来为较大的设备创建虚拟化镜像，这不仅为企业和机构创造了更多可使用的存储空间，还可以提高整体可靠性，以及更好地控制存储的数据，同样重要的是存储虚拟化可以给企业带来更大的灵活性。存储虚拟化背后的主要目标是让存储更容易管理，这在大数据领域特别重要。越来越多的公司在生成、收集和分析海量数据，而通过云计算的存储虚拟化允许多名用户同时访问相同的物理空间。这是更容易和更有效的使用存储的方式，特别是随着全闪存阵列成为常见现象，这些优势意味着存储虚拟化将可能更加吸引企业。

2015 年，对于企业而言，需要留意的一个趋势是大家开始广泛接受虚拟化。当然，很多 IT 业内人士已经谈论了一段时间虚拟化的优势，我们预测，那些不太关注新技术的企业最终也会开始意识到虚拟化技术的有效性。企业领导将会看到虚拟化如何通过易于理解的企业用例来影响其业务，虚拟化将帮助企业以更快、更廉价的方式提供其业务解决方案。因为这些因素，我们可以很容易地看到企业会想要在未来一年中投资于虚拟化技术。

由此可见，虚拟化的未来很光明。虚拟化技术可以提高生产力并让公司更加灵活，虚拟化技术背后的价值吸引着各行各业的企业。只有企业了解并有效部署了虚拟化技术，虚拟化的优势才会在未来继续展现出来。

1.2　虚拟化概念分类

虚拟化技术经过数年的发展，已经成为一个庞大的技术家族，其技术形式种类繁多，实现的应用也有其自身的体系。大家接触较多的概念，比如全虚拟化、CPU 虚拟化、硬件虚拟化、服务器虚拟化等等，这些不同的虚拟化方式，并不是根据同一个标准来分类的。下面按照不同属性，对虚拟化做一个分类，介绍四种主要的分类方法。

(1) 从虚拟化支持的层次划分，主要分为软件辅助的虚拟化和硬件支持的虚拟化。

软件辅助的虚拟化是指，通过软件的方法，让客户机的特权指令陷入异常，从而触发宿主机进行虚拟化处理。主要使用的技术是优先级压缩和二进制代码翻译。

硬件辅助虚拟化是指，在 CPU 中加入了新的指令集和处理器运行模式，完成虚拟操作系统对硬件资源的直接调用。典型技术是 Intel VT、AMD-V。

(2) 从虚拟平台的角度来划分，主要分为全虚拟化和半虚拟化。

全虚拟化——虚拟操作系统与底层硬件完全隔离，由中间的 Hypervisor 层转化虚拟客户操作系统对底层硬件的调用代码，全虚拟化无需更改客户端操作系统，兼容性好。典型代表是 VMware WorkStation、ESX Server 早期版本、Microsoft Vitrual Server。

半虚拟化——在虚拟客户操作系统中加入特定的虚拟化指令，通过这些指令可以直接通过 Hypervisor 层调用硬件资源，免除由 Hypervisor 层转换指令的性能开销。半虚拟化的典型代表是 Microsoft Hyper-V，VMware 的 vSphere。

(3) 从虚拟化的实现结构来看，主要分为 Hypervisor 型虚拟化、宿主模型虚拟化、混合模型虚拟化。

Hypervisor 型虚拟化是指硬件资源之上没有操作系统，而是直接由 VMM(Virtual Machine Monitor，虚拟机监控器)作为 Hypervisor 接管，Hypervisor 负责管理所有资源和虚拟环境支持。这种结构的主要问题是，硬件设备多种多样，VMM 不可能把每种设备的驱动都一一实现，所以此模型支持有限的设备。

宿主模型(Hosted 模式)是在硬件资源之上有个普通的操作系统，负责管理硬件设备，然后 VMM 作为一个应用搭建在宿主操作系统上负责虚拟环境的支持，在 VMM 之上再加载客户机。此方式由底层操作系统对设备进行管理，因此 VMM 完全不用操心实现设备驱动。而它的主要缺点是 VMM 对硬件资源的调用依赖于宿主机，因此效率和功能受宿主机影响较大。

混合模型是综合了以上两种实现模型的虚拟化技术。首先 VMM 直接管理硬件，但是它会让出一部分对设备的控制权，交给运行在特权虚拟机中的特权操作系统来管理。这个模型还是具有一些缺点，由于在需要特权操作系统提供服务时就会出现上下文切换，因此这部分的开销会造成性能的下降。

(4) 从虚拟化在云计算中被应用的领域来划分，可分为服务器虚拟化、存储虚拟化、应用程序虚拟化、平台虚拟化、桌面虚拟化。

服务器虚拟化技术可以将一个物理服务器虚拟成若干个服务器使用，服务器虚拟化是基础架构即服务(Infrastructure as a Service，IaaS)的基础。

存储虚拟化的方式是将整个云系统的存储资源进行统一整合管理，为用户提供一个统一的存储空间。

应用程序虚拟化是把应用程序对底层系统和硬件的依赖抽象出来，从而解除应用程序与操作系统和硬件的耦合关系。应用程序运行在本地应用虚拟化环境中时，这个环境为应用程序屏蔽了底层可能与其他应用产生冲突的内容。应用程序虚拟化是 SaaS 的基础。

平台虚拟化是集成各种开发资源虚拟出的一个面向开发人员的统一接口，软件开发人员可以方便地在这个虚拟平台中开发各种应用并嵌入到云计算系统中，使其成为新的云服务供用户使用。

桌面虚拟化将用户的桌面环境与其使用的终端设备解耦。服务器上存放的是每个用户的完整桌面环境。用户可以使用具有足够处理功能和显示功能的不同终端设备通过网络访问该桌面环境。

在以上虚拟化分类中，我们主要对前两种分类方式进行了详细的解释，后两种分类方式读者可查阅相关资料，本书将不再一一详述。

1.2.1　软件虚拟化

软件辅助的虚拟化，即软件虚拟化是指通过软件的方法，让客户机的特权指令陷入异常，从而触发宿主机进行虚拟化处理。主要使用的技术是优先级压缩和二进制代码翻译。

优先级压缩是指让客户机运行在 Ring 1 级别，由于处于非特权级别，所以客户机的指令基本上都会触发异常，然后宿主机进行接管。

但是有些指令并不能触发异常，因此就需要二进制代码翻译技术来对客户机中无法触发异常的指令进行转换，转换之后仍然由宿主机进行接管。

实现虚拟化过程中重要的一步在于，虚拟化层能够将计算元件对真实的物理资源的直接访问加以拦截，将其重新定位到虚拟的资源中进行访问。那么，对于软件虚拟化和硬件虚拟化的划分在于，虚拟化层是通过软件的方式，还是通过硬件辅助的方式，将对真实的物理资源的访问提供"拦截并重定向"。

软件虚拟化解决方案，即使用软件的方法实现对真实物理资源的截获与模拟，一般我们所说的虚拟机就是一种纯软件的解决方案。在软件虚拟化解决方案中，客户操作系统在大部分情况下都是通过虚拟机监控器(Virtual Machine Monitor，VMM)来与硬件进行通信，然后由虚拟机监控器来决定对系统上所有虚拟机的访问。

常见的软件虚拟机如 QEMU，它是通过软件的方式来仿真 x86 平台处理器的取指、解码和执行。客户机的执行并不在物理平台上直接执行。但是由于所有的处理器指令都是由软件模拟而来，通常性能比较差，不过可以在同一平台上模拟不同架构平台的虚拟机。

另外一个软件虚拟化的工具为 VMware，VMware 采用了动态二进制代码翻译的技术。Hypervisor(VMM 也叫 Hypervisor)运行在可控的范围内，客户机的指令在真实的物理平台上直接运行。当然，客户机指令在运行前会被 Hypervisor 扫描，如果有超出 Hypervisor 限制的指令，那么这些指令会被动态替换为可在真实的物理平台上直接运行的安全指令，或者替换为对 Hypervisor 的软件调用。

使用软件虚拟机的解决方案优势是比较明显的，如成本比较低廉、部署方便、管理维护简单等等。不过这种解决方案也有很大的劣势。而正是这些劣势决定了软件虚拟化解决方案在部署时会受到比较多的限制。

第一个劣势是会增加额外的开销。在软件虚拟化解决方案中，虚拟机监控器是部署在操作系统上的。也就是说，此时对于宿主机操作系统来说，虚拟机监控器跟普通的应用程序是一样的。在这种情况下，在虚拟机监控器上再安装一个操作系统，那么软件与硬件的通信会怎么处理呢？举一个简单的例子，在一台主机上安装的操作系统是 Linux，然后部署了一个虚拟机监控器，在虚拟机监控器上又安装了一个 XP 的操作系统，然后用户使用 XP 操作系统的 MP3 播放器播放音乐。在这种情况下，XP 操作系统的数据要转发给虚拟机监控器，然后虚拟机监控器再将数据转发给 Linux 操作系统。显然，在这个转发的过程中，就多了一道额外的二进制转换的过程。而这个转换的过程必然会增加系统的负载性和硬件资源的额外开销，从而降低应用的性能。在实际工作中，之所以一般不会在服务器上采用软件的虚拟化解决方案，也正是出于这个原因。这个方案应用最广泛的地方是在普通的主机上，比如现在要给用户进行培训或者测试环境，就可以在虚拟化的操作系统上进行相关的设置等等。因为此时对于性能的要求并不是很高。

第二个劣势是客户操作系统的支持受到虚拟机环境的限制。这是什么意思呢？举一个简单的例子，现在有两个操作系统，分别是 32 位的与 64 位的。假设 64 位的操作系统必须安装在支持 64 位操作系统的硬件上，如 64 位的 CPU 上。那么在 32 位的操作系统上，此时即使采用虚拟化技术，也不能够安装 64 位的操作系统，因为硬件不支持。可见，在软件虚拟化解决方案中，其相关应用并不能够突破系统本身的硬件设置。在实际工作中，这是很致命的一个缺陷。例如现在管理员需要测试某个应用程序在 64 位操作系统上的稳定性，但是硬件本身不支持 64 位操作系统，此时虚拟化技术将无能为力。管理员可能需要重新购买一台主机来进行测试。

另外，在软件虚拟化解决方案中，Hypervisor 在物理平台上的位置为传统意义上的操作系统所处的位置，虚拟化操作系统的位置为传统意义上的应用程序所处的位置，系统复杂性的增加和软件堆栈复杂性的增加意味着软件虚拟化解决方案难以管理，会增大系统的可靠性和安全性。

1.2.2 硬件虚拟化

硬件辅助的虚拟化，或叫硬件虚拟化产生的主要原因是由于在技术层面上用软件手段达到全虚拟化非常麻烦，而且效率较低，因此 Intel 等处理器厂商发现了商机，直接在芯片上提供了对虚拟化的支持。硬件直接可以对敏感指令进行虚拟化执行，比如 Intel 的 VT-x 和 AMD 的 AMD-V 技术。

相比于软件虚拟化，硬件虚拟化解决方案，就是在物理平台本身提供了特殊指令，以实现对真实物理资源的截获与模拟的硬件支持。简单地说，就是其并不依赖于操作系统，即不是在应用程序层面进行部署。

现在比较流行的 CPU 虚拟化技术就是硬件虚拟化解决方案中的一个比较典型的代表，通常情况下支持虚拟化技术的 CPU 带有特别优化过的指令集来控制整个虚拟过程。同样以 x86 平台的虚拟化为例，支持虚拟化技术的 x86 CPU 带有特别优化过的指令集来控制虚拟过程，通过这些指令集，Hypervisor 可以很容易地就将客户机置于一种受限制的模式下运行，一旦客户机需要访问真实的物理资源，硬件会暂停客户机的运行，将控制权重新交给 Hypervisor 进行处理。

由于虚拟化硬件可以提供全新的架构，支持操作系统直接在其上运行，无需进行二进制翻译转换，减少了相关的性能开销，简化了 Hypervisor 的设计，从而能够使 Hypervisor 性能更加强大。

相比纯软件解决方案来说，硬件(辅助)虚拟化具有如下的优势：

一是性能上的优势，如 CPU 虚拟化技术，其通信流量是不需要进行转发的。例如 1.2.1 小节中软件虚拟化的例子，XP 操作系统上的数据流是直接转发给 CPU 等硬件资源，而不是通过另外一个操作系统来转发。也就是说，此时 XP 操作系统与 Linux 操作系统是平等的。基于 CPU 的虚拟化解决方案，虚拟化监控器提供了一个全新的虚拟化架构，支持虚拟化的操作系统直接在 CPU 上运行，从而不需要进行额外的二进制转换，减少了相关的性能开销，再加上支持虚拟化技术的 CPU 带有特别优化过的指令集来控制虚拟化过程。通过这些技术，虚拟化监控器就比较容易提高服务器的性能。

二是可以提供对 64 位操作系统的支持。在纯软件解决方案中，相关应用仍然受到主机硬件的限制。随着 64 位处理器的不断普及，这个缺陷造成的不利影响也日益突出。而 CPU 等基于硬件的虚拟化解决方案，除了能够支持 32 位的操作系统之外，还能够支持 64 位的操作系统，这对于很多管理员来说是一个福音。这使得他们在测试应用程序在 64 位操作系统上的稳定性和兼容性时，不需要额外的投资。

对于支持硬件虚拟化的厂商而言，鉴于虚拟化的巨大需求和硬件虚拟化产品的广阔前景，Intel 和 AMD 公司一直都在努力完善和加强自己的硬件虚拟化产品线。例如 Intel，自 2005 年末，Intel 便开始在其处理器产品线中推广应用 Intel Virtualization Technology(Intel VT) 虚拟化技术，发布了具有 Intel VT 虚拟化技术的一系列处理器产品，包括桌面的 Pentium 和 Core 系列，还有服务器的 Xeon(至强)和 Itanium(安腾)系列。Intel 一直保持在每一代新的处理器架构中优化硬件虚拟化的性能和增加新的虚拟化技术。现在市面上从桌面的 Core i3/5/7，到服务器端的 E3/5/7/9，几乎全部都支持 Intel VT 技术。可以说在不远的将来，Intel VT 很可能会成为所有 Intel 处理器的标准配置。

不过需要注意的是，一个完善的硬件虚拟化解决方案，往往需要得到 CPU、主板芯片组、BIOS 以及软件的支持，包括 VMM 软件或者某些操作系统本身。这也就是说，硬件解决方案的部署成本要比软件解决方案高。因此，一般情况下只会在生产环节下才会使用这种硬件虚拟化解决方案。在生产环境下对于虚拟化应用的性能要求比较高，而硬件虚拟化解决方案刚刚可以满足用户这方面的需要。

1.2.3　半虚拟化

半虚拟化(Para-virtualization)，也叫准虚拟化、类虚拟化。

半虚拟化是指通过对客户机进行源码级的修改，让客户机可以使用虚拟化的资源。由于需要修改客户机内核，因此半虚拟化一般都会被顺便用来优化 I/O，客户机的操作系统通过高度优化的 I/O 协议，可以和 VMM 紧密结合达到近似于物理机的速度。

从 1.2.1 小节中我们可知，软件虚拟化可以在缺乏硬件虚拟化支持的平台上完全通过 Hypervisor 来实现对各个客户虚拟机的监控，从而保证它们之间彼此独立和隔离。但是软件虚拟化付出的代价是软件复杂度的增加和性能上的损失。降低这种损失的一种方法是改动客户机操作系统，使客户机操作系统知道自己运行在虚拟化环境下，且能够让客户机操作系统和虚拟机监控器协同工作，这也是半虚拟化的由来。

半虚拟化使用 Hypervisor 分享存取底层的硬件，也利用 Hypervisor 来实现对底层硬件的共享访问，由于通过这种方法无需重新编译或捕获特权指令，使其性能非常接近物理机。

在半虚拟化解决方案中，客户机操作系统集成了虚拟化方面的代码，这些代码无需重新编译，这就使得客户机操作系统能够非常好地配合 Hypervisor 来实现虚拟化，因此宿主机操作系统能够与虚拟进程进行很好的协作。

在半虚拟化解决方案中最经典的产品就是 Xen，Xen 是开源半虚拟化技术的一个例子。客户机操作系统在 Xen 的 Hypervisor 上运行之前，必须在内核层面进行某些改变，因此，Xen 适用于 BSD、Linux、Solaris 以及其他开源操作系统，但不太适合 Windows 系列的专用操作系统，因为 Windows 系列不公开源代码，无法修改其内核。微软的 Hyper-V 所采用的技术和 Xen 类似，因此也可以把 Hyper-V 归属于半虚拟化的范畴。

半虚拟化需要客户机操作系统做一些修改来配合 Hypervisor，这是一个不足之处，但是半虚拟化提供了与原始系统相近的性能，同时还能支持多个不同操作系统的虚拟化。图 1-4 展示了在半虚拟化环境中，各客户操作系统运行的虚拟平台，以及修改后的客户机操作系统在虚拟平台上的分享进程。

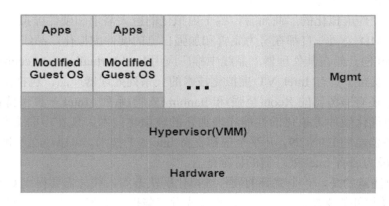

图 1-4　半虚拟化通过修改后的客户机操作系统分享进程

总而言之，半虚拟化的优点为：和全虚拟化相比，架构更精简，在整体速度上有一定的优势。其缺点为：需要对客户机操作系统进行修改，在用户体验方面比较麻烦，比如对于 Xen 而言，如果需要将虚拟 Linux 操作系统作为客户机操作系统，则需要将 Linux 操作系统修改成 Xen 支持的内核才能使用。

1.2.4 全虚拟化

全虚拟化(Full-virtualization)，也叫完全虚拟化、原始虚拟化，是不同于半虚拟化的另一种虚拟化方法。

全虚拟化是指 VMM 虚拟出来的平台是现实中存在的平台，因此对于客户机操作系统来说，自己并不知道自己是运行在虚拟的平台上。正因如此，全虚拟化中的客户机操作系统是不需要做任何修改的。

与半虚拟化技术不同，全虚拟化为客户机提供了完整的虚拟 x86 平台，包括处理器、内存和外设，理论上支持运行任何可在真实物理平台上运行的操作系统。全虚拟化为虚拟机的配置提供了最大程度的灵活性，不需要对客户机操作系统做任何修改，即可正常运行任何非虚拟化环境中已存在的基于 x86 平台的操作系统和软件，这点是全虚拟化无可比拟的优势。

全虚拟化的重要工作是在客户机操作系统与硬件之间捕捉和处理那些对虚拟化敏感的特权指令，使客户机操作系统无需修改就能运行，当然，速度会根据不同的实现环境而不同，但大致能满足用户的需求。这种虚拟方式是现今业界最成熟和最常见的，在 Hosted 模式和 Hypervisor 模式中都有这种虚拟方式。知名的产品有 IBM CP/CMS、Virtual Box、KVM、VMware Workstation 和 VMware ESX(它在其 4.0 版本后被改名为 VMware vSphere)。另外 Xen 在 3.0 以上版本的时候也开始支持全虚拟化了。

随着硬件虚拟化技术的逐代演化，运行于 Intel 平台的全虚拟化的性能已经超过了半虚拟化产品的性能，这一点在 64 位的操作系统上表现得更为明显。加之全虚拟化有不需要对客户机操作系统做任何修改的固有优势，可以预言，基于硬件的全虚拟化产品将是未来虚拟化技术的核心。

总之，全虚拟化的优点是客户机操作系统不用修改直接就可以使用。缺点就是会损失一部分性能，这些性能消耗在 VMM 捕获处理特权指令上。全虚拟化的唯一限制就是操作系统必须能够支持底层硬件。图 1-5 显示在全虚拟化环境中，各客户操作系统使用 Hypervisor 分享底层硬件，自己并不知道自己运行在虚拟平台上。

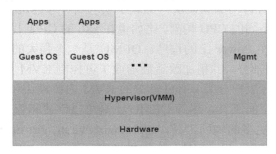

图 1-5 全虚拟化使用 Hypervisor 分享底层硬件

到目前为止，Intel 的 VT-x 硬件虚拟化技术已经能将 CPU 和内存的性能提高到真机的水平，但是由于设备(如磁盘、网卡)是有数目限制的，虽然 VT-d 技术已经可以做到一部分的硬件隔离，但是大部分情况下还是需要软件来对其进行模拟。在全虚拟化的情况下，是通过 QEMU 进行设备模拟的，而半虚拟化技术则可以通过虚拟机之间共享内存的方式利用特权级虚拟机的设备驱动直接访问硬件，从而达到更高效的性能水平。

1.3　主流虚拟化产品概述

如今，虚拟化市场竞争愈发激烈，参与到其中的 IT 巨头包括 VMware、Oracle、微软，以及其他开源解决方案等也越来越多。尽管每种产品解决方案的功能都大体类似，但如果作为企业，还是要针对自己的需求，来挑选合适的产品或解决方案。

本小节仅对主流的虚拟化产品进行比较。另外，市场上还有诸多其他厂商的产品，或者是某个厂商的其他多个产品，本小节并未提及，若读者有兴趣，可自行查阅相关资料。

1.3.1　KVM

KVM 是 Kernel-based Virtual Machine 的简称，中文全称为内核虚拟机，是一个开源的系统虚拟化模块，自 Linux 2.6.20 之后集成在 Linux 的各个主要发行版本中。它使用 Linux 自身的调度器进行管理，所以相对于 Xen，其核心源码很少。KVM 目前已成为学术界的主流 VMM 之一。

KVM 最初由一个以色列的公司 Qumranet 开发，为了简化开发，KVM 的开发人员没有选择从底层开始从头写一个新的 Hypervisor，而是选择了基于 Linux 内核，通过在 Linux Kernel 上加载新的模块从而使 Linux Kernel 本身变成一个 Hypervisor。

KVM 的虚拟化需要 CPU 硬件虚拟化的支持(如 Intel VT 技术或者 AMD-V 技术)，是基于硬件的完全虚拟化。每个 KVM 虚拟机都是一个由 Linux 调度程序管理的标准进程。但是仅有 KVM 模块是远远不够的，因为用户无法直接控制内核模块去做事情，因此，还必须有一个用户空间的工具才行。

KVM 仅仅是 Linux 内核的一个模块，管理和创建完整的 KVM 虚拟机需要更多的辅助工具。对于这个辅助的用户空间工具，开发者可以选择已经成型的开源虚拟化软件 QEMU。在 Linux 系统中，首先可以用 modprobe 系统工具去加载 KVM 模块，如果用 RPM 安装 KVM 软件包，系统会在启动时自动加载模块。加载了模块后，才能进一步通过其他工具创建虚拟机。QEMU 可以虚拟不同的 CPU 构架，比如说在 x86 的 CPU 上虚拟一个 Power 的 CPU，并利用它编译出可运行在 Power 上的程序。QEMU 是一个强大的虚拟化软件，KVM 使用了 QEMU 的基于 x86 的部分，并稍加改造后形成了可控制 KVM 内核模块的用户空间工具 QEMU。所以 Linux 发行版中分为 kernel 部分的 KVM 内核模块和 QEMU 工具。

对于 KVM 的用户空间工具，尽管 QEMU 工具可以创建和管理 KVM 虚拟机，但是，RedHat 为 KVM 开发了更多的辅助工具，比如 libvirt、virsh、virt-manager 等。原因是 QEMU 工具效率不高，不易于使用。libvirt 是一套提供了多种语言接口的 API，为各种虚拟化工具提供一套方便、可靠的编程接口，不仅支持 KVM，还支持 Xen 等其他虚拟机。使用 libvirt，只需要通过 libvirt 提供的函数连接到 KVM 或 Xen 宿主机，便可以用同样的命令控制不同的虚拟机了。libvirt 不仅提供了 API，还自带一套基于文本的管理虚拟机的命令——virsh，可以通过使用 virsh 命令来使用 libvirt 的全部功能。但最终用户更渴望的是图形用户界面，这就是 virt-manager。virt-manager 是一套用 Python 编写的虚拟机管理图形界面，用户可以通过它直观地操作不同的虚拟机。virt-manager 也是利用 libvirt 的 API 实现的。

KVM 模块是 KVM 虚拟机的核心部分。其主要功能包括：初始化 CPU 硬件，打开虚拟化模式，将虚拟客户机运行在虚拟机模式下，并对虚拟客户机的运行提供一定的支持。

KVM 的初始化过程如下：

(1) 初始化 CPU 硬件，KVM 是基于硬件的虚拟化，CPU 必须支持虚拟化技术。KVM会首先检测当前系统的 CPU，确保 CPU 支持虚拟化。当 KVM 模块被加载时，它会先初始化内部数据结构。KVM 的内核部分是作为可动态加载内核模块运行在宿主机中的，其中一个模块是和平台无关的实现虚拟化核心基础架构的 kvm 模块，另一个是与硬件平台相关的 kvm_intel 模块或者是 kvm_amd 模块。

(2) 打开 CPU 控制寄存器 CR4 中的虚拟化模式开关，并通过执行特定指令将宿主机操作系统置于虚拟化模式中的根模式。

(3) KVM 模块创建特殊设备文件/dev/kvm，并等待来自用户空间的命令(例如，是否创建虚拟客户机，创建什么样的虚拟客户机等)。

接下来就是用户空间使用工具的创建、管理，以及关闭虚拟客户机了。

KVM 是 Linux 完全原生的全虚拟化解决方案。KVM 目前设计为通过可加载的内核模块，支持广泛的客户机操作系统，比如 Linux、BSD、Solaris、Windows、Haiku、ReactOS和 AROS Research Operating System。

在 KVM 架构中，虚拟机实现为常规的 Linux 进程，由标准 Linux 调度程序进行调度。事实上，每个虚拟 CPU 显示为一个常规的 Linux 进程。这使 KVM 能够享受 Linux 内核的所有功能。

需要注意的是，KVM 本身不执行任何模拟，需要用户空间程序(例如 QEMU)通过/dev/kvm 接口设置一个客户机虚拟服务器的地址空间，向它提供模拟的 I/O，并将它的视频显示映射回宿主机的显示屏，以完成整个虚拟过程。

图 1-6 是 KVM 的架构图，从图中可以看出，在 KVM 架构中，最底层是硬件系统，其

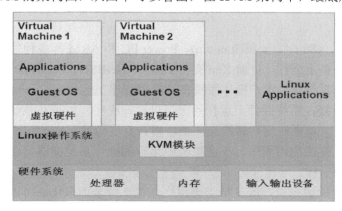

图 1-6　KVM 架构

中包括处理器、内存、输入输出设备等硬件。在硬件系统之上就是 Linux 操作系统，KVM 作为 Linux 内核的一个模块加载于其中，再向上就是基于 Linux 的应用程序，同时也包括基于 KVM 模块虚拟出来的虚拟客户机。

最后，我们来看一下 KVM 的前景。KVM 是一个相对较新的虚拟化产品，但是诞生不久就被 Linux 社区接纳，成为随 Linux 内核发布的轻量型模块。与 Linux 内核集成，使 KVM 可以直接获益于最新的 Linux 内核开发成果，比如更好的进程调度支持、更广泛的物理硬件平台的驱动、更高的代码质量等等。

作为相对较新的虚拟化方案，KVM 需要成熟的工具以用于管理 KVM 服务器和客户机。不过，现在随着 libvirt、virt-manager 等工具和 OpenStack 等云计算平台的逐渐完善，KVM 管理工具在易用性方面的劣势已经逐渐被克服。另外，KVM 可以改进虚拟网络的支持、虚拟存储支持、增强的安全性、高可用性、容错性、电源管理、HPC/实时支持、虚拟 CPU 可伸缩性、跨供应商兼容性、科技可移植性等方面。目前，KVM 开发者社区比较活跃，也有不少大公司的工程师参与开发，我们有理由相信 KVM 的很多功能都会在不远的将来得到进一步的完善。

1.3.2　Xen

Xen 是由剑桥大学计算机实验室开发的一个开源项目，是一个直接运行在计算机硬件之上的用以替代操作系统的软件层，它能够在计算机硬件上并发地运行多个客户操作系统 (Guest OS)，目前已经在开源社区中得到了极大的推动。

早在 20 世纪 90 年代，伦敦剑桥大学的 Ian Pratt 和 Keir Fraser 在一个叫做 Xenoserver 的研究项目中开发了 Xen 虚拟机。作为 Xenoserver 的核心，Xen 虚拟机负责管理和分配系统资源，并提供必要的统计功能。在那个年代，x86 的处理器还不具备对虚拟化技术的硬件支持，所以 Xen 从一开始是作为一个半虚拟化的解决方案出现的。因此，为了支持多个虚拟机，内核必须针对 Xen 作出特殊的修改才可以运行。为了吸引更多的开发人员参与，2002 年 Xen 正式被开源。2004 年，Intel 的工程师开始为 Xen 添加硬件虚拟化的支持，从而为即将上市的新款处理器做必需的软件准备。在他们的努力下，2005 年发布的 Xen 3.0，开始正式支持 Intel 的 VT 技术和 IA64 架构，从而使 Xen 虚拟机可以运行完全没有修改的操作系统。2007 年 10 月，思杰(Citrix)公司出资 5 亿美金收购了 XenSource，变成了 Xen 虚拟机项目的东家。

Xen 支持 x86、x86-64、安腾(Itanium)、Power PC 和 ARM 等多种处理器，因此 Xen 可以在大量的计算设备上运行，目前 Xen 支持 Linux、NetBSD、FreeBSD、Solaris、Windows 和其他常用的操作系统作为客户操作系统在其管理程序上运行。

Xen 是一个直接在系统硬件上运行的虚拟机管理程序。Xen 在系统硬件与虚拟机之间插入一个虚拟化层，将系统硬件转换为一个逻辑计算资源池，Xen 可将其中的资源动态地分配给任何操作系统或应用程序。在虚拟机中运行的操作系统能够与虚拟资源交互，就好像它们是物理资源一样。

Xen 上面运行的虚拟机，既支持半虚拟化，也支持全虚拟化，可以运行几乎所有可以在 x86 物理平台上运行的操作系统。此外，最新的 Xen 还支持 ARM 平台的虚拟化。

在 Xen Hypervisor 上运行的半虚拟化的操作系统，为了调用系统管理程序 Xen Hypervisor，要有选择地修改操作系统，但不需要修改操作系统上运行的应用程序。由于 Xen 需要修改操作系统内核，所以不能直接让当前的 Linux 内核在 Xen 系统管理程序中运行，除非它已经移植到了 Xen 架构中。

在 Xen Hypervisor 上运行的全虚拟化虚拟机，所运行的操作系统都是标准的操作系统，即无需任何修改的操作系统版本，但同时也需要提供特殊的硬件设备，例如，在 Xen 上虚拟 Windows 虚拟机必须采用完全虚拟化技术。

图 1-7 显示的是 Xen 的架构。在硬件系统之上的是 Xen 的 Hypervisor。基于 Xen 的 Hypervisor 有 Domain 0，也叫 0 号虚拟机，它是一个比较特殊的虚拟机。Domain 1 和 Domain 2 是在 Xen 架构上的虚拟客户机。

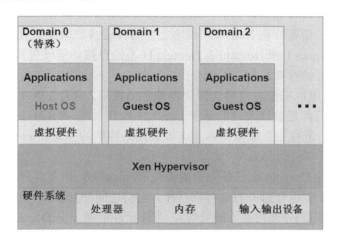

图 1-7 Xen 架构

Xen 上面运行的所有虚拟机中，0 号虚拟机是特殊的，其中运行的是经过修改的支持准虚拟化的 Linux 操作系统。大部分的输入输出设备都交由这个虚拟机直接控制，而非 Xen 本身控制它们，这样做可以使基于 Xen 的系统最大程度地复用 Linux 内核的驱动程序。更广泛地说，Xen 虚拟化方案在 Xen Hypervisor 和 0 号虚拟机的功能上做了聪明的划分，既能够重用大部分 Linux 内核的成熟代码，又可以控制系统之间的隔离性和针对虚拟机更加有效的管理和调度。通常，0 号虚拟机也被视为是 Xen 虚拟化方案的一部分。

Xen 架构包含三大部分。

(1) Xen Hypervisor：直接运行于硬件之上，是 Xen 客户操作系统与硬件资源之间的访问接口。通过将客户操作系统与硬件进行分类，Xen 管理系统可以允许客户操作系统安全、独立地运行在相同的硬件环境之上。

Xen Hypervisor 是直接运行在硬件与所有操作系统之间的基本软件层。它负责为运行在硬件设备上的不同种类的虚拟机(不同操作系统)进行 CPU 调度和内存分配。Xen Hypervisor 对虚拟机来说不单单是硬件的抽象接口，同时也控制虚拟机的执行，让它们之间共享通用资源的处理环境。但是 Xen Hypervisor 不负责处理诸如网络、外部存储设备、视频或其他通用的 I/O 处理。

(2) Domain 0：运行在 Xen 管理程序之上，具有直接访问硬件和管理其他客户操作系统的特权的客户操作系统。

Domain 0 是经过修改的 Linux 内核，是运行在 Xen Hypervisor 之上独一无二的虚拟机，拥有访问物理 I/O 资源的特权，并且可以与其他运行在 Xen Hypervisor 之上的虚拟机进行交互。所有的 Xen 虚拟环境都需要先运行 Domain 0，然后才能运行其他的虚拟客户机。Domain 0 在 Xen 中担任管理员的角色，它负责管理其他虚拟客户机。在 Domain 0 中包含两个驱动程序，用于支持其他客户虚拟机对于网络和硬盘的访问请求。这两个驱动分别是 Network Backend Driver 和 Block Backend Driver。

Network Backend Driver 直接与本地的网络硬件进行通信，用于处理来自 Domain U 客户机的所有关于网络的虚拟机请求。根据 Domain U 发出的请求，Block Backend Driver 直接与本地的存储设备进行通信，然后，将数据读写到存储设备上。

(3) Domain U：指运行在 Xen 管理程序之上的普通客户操作系统或业务操作系统，例如图 1-7 所示的 Domain 1 和 Domain 2，Domain U 不能直接访问硬件资源(如内存、硬盘等)，但可以多个独立并行地存在。

Domain U 客户虚拟机没有直接访问物理硬件的权限。所有在 Xen Hypervisor 上运行的半虚拟化客户虚拟机都是被修改过的基于 Linux 的操作系统、Solaris、FreeBSD 和其他基于 UNIX 的操作系统。所有完全虚拟化客户虚拟机则是标准的 Windows 和其他任何一种未被修改过的操作系统。

无论是半虚拟化 Domain U 还是完全虚拟化 Domain U，作为客户虚拟机系统，Domain U 在 Xen Hypervisor 上运行时并行地存在多个，它们之间相互独立，每个 Domain U 都拥有自己所能操作的虚拟资源(如内存、磁盘等)，而且允许单独一个 Domain U 进行重启和关机操作而不影响其他 Domain U。

下面简单介绍一下 Xen 的功能特性：

Xen 服务器(即思杰公司的 Xen Server 产品)构建于开源的 Xen 虚拟机管理程序之上，结合使用半虚拟化和硬件协助的虚拟化。操作系统与虚拟化平台之间的这种协作，可支持开发一个较简单的虚拟机管理程序来提供高度优化的性能。

Xen 提供了复杂的工作负载平衡功能，可捕获 CPU、内存、磁盘 I/O 和网络 I/O 数据，它提供了两种优化模式：一种针对性能，另一种针对密度。

Xen 服务器包含多核处理器支持、实时迁移、物理服务器到虚拟机转换(P2V)和虚拟到虚拟转换(V2V)工具、集中化的多服务器管理、实时性能监控以及对 Windows 和 Linux 客户机所提供的良好性能。

最后我们来看一下 Xen 的优缺点：

Xen 作为一个开发最早的虚拟化方案，对各种虚拟化功能的支持相对完善。Xen 虚拟机监控程序是一个专门为虚拟机开发的微内核，所以其资源管理和调度策略完全是针对虚拟机的特性而开发的。作为一个独立维护的微内核，Xen 的功能明确，开发社区构成比较简单，所以更容易接纳专门针对虚拟化所做的功能和优化。但是 Xen 比较难于配置和使用，部署会占用相对较大的空间，而且非常依赖于 0 号虚拟机中的 Linux 操作系统。Xen 微内核直接运行于真实物理硬件之上，开发和调试都比基于操作系统的虚拟化困难。

1.3.3　VMware

VMware 公司创办于 1998 年，其中 VM 即 Virtual Machine，从名字可以看出，这是一家专注于提供虚拟化解决方案的公司。VMware 公司很早就预见到了虚拟化在未来数据中心中的核心地位，有针对性地开发虚拟化软件，从而抓住了 21 世纪初虚拟化兴起的机遇，成为了虚拟化业界的标杆。虽然虚拟化技术并不是 VMware 发明的，但早在 20 世纪 90 年代 VMware 就率先对 x86 平台进行了虚拟化。现在，VMware 已成为 x86 虚拟化领域的全球领导者，拥有超过 35 万家客户，其中包括财富 500 强中的全部企业。VMware 公司从创建至今，一直占据着虚拟化软件市场的最大份额，是毫无争议的龙头老大。

VMware 公司作为最成熟的商业虚拟化软件提供商，其产品线是业界覆盖范围最广的，其技术能够简化 IT 的复杂性，优化运维，帮助企业变得更加敏捷、高效，利润更加丰厚。从数据中心到云计算再到移动设备，通过虚拟化各类基础架构，VMware 可以使得 IT 能够随时随地通过任何设备交付服务。

VMware 的虚拟化包括数据中心虚拟化、桌面虚拟化和虚拟化的企业级应用。

(1) VMware 的数据中心虚拟化可以利用服务器虚拟化和整合，将数据中心转变成灵活的云计算基础架构，使之成为具有运行要求最严苛的应用所需的性能和可靠性。可以通过 VMware 虚拟化构建数据中心，借助服务器虚拟化开启云计算之旅。然后可以按照自己的步调，向完全虚拟化的软件定义的数据中心体系结构演进：虚拟化网络连接、存储和安全保护以创建虚拟数据中心。简化 IT 资源应用调配，使它们在数分钟内即可供使用。通过自动执行管理实现最佳性能、容量利用率和合规性，从而完善用户的私有云。VMware 的数据中心虚拟化产品包括 vCloud Suite、vSphere、NSX、vSphere with Operations Management 等。

(2) VMware 的桌面虚拟化可延展桌面和应用虚拟化的强大优势，使 IT 部门能以终端用户期望的速度和业务所需的效率来提供和保护用户需要的所有 Windows 资源。在"客户端-服务器"计算时代，Windows 占据主导地位，而指派给终端用户的任务则是在一个地点用一台设备完成工作，如今，这个时代早已一去不复返。现在，终端用户可以利用新型设备开展工作、访问 Windows 应用及非 Windows 应用，并且比以往更加机动、灵活。在这个新的"移动·云计算"时代，通过以 PC 为中心的传统工具为终端用户管理和提供服务不但耗时，而且成本高昂。VMware 桌面和应用虚拟化解决方案可为 IT 提供简化的新方法，它不仅可以提供、保护和管理 Windows 桌面及应用，同时还能控制成本，并确保终端用户能够随时随地在任何设备上工作。VMware 的桌面和应用虚拟化的产品包括 Horizon(包含 View)、Workspace Portal、Mirage 等等。个人桌面产品包括 Fusion、Fusion Pro、Workstation、Player Pro 等。

(3) 虚拟化的企业级应用，例如可以虚拟化 Microsoft Exchange 并超越本机性能，同时让基础架构实现 5 到 10 倍的整合率。对 Oracle 数据库和应用的虚拟化可以让 Oracle 数据库动态扩展以确保满足服务级别要求。可以整合 SQL Server 数据库，并将硬件和软件成本削减 50% 以上。可以将企业级 Java 应用迁移至虚拟化 x86 平台，以便轻松地使用生命周期和可扩展性管理功能，提高资源利用率。

VMware 作为最成熟、产品线业界覆盖范围最广的商业虚拟化软件提供商，本书挑选了 VMware 的几个产品做一下简单介绍：

(1) VMware vRealize Operations，以前称为 vCenter Operations Management Suite，属于数据中心与云计算管理软件。它可以借助预测分析和基于策略的自动化，使用户可对 vSphere、Hyper-V、Amazon 及物理硬件实现从应用到存储的智能 IT 运维管理。利用预测分析与智能警报主动识别和解决新出现的问题，从而确保跨 vSphere、Hyper-V、Amazon 平台和物理硬件实现最佳应用、最佳基础架构性能及可用性。利用由 Microsoft、SAP 等的第三方管理包提供支持的开放式可延展平台，在一个地方获取跨应用、存储和网络设备的全面可见性。利用即时可用和可自定义的策略、引导式修复和自动的标准强制实施来优化主要 IT 流程，从而提高效率。在优化性能、容量和合规性的同时保持完全的控制力。

(2) VMware Workstation，属于个人桌面，最新的版本是 Workstation 11。VMware Workstation 是 VMware 公司开发的运行于台式机和工作站上的虚拟化软件，也是 VMware 公司第一个面市的产品(1999 年 5 月)。该产品最早采用了 VMware 在业界知名的二进制翻译技术，在 x86 CPU 硬件虚拟化技术还未出现之前，为客户提供纯粹的基于软件的全虚拟化解决方案。作为最初的拳头产品制造商，VMware 公司投入了大量的资源对二进制翻译进行优化，其二进制翻译技术带来的虚拟化性能甚至超过第一代的 CPU 硬件虚拟化产品的性能。该产品如同 KVM，需要在宿主操作系统上运行。VMware Workstation 11 延续了 VMware 的传统，即提供技术专业人员每天在使用虚拟机时所依赖的领先功能和性能。借助对最新版本的 Windows 和 Linux、最新的处理器和硬件的支持以及连接到 VMware vCloud Air 的能力，来提高工作效率、节省时间和征服云计算。

(3) VMware vCloud Suite，属于数据中心和云计算基础架构软件，是一款集成式解决方案，用户基于软件定义的数据中心体系结构管理和构建 VMware vSphere 私有云。它能够提供虚拟化经济效益并提高工作效率，借助基于策略的智能 IT 运维对数据中心实施标准化并进行整合，从而大幅削减 CAPEX 和 OPEX。能够按业务发展的速度快速调配基础架构并应用于整个 IT 服务，从而使新 IT 服务的价值实现时间从数周缩短为数分钟，使 IT 部门和业务部门能够专注于创新和增值活动。可以对特定 IT 环境实施可感知业务的控制，可在应用、服务器、集群和数据中心故障时提供高可用性和业务连续性及灾难恢复等功能，从而缩短所有应用的中断时间。基于策略的管理和合规性监控可确保业务规定得以强制实施，并确保应用处于相应的安全级别。

(4) VMware NSX，属于网络连接安全性软件，是适用于软件定义的数据中心(SDDC)的网络虚拟化平台。通过将虚拟机运维模式引入数据中心网络，可以大幅提升网络和安全运维的经济效益。利用 NSX，可以将物理网络视为容量传输池，同时借助策略驱动的方法为虚拟机提供网络和安全服务。NSX 可提供经验证的 SDDC 网络连接，NSX 虚拟化平台正在帮助更多客户充分发挥软件定义的数据中心的潜力。NSX 可为网络连接提供 VMware 已为计算和存储提供的功能。按需创建、保存、删除和还原虚拟网络，无需重新配置物理网络。NSX 还可提供敏捷性和精简性运维模式，可将调配多层网络连接和安全服务的时间从数周缩减至数秒，从而能够从底层物理网络抽象化虚拟网络。这将使数据中心操作员能够更快地完成部署并提高敏捷性，同时能够基于任何网络硬件灵活地运行。NSX 使用与虚拟机关联的自动化精细策略来实现数据中心的安全性，而其网络虚拟化功能能够在软件中构建整个网络。此方法可使网络安全相互隔离，从而为数据中心提供本质上更佳的安全模型。NSX 适用于高级网络连接和安全服务的平台，可提供将行业领先的网络连接和安全解决方案引入软件定义的数据中心(SDDC)的平台。利用与 NSX 平台的紧密集成，第三方产品不仅可以根据需要自动部署，而且还可以适时做出调整，以适应数据中心不断变化的情况。

1.3.4　Hyper-V

Hyper-V 是微软的一款虚拟化产品，是微软第一个采用类似 VMware 和 Citrix 开源 Xen 一样的基于 Hypervisor 的技术。Hyper-V 设计的目的是为广泛的用户提供更为熟悉以及成本效益更高的虚拟化基础设施软件，这样可以降低运作成本，提高硬件利用率，优化基础设施并提高服务器的可用性。

Hyper-V 采用微内核的架构，兼顾了安全性和性能的要求。Hyper-V 底层的 Hypervisor 在最高的特权级别下运行，微软将其称为 Ring1(而 Intel 则将其称为 root mode)，而虚拟机的操作系统内核和驱动运行在 Ring 0，应用程序运行在 Ring 3 下，这种架构就不需要采用复杂的 BT(二进制特权指令翻译)技术，可以进一步提高安全性。

在服务器/客户机网络应用程序中，有两个部分协同运行，即服务器端组件和客户端组件，以实现网络通信。服务器端组件总是进行侦听，为客户端组件提供网络服务。而客户端组件总是向服务器端组件请求服务。在 Hyper-V 中，它实施了名称分别为 VSP (Virtualization Service Provider)和 VSC(Virtualization Service Client)的服务器端组件和客户端组件。VSP 代表虚拟化服务提供者，而 VSC 代表虚拟化服务客户机，VSP 和相应的 VSC 都可以使用一种名为 VMBUS 的沟通渠道，与对方进行通信。结合 VMBUS，VSP 组件和 VSC 组件就能提升在 Hyper-V 上运行的虚拟机的整体性能。

由于 Hyper-V 底层的 Hypervisor 代码量很小，不包含任何第三方的驱动，非常精简，所以安全性更高。Hyper-V 采用基于 VMBUS 的高速内存总线架构，来自虚拟机的硬件请求包括显卡、鼠标、磁盘、网络等，可以直接经过 VSC，通过 VMBUS 总线发送到根分区的 VSP，VSP 调用对应的设备驱动，直接访问硬件，中间不需要 Hypervisor 的帮助。

这种架构效率很高，不再像以前的 Virtual Server，每个硬件请求都需要经过用户模式、内核模式的多次切换转移。更何况 Hyper-V 现在可以支持 Virtual SMP，Windows Server 2008 虚拟机最多可以支持 4 个虚拟 CPU，而 Windows Server 2003 最多可以支持 2 个虚拟 CPU。每个虚拟机最多可以使用 64 GB 内存，而且还可以支持 64 位操作系统。

目前，Hyper-V 可以很好地支持 Linux，我们可以安装支持 Xen 的 Linux 内核，这样 Linux 就可以知道自己在 Hyper-V 上运行，还可以安装专门为 Linux 设计的 Integrated Components，里面包含磁盘和网络适配器的 VMBUS 驱动，这样 Linux 虚拟机也能获得高性能。

Hyper-V 可以采用半虚拟化(Para-virtualization)和全虚拟化(Full-virtualization)两种模拟方式创建虚拟机。半虚拟化方式要求虚拟机与物理主机的操作系统(通常是版本相同的 Windows)相同，以使虚拟机达到高的性能。全虚拟化方式要求 CPU 支持全虚拟化功能，如 Intel-VT 或 AMD-V，以便能够创建使用不同的操作系统，例如 Linux 和 Mac OS 的虚拟机。

从架构上讲，Hyper-V 只有"硬件－Hyper-V－虚拟机"三层，本身非常小巧，代码简单，且不包含任何第三方驱动，所以安全可靠、执行效率高，能充分利用硬件资源，使虚拟机系统性能更接近真实系统性能。

Hyper-V 3.0 是 Windows Server 2012 那些夺人眼球的功能特性当中最抢眼的。许多新功能，加上对现有功能的改进，让 Windows Server 2012 R2 成为实力更强劲的竞争技术，适合处理大多数企业的大部分虚拟化任务。Windows Server 2012 R2 还提供了许多新的功能特性，专门旨在与基于云计算的服务整合，并且扩展混合云场景。

2012 年 2 月发布的 Windows Server 2012 Hyper-V 需要一个 64 位处理器，其中硬件要求如下：

(1) 硬件协助的虚拟化。具体来说是处理器包含虚拟化选项，能够提供虚拟化功能，例如 Intel 的虚拟化技术 Intel VT，AMD 的虚拟化技术 AMD-V 都能提供虚拟化功能。

(2) 硬件强制实施的数据执行保护(DEP)必须可用且已启用。具体来讲就是必须启用 Intel XD 位(执行禁用位)或 AMD NX 位(无执行位)。

软件要求(针对支持的客户操作系统)：Hyper-V 包括支持的客户操作系统的软件包，从而改进了物理计算机与虚拟机之间的集成。该程序包称为集成服务，一般情况下，先设置虚拟机中的操作系统，之后再将此数据包作为单独的程序安装在客户操作系统中。不过，一些操作系统内置了集成系统，无需单独安装。有关安装集成服务的说明，有兴趣的读者可参阅安装 Hyper-V 角色和配置虚拟机的相关内容。

Windows Server 2012 中的 Hyper-V 在许多方面都做了改进。表 1-2 列出了此版本 Hyper-V 中最明显的功能变化。有关这些变化以及此处未列出的其他功能变化的详细信息，请参阅 Hyper-V 中的新功能。

表 1-2　Windows Server 2012 中的 Hyper-V 的改进

特性/功能	新功能或更新功能	摘要
客户端 Hyper-V(Windows®8 专业版中的 Hyper-V)	新功能	通过使用 Windows 桌面操作系统创建和运行 Hyper-V 虚拟机
Windows PowerShell 的 Hyper-V 模块	新功能	使用 Windows PowerShell cmdlet 可创建和管理 Hyper-V 环境
Hyper-V 副本	新功能	在存储系统、群集和数据中心之间复制虚拟机，可提供业务连续性和灾难恢复的功能
实时迁移	更新功能	在非群集和群集的虚拟机上执行实时迁移，并且同时执行一个以上的实时迁移
显著提高了规模和改进了复原能力	更新功能	使用比以前可能使用的明显更大的计算和存储资源。处理硬件错误能力的改进，增加了虚拟化环境的复原能力和稳定性
存储迁移	新功能	在不停机的情况下将运行中的虚拟机虚拟硬盘移到其他存储位置
虚拟光纤通道	新功能	从来宾操作系统内连接到光纤通道存储
虚拟硬盘格式	更新功能	创建高达 64 TB 的稳定、高性能的虚拟硬盘
虚拟交换机	更新功能	如网络虚拟化这样的新功能将支持多用户管理，以及 Microsoft 伙伴可提供的扩展，从而添加监视、转发和筛选数据包的功能

Hyper-V 的优点可表现如下：Hyper-V 提供了基础结构，可以虚拟化应用程序和工作负载，旨在提高效率和降低成本的各种商业目标。Hyper-V 可帮助企业接触或扩展共享资源，并随着需求的变化而调整利用率，以根据需要提供更灵活的 IT 服务，提高硬件利用率。通过将服务器和工作负载合并到数量更少但功能更强大的物理计算机上，可以减少对资源(如电力资源和物理空间)的消耗。Hyper-V 可以改进业务连续性，可帮助企业将计划和非计划停机对工作负载的影响降到最低限度。Hyper-V 能够建立或扩展虚拟机基础结构(VDI)，包含 VDI 的集中式桌面策略，可帮助企业提高业务灵活性和数据安全性，还可简化法规遵从性以及对桌面操作系统和应用程序的管理。在同一物理计算机上部署 Hyper-V 和远程桌面虚拟化主机(RD 虚拟化主机)，以制作向用户提供的个人虚拟机或虚拟机池。能够提高部署和测试活动的效率，使用虚拟机无需获取或维护所有硬件而再现不同的计算环境。

1.3.5　VirtualBox

VirtualBox 简单易用，是一款免费的开源虚拟机软件，可在 Linux、Mac 和 Windows 主机中运行，并支持在其中安装 Windows (NT 4.0、2000、XP、Server 2003、Vista、Win7、Win8、Win8.1)、DOS、Windows 3.x、Linux (2.4 和 2.6)、OpenBSD 等系列的客户操作系统。VirtualBox 支持克隆虚拟机，将 64 位主机的内存限制提高到了 1 TB，支持 Direct 3D，还支持 SATA 硬盘的热插拔等。

VirtualBox 是由德国 InnoTek 公司出品的虚拟机软件，现在由甲骨文公司进行开发，是甲骨文公司 xVM 虚拟化平台技术的一部分。最新的 VirtualBox 还支持运行 Android 4.0 系统。

VirtualBox 是类似 VMware 的虚拟 PC 模拟器，处于不断的开发中，除了方便易用的图形界面外，还提供了功能强大的命令行管理工具。它包含 guest additions，为一些虚拟系统提供附加功能，包括文件共享、剪贴板和图形加速，支持"无缝"窗口整合模式。

在与同性质的 VMware 及 Virtual PC 比较下，VirtualBox 独到之处包括远端桌面协定(RDP)、iSCSI 及 USB 的支持，VirtualBox 在客户机操作系统上已可以支持 USB 2.0 的硬件装置。此外，VirtualBox 还支持在 32 位宿主机操作系统上运行 64 位的客户机操作系统。

VirtualBox 既支持纯软件虚拟化，也支持 Intel VT-x 与 AMD AMD-V 硬件虚拟化技术。为了方便其他虚拟机用户向 VirtualBox 的迁移，VirtualBox 可以读写 VMware VMDK 格式与 VirtualPC VHD 格式的虚拟磁盘文件。

本 章 小 结

本章是读者接触虚拟化的第一章，首先从云计算的概念和其体系结构开始，逐步引出虚拟化的内涵，虚拟化的使用目的，以及虚拟化在云计算中所处的地位，使读者逐步明白虚拟化和云计算之间的关系，理解虚拟机作为云计算的一个重要技术，是如何在云计算中发挥重要作用的。

本章还介绍了虚拟化未来的发展前景，给出了虚拟化的常见分类，并对软件虚拟化、硬件虚拟化、半虚拟化和全虚拟化做了比较详细的说明，分别阐述了各种虚拟化的不同方式和分类属性。

最后，介绍了目前市面上常见的主流商业化的虚拟化产品，包括本书的重点——KVM，在后面的章节中将会对 KVM 继续展开更为详尽的阐述。

第二章 虚拟化实现技术

通过第一章的学习，读者了解了虚拟化技术的背景、分类和主流的虚拟化产品，从这一章开始，将进一步对虚拟化实现技术的基本原理和框架进行全面介绍。

正如我们所知，传统的虚拟化技术一般是通过"陷入再模拟"的方式来实现的，使用这种方式需要处理器的支持，即使用传统的虚拟化技术的前提是处理器本身是一个可虚拟化的体系结构。因此，本章一开始就从系统可虚拟化架构入手，介绍了虚拟机监控器(Virtual Machine Monitor, VMM)实现中的一些基本概念。但很多处理器在设计时并没有充分考虑虚拟化的需求，因而并不是一个完备的可虚拟化体系结构。

为了解决这个问题，VMM 对物理资源的虚拟可以归纳为三个主要任务：处理器虚拟化、内存虚拟化和 I/O 虚拟化。本章就以 Intel VT(Virtualization Technology)和 AMD SVM(Secure Virtual Machine)为例，围绕这三个主要任务分别介绍各种虚拟化技术的基本原理和不同虚拟化方式的实现细节。

Intel VT 是 Intel 平台上硬件虚拟化技术的总称，主要提供下列技术：

(1) 在处理器虚拟化方面，提供了 VT-X 技术；

(2) 在内存虚拟化方面，提供了 EPT(Extended Page Table，扩展页表)技术；

(3) 在 I/O 设备虚拟化方面，提供了 VT-d 技术。

而 AMD SVM 是 AMD 平台上硬件虚拟化技术的总称，主要提供下列技术：

(1) 在处理器虚拟化方面，提供了 AMD SVM 技术；

(2) 在内存虚拟化方面，提供了 NPT(Nested Page Table，嵌套页表)技术；

(3) 在 I/O 设备虚拟化方面，提供了 IOMMU(Input/Output Memory Management Unit，输入/输出内存管理单元)技术。

2.1 系统虚拟化架构

系统虚拟化的核心思想，是指用虚拟化技术将一台物理计算机系统虚拟化为一台或多台虚拟计算机系统。

一般来说，虚拟环境由三部分组成：硬件、VMM 和虚拟机。在没有虚拟化的情况下，物理机操作系统直接运行在硬件之上，管理着底层物理硬件，构成了一个完整的计算机系统。当系统虚拟化之后，在虚拟环境里，每个虚拟计算机系统都通过自己的虚拟硬件(如处理器、内存、I/O 设备及网络接口等)，来提供一个独立的虚拟机执行环境。通过虚拟化层的模拟，虚拟机中的操作系统认为自己独占一个系统。实际上，VMM 已经抢占了物理机操作系统的位置，变成了真实物理硬件的管理者，向上层的软件呈现出虚拟的硬件平台。此时，操作系统运行在虚拟平台之上，仍然管理着它认为是"物理硬件"的虚拟硬件。使用虚拟化技术，每个虚拟机中的操作系统可以完全不同，执行环境也可以是完全独立的，多个操作系统可以在一台物理机上互不影响同时运行，如图 2-1 所示。

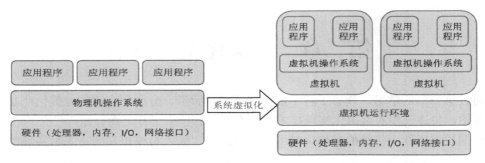

图 2-1 系统虚拟化

在 x86 平台虚拟化技术中，这个新引入的虚拟化层被称为虚拟机监控器，也叫做 Hypervisor。虚拟机监控器运行的环境，也就是真实的物理机，称之为宿主机，而虚拟出的平台被称之为客户机，客户机里面运行的系统被称之为客户机操作系统。

1974 年，Popek 和 Goldberg 定义了虚拟机可以被看作是物理机的一种高效隔离的复制，里面蕴涵了三层含义，即同质、高效和资源受控，这也是一个虚拟机所具有的三个典型特征。

(1) 同质：虚拟机的运行环境和物理机的运行环境在本质上是相同的，但是在表现上有一些差异。例如，虚拟机所看到的 CPU 个数可以和物理机上实际的 CPU 个数不同，CPU 主频也可以与物理机的不同，但是虚拟机中看到的 CPU 必须和物理机上的 CPU 是同一种基本类型的。

(2) 高效：虚拟机中运行的软件必须和直接在物理机上运行的软件性能接近。为了实现这点，当软件在虚拟机中运行时，大多数的指令需直接在硬件上执行，只有少量指令需要经过 VMM 处理或模拟。

(3) 资源受控：VMM 需要对系统资源有完全控制能力和管理权限，包括资源的分配、监控和回收。

判断一个系统的体系结构是否可虚拟化，关键在于看它是否能够在该系统上虚拟化出具有上述三个典型特征的虚拟机。为了进一步研究可虚拟化的条件，我们从指令开始着手介绍，引入两个概念——特权指令和敏感指令。

(1) 特权指令：系统中操作和管理关键系统资源的指令。在现代计算机体系结构中，都有两个或两个以上的特权级，用来区分系统软件和应用软件。特权指令只能够在最高特权级上正确执行，如果在非最高特权级上执行，特权指令就会引发一个异常，使得处理器陷入到最高特权级，交由系统软件来处理。在不同的运行级上，不仅指令的执行效果不同，而且也并不是每个特权指令都能够引发异常。例如，一个 x86 平台上的用户违反了规范，在用户态修改 EFLAGS 寄存器的中断开关位，这一修改不会产生任何效果，也不会引起异常陷入，而是会被硬件直接忽略掉。

(2) 敏感指令：虚拟化世界里操作特权资源的指令，包括修改虚拟机的运行模式或者物理机的状态，读写敏感的寄存器或者内存。例如时钟、中断寄存器、访问存储保护系统、内存系统，地址重定位系统以及所有的 I/O 指令。

由此可见，所有的特权指令都是敏感指令，但并非所有的敏感指令都是特权指令。

为了使 VMM 可以完全控制系统资源，敏感指令应当设置为必须在 VMM 的监控审查下进行。如果一个系统上所有敏感指令都是特权指令，就可以按如下步骤实现一个虚拟环境。

将 VMM 运行在系统的最高特权级上，而将客户机操作系统运行在非最高特权级上。此时，当客户机操作系统因执行敏感指令(此时，也就是特权指令)而陷入到 VMM 时，VMM 模拟执行引起异常的敏感指令，这种方法被称为"陷入再模拟"。

由上可知，判断一个系统是否可虚拟化，其核心就在于该系统对敏感指令的支持上。如果在系统上所有敏感指令都是特权指令，则它是可虚拟化的。如果它无法支持在所有的敏感指令上触发异常，则不是一个可虚拟化的结构，我们称其存在"虚拟化漏洞"。

虽然虚拟化漏洞可以采用一些办法来避免，例如将所有虚拟化都采用模拟的方式来实现，保证所有指令(包括敏感指令)的执行都受到 VMM 的监督审查，但由于它对每条指令不区别对待，因而性能太差。所以既要填补虚拟化漏洞，又要保证虚拟化的性能，只能采取一些辅助的手段，或者直接在硬件层面填补虚拟化漏洞，或者通过软件的办法避免虚拟机中使用到无法陷入的敏感指令。这些方法不仅保证了敏感指令的执行受到 VMM 的监督审查，而且保证了非敏感指令可以不经过 VMM 而直接执行，使得性能大大提高。

2.2　处理器虚拟化实现技术

处理器虚拟化是 VMM 中最重要的部分，因为访问内存或者 I/O 的指令本身就是敏感指令，所以内存虚拟化和 I/O 虚拟化都依赖于处理器虚拟化。

在 x86 体系结构中，处理器有四个运行级别，分别是 Ring 0，Ring 1，Ring 2 和 Ring 3。其中，Ring 0 级别拥有最高的权限，可以执行任何指令而没有限制。运行级别从 Ring 0 到 Ring 3 依次递减。操作系统内核态代码运行在 Ring 0 级别，因为它需要直接控制和修改 CPU 状态，而类似于这样的操作需要在 Ring 0 级别的特权指令才能完成，而应用程序一般运行在 Ring 3 级别。

在 x86 体系结构中实现虚拟化，需要在客户机操作系统以下加入虚拟化层，来实现物理资源的共享。因而，这个虚拟化层应该运行在 Ring 0 级别，而客户机操作系统只能运行在 Ring 0 以上的级别。但是，客户机操作系统中的特权指令，如果不运行在 Ring 0 级别，将会有不同的语义，产生不同的效果，或者根本不起作用，这是处理器结构在虚拟化设计上存在的缺陷，这些缺陷会直接导致虚拟化漏洞。为了弥补这种漏洞，在硬件还未提供足够的支持之前，基于软件的虚拟化技术就已经先给出了两种可行的解决方案：全虚拟化和半虚拟化。全虚拟化可以采用二进制代码动态翻译技术(Dynamic Binary Translation)来解决客户机的特权指令问题，这种方法的优点在于代码的转换工作是动态完成的，无需修改客户机操作系统，因而可以支持多种操作系统。而半虚拟化通过修改客户机操作系统来解决虚拟机执行特权指令的问题，被虚拟化平台托管的客户机操作系统需要修改其操作系统，将所有敏感指令替换为对底层虚拟化平台的超级调用。在半虚拟化中，客户机操作系统和虚拟化平台必须兼容，否则虚拟机无法有效操作宿主机，x86 系统结构下的处理器虚拟化如图 2-2 所示。

虽然我们可以通过处理器软件虚拟化技术来实现 VMM，但都增加了系统的复杂性和性能开销。如果使用硬件辅助虚拟化技术，也就是在 CPU 中加入专门针对虚拟化的支持，可以使得系统软件更加容易、高效地实现虚拟化。目前,Intel 公司和 AMD 公司分别推出了硬件辅助虚拟化技术 Intel VT 和 AMD SVM,在 2.2.2 小节和 2.2.3 小节中将进行重点讲解。

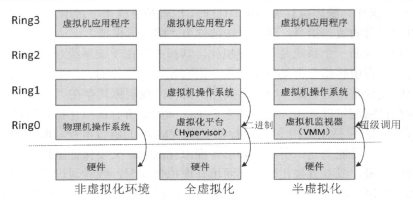

图 2-2 x86 系统结构下的处理器虚拟化

2.2.1 vCPU

硬件虚拟化采用 vCPU(virtual CPU,虚拟处理器)描述符来描述虚拟 CPU。vCPU 本质是一个结构体,以 Intel VT-x 为例,vCPU 一般可以划分为两个部分:一个是 VMCS 结构(Virtual Machine Control Structure,虚拟机控制结构),其中存储的是由硬件使用和更新的内容,这主要是虚拟寄存器。一个是 VMCS 没有保存而由 VMM 使用和更新的内容,主要是 VMCS 以外的部分。vCPU 的结构如图 2-3 所示。

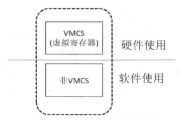

图 2-3 Intel VT-x 的 vCPU 结构

在具体实现中,VMM 创建客户机时,首先要为客户机创建 vCPU,然后再由 VMM 来调度运行。整个客户机的运行实际上可以看作是 VMM 调度不同的 vCPU 运行。vCPU 的基本操作如下。

(1) vCPU 的创建:创建 vCPU 实际上是创建 vCPU 描述符,由于 vCPU 描述符是一个结构体,因此创建 vCPU 描述符就是分配相应大小的内存。vCPU 描述符在创建之后,需要进一步初始化才能使用。

(2) vCPU 的运行:vCPU 创建并初始化好之后,就会被调度程序调度运行,调度程序会根据一定的策略算法来选择 vCPU 运行。

(3) vCPU 的退出:和进程一样,vCPU 作为调度单位不可能永远运行,总会因为各种原因退出,例如执行了特权指令、发生了物理中断等,这种退出在 VT-x 中表现为发生 VM-Exit。对 vCPU 退出的处理是 VMM 进行 CPU 虚拟化的核心,例如模拟各种特权指令。

(4) vCPU 的再运行:VMM 在处理完 vCPU 的退出后,会负责将 vCPU 投入再运行。

2.2.2 Intel VT-x

正如我们所知道的,指令的虚拟化是通过"陷入再模拟"的方式实现的,而 IA32 架构有 19 条敏感指令不能通过这种方法处理,导致了虚拟化漏洞。为了解决这个问题,Intel VT

中的 VT-x 技术扩展了传统的 IA32 处理器架构，为处理器增加了一套名为虚拟机扩展 (Virtual Machine Extensions，VMX)的指令集，该指令集包含十条左右的新增指令来支持与虚拟化相关的操作，为 IA32 架构的处理器虚拟化提供了硬件支持。此外，VT-x 引入了两种操作模式，统称为 VMX 操作模式。

(1) 根操作模式(VMX Root Operation)：VMM 运行所处的模式，以下简称根模式。

(2) 非根操作模式(VMX Non-Root Operation)：客户机运行所处的模式，以下简称非根模式。

在非根模式下，所有敏感指令(包括 19 条不能被虚拟化的敏感指令)的行为都被重新定义，使得它们能不经虚拟化就直接运行或通过"陷入再模拟"的方式来处理；在根模式下，所有指令的行为和传统 IA32 一样，没有改变，因此原有的软件都能正常运行。其基本思想的结构图如图 2-4 所示。

这两种操作模式与 IA32 特权级 0～特权级 3 是正交的，即两种操作模式下都有相应的特权级 0～特权级 3。因此，在使用 VT-x 时，描述程序运行在某个特权级，应具体指明处于何种模式。

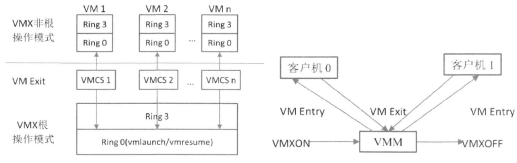

图 2-4　Intel VT-x 的基本思想　　　　图 2-5　VMX 操作模式

作为传统 IA32 架构的扩展，VMX 操作模式在默认情况下是关闭的，因为传统的操作系统并不需要使用这个功能。当 VMM 需要使用这个功能时，可以使用 VT-x 提供的新指令 VMXON 来打开这个功能，用 VMXOFF 来关闭这个功能。VMX 操作模式如图 2-5 所示。

(1) VMM 执行 VMXON 指令进入到 VMX 操作模式，此时 CPU 处于 VMX 根操作模式，VMM 软件开始执行。

(2) VMM 执行 VMLAUNCH 或 VMRESUME 指令产生 VM-Entry，客户机软件开始执行，此时 CPU 从根模式转换成为非根模式。

(3) 当客户机执行特权指令，或者当客户机运行时发生了中断或异常，VM-Exit 被触发而陷入到 VMM，CPU 自动从非根模式转换到根模式。VMM 根据 VM-Exit 的原因做相应处理，然后转到步骤(2)继续运行客户机。

(4) 如果 VMM 决定退出，则执行 VMXOFF 关闭 VMX 操作模式。

另外，VT-x 还引入了 VMCS 来更好地支持处理器虚拟化。VMCS 是保存在内存中的数据结构，由 VMCS 保存的内容一般包括以下几个重要的部分：

(1) vCPU 标识信息：标识 vCPU 的一些属性。

(2) 虚拟寄存器信息：虚拟的寄存器资源，开启 Intel VT-x 机制时，虚拟寄存器的数据存储在 VMCS 中。

(3) vCPU 状态信息：标识 vCPU 当前的状态。

(4) 额外寄存器/部件信息：存储 VMCS 中没有保存的一些寄存器或者 CPU 部件。

(5) 其他信息：存储 VMM 进行优化或者额外信息的字段。

每一个 VMCS 对应一个虚拟 CPU 需要的相关状态，CPU 在发生 VM-Exit 和 VM-Entry 时都会自动查询和更新 VMCS，VMM 也可以通过指令来配置 VMCS 来影响 CPU。

2.2.3　AMD SVM

在 AMD 的 SVM 中，有很多东西与 Intel VT-x 类似。但是技术上略有不同，在 SVM 中也有两种模式：根模式和非根模式。此时，VMM 运行在非根模式上，而客户机运行在根模式上。在非根模式上，一些敏感指令会引起"陷入"，即 VM-Exit，而 VMM 调动某个客户机运行时，CPU 会由根模式切换到非根模式，即 VM-Entry。

在 AMD 中，引入了一个新的结构叫做 VMCB(Virtual Machine Control Block，虚拟机控制块)，来更好地支持 CPU 的虚拟化。一个 VMCB 对应一个虚拟的 CPU 相关状态，例如，这个 VMCB 中包含退出领域，当 VM-Exit 发生时会读取里面的相关信息。

此外，AMD 还增加了八个新指令操作码来支持 SVM，VMM 可以通过指令来配置 VMCB 映像 CPU。例如，VMRUN 指令会从 VMCB 中载入处理器状态，而 VMSAVE 指令会把处理器状态保存到 VMCB 中。

2.3　内存虚拟化实现技术

从一个操作系统的角度，对物理内存有两个基本认识：

(1) 内存都是从物理地址 0 开始；

(2) 内存地址都是连续的，或者说至少在一些大的粒度上连续。

而在虚拟环境下，由于 VMM 与客户机操作系统在对物理内存的认识上存在冲突，造成了物理内存的真正拥有者 VMM 必须对客户机操作系统所访问的内存进行虚拟化，使模拟出来的内存符合客户机操作系统的两条基本认识，这个模拟过程就是内存虚拟化。因此，内存虚拟化面临如下问题：

(1) 物理内存要被多个客户机操作系统使用，但是物理内存只有一份，物理地址 0 也只有一个，无法同时满足所有客户机操作系统内存从 0 开始的需求。

(2) 由于使用内存分区方式，把物理内存分给多个客户机操作系统使用，虽然可以保证虚拟机的内存访问是连续的，但是内存的使用效率低。

为了解决这些问题，内存虚拟化引入一层新的地址空间——客户机物理地址空间，这个地址并不是真正的物理地址，而是被 VMM 管理的"伪"物理地址。为了虚拟内存，现在所有基于 x86 架构的 CPU 都配置了内存管理单元(Memory Management Unit，MMU)和页面转换缓冲(Translation Lookaside Buffer，TLB)，通过它们来优化虚拟内存的性能。

如图 2-6 所示，VMM 负责管理和分配每个虚拟机的物理内存，客户机操作系统所看到的是一个虚拟的客户机物理地址空间，其指令目标地址也是一个客户机物理地址。那么在虚拟化环境中，客户机物理地址不能直接被发送到系统总线上去，VMM 需要先将客户机物理地址转换成一个实际物理地址后，再交由处理器来执行。

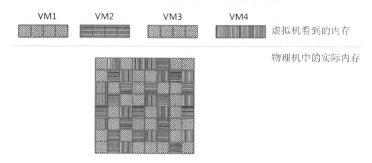

图 2-6　内存虚拟化示意图

当引入了客户机地址之后，内存虚拟化的主要任务就是处理以下两个方面的问题：

(1) 实现地址空间的虚拟化，维护宿主机物理地址和客户机物理地址之间的映射关系。

(2) 截获宿主机对客户机物理地址的访问，并根据所记录的映射关系，将其转换成宿主机物理地址。

第一个问题比较简单，只是一个简单的地址映射问题。在引入客户机物理地址空间后，可以通过两次地址转换来支持地址空间的虚拟化，即客户机虚拟地址(GVA，Guest Virtual Address)→客户机物理地址(Guest Physical Address，GPA)→宿主机物理地址(Host Physical Address，HPA)的转换。在实现过程中，GVA 到 GPA 的转换通常是由客户机操作系统通过 VMCS(AMD SVM 中的 VMCB)中客户机状态域 CR3 指向的页表来指定的，而 GPA 到 HPA 的转换是由 VMM 决定的，VMM 通常会用内部数据结构来记录客户机物理地址到宿主机物理地址之间的动态映射关系。

但是，传统的 IA32 架构只支持一次地址转换，即通过 CR3 指定的页面来实现"虚拟地址"到"物理地址"的转换，这和内存虚拟化要求的两次地址转换相矛盾。为了解决这个问题，可以通过将两次转换合二为一，计算出 GVA 到 HPA 的映射关系写入"影子页表"(Shadow Page Table)。这样虽然能够解决问题，但是缺点也很明显，实现复杂，例如需要考虑各种各样页表同步情况等，这样导致开发、调试以及维护都比较困难。另外，使用"影子页表"需要为每一个客户机进程对应的页表都维护一个"影子页表"，内存开销很大。

为了解决这个问题，Intel 公司提供了 EPT 技术，AMD 公司提供了 AMD NPT 技术，直接在硬件上支持 GVA→GPA→HPA 的两次地址转换，大大降低了内存虚拟化的难度，也进一步提高了内存虚拟化的性能。接下来在 2.3.1 小节和 2.3.2 小节中将重点讲解这两种硬件辅助内存虚拟化技术。

第二个问题从实现上来说比较复杂，它要求地址转换一定要在处理器处理目标指令之前进行，否则会造成客户机物理地址直接被发到系统总线上这样的重大漏洞。最简单的解决办法就是让客户机对宿主机物理地址空间的每一次访问都触发异常，由 VMM 查询地址转换表模仿其访问，但是这种方法的性能很差。

2.3.1　Intel EPT

Intel EPT 是 Intel VT-x 提供的内存虚拟化支持技术。EPT 页表存在于 VMM 内核空间中，由 VMM 来维护。EPT 页表的基地址是由 VMCS "VM-Execution" 控制域的 Extended

Page Table Pointer 字段指定的，它包含了 EPT 页表的宿主机系统物理地址。EPT 是一个多级页表，各级页表的表项格式相同，如图 2-7 所示。

ADDR	SP	X	R	W

图 2-7　页表项格式图

页表各项含义如下。

ADDR：下一级页表的物理地址。如果已经是最后一级页表，那么就是 GPA 对应的物理地址。

SP：超级页(Super Page)所指向的页是大小超过 4 KB 的超级页，CPU 在遇到 SP = 1 时，就会停止继续往下查询。对于最后一级页表，这一位可以供软件使用。

X：可执行，X = 1 表示该页是可执行的。

R：可读，R = 1 表示该页是可读的。

W：可写，W = 1 表示该页是可写的。

Intel EPT 通过使用硬件支持内存虚拟化技术，使其能在原有的 CR3 页表地址映射的基础上，引入了 EPT 页表来实现另一次映射。通过这个页表能够将客户机物理地址直接翻译成宿主机物理地址，这样，GVA→GPA→HPA 两次地址转换都由 CPU 硬件自动完成，从而减少整个内存虚拟化所需的代价，其基本原理如图 2-8 所示。

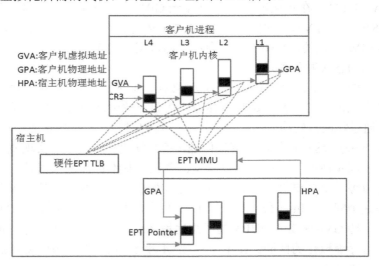

图 2-8　EPT 原理图

这里假设客户机页表和 EPT 页表都是 4 级页表，CPU 完成一次地址转换的基本过程如下。

CPU 先查找客户机 CR3 指向的 L4 页表。由于客户机 CR3 给出的是 GPA，因此 CPU 需要通过 EPT 页表来实现客户机 CR3 中的 GPA→HPA 的转换。CPU 首先会查找硬件的 EPT TLB，如果没有对应的转换，CPU 会进一步查找 EPT 页表，如果还没有，CPU 则抛出 EPT Violation 异常由 VMM 来处理。

获得 L4 页表地址后，CPU 根据 GVA 和 L4 页表项的内容，来获取 L3 页表项的 GPA。

如果 L4 页表中 GVA 对应的表项显示为"缺页",那么 CPU 产生 Page Fault,直接交由客户机内核来处理。获得 L3 页表项的 GPA 后,CPU 同样要通过查询 EPT 页表来实现 L3 的 GPA 到 HPA 的转换。

同样,CPU 会依次查找 L2,L1 页表,从而获得 GVA 对应的 GPA,然后通过查询 EPT 页表获得 HPA。

从上面的过程可以看出,CPU 需要 5 次查询 EPT 页表,每次查询都需要 4 次内存访问,因此最坏情况下总共需要 20 次内存访问。EPT 硬件通过增大 EPT TLB 来尽量减少内存访问的次数。

在 GPA 到 HPA 转换的过程中,由于缺页、写权限不足等原因也会导致客户机退出,产生 EPT 异常。对于 EPT 缺页异常,处理过程大致如下:

KVM 首先根据引起异常的 GHA,映射到对应的 HVA;然后为此虚拟地址分配新的物理页;最后 KVM 再更新 EPT 页表,建立起引起异常的 GPA 到 HPA 的映射。

EPT 页表相对于影子页表,其实现方式大大简化,主要地址转换工作都由硬件自动完成,而且客户机内部的缺页异常也不会导致 VM-Exit,因此客户机运行性能更好,开销更小。

2.3.2　AMD NPT

AMD NPT 是 AMD 公司提供的一种内存虚拟化技术,它可以将客户机物理地址转换为宿主机物理地址。而且,与传统的影子页表不同,一旦嵌套页面生成,宿主机将不会打断和模拟客户机 gPT(guest Page Table,客户机页表)的修正。

在 NPT 中,宿主机和客户机都有自己的 CR3 寄存器,分别是 nCR3(nested CR3)和 gCR3(guest CR3)。gPT 负责客户机虚拟地址到客户机物理地址的映射。nPT(nested Page Table,嵌套页表)负责客户机物理地址到宿主机物理地址的映射。客户机页表和嵌套页表分别由客户机和宿主机创建。其中,客户机页表存在客户机物理内存里,由 gCR3 索引。而嵌套页表存在宿主机物理内存中,由 nCR3 索引。当使用客户机虚拟地址时,会自动调用两层页表(gPT 和 nPT)将客户机虚拟地址转换成宿主机物理地址,如图 2-9 所示。

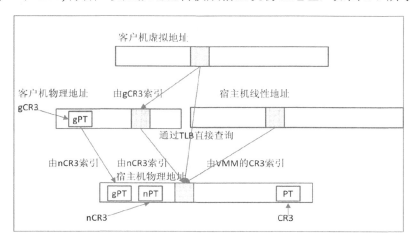

图 2-9　NPT 原理图

当地址转换完毕,TLB 将会保存客户机虚拟地址到宿主机物理地址之间的映射关系。

2.4 I/O 虚拟化实现技术

通过软件的方式实现 I/O 虚拟化，目前有两种比较流行的方式，分别是"设备模拟"和"类虚拟化"，两种方式都有各自的优缺点，前者通用性强，但性能不理想。后者性能不错，却又缺乏通用性。为此，英特尔公司发布了 VT-d 技术(Intel(R) Virtualization Technology for Directed I/O)，以帮助虚拟软件开发者实现通用性强、性能高的新型 I/O 虚拟化技术。

在介绍 I/O 虚拟化设备之前，先来介绍一下评价 I/O 虚拟技术的两个指标——性能和通用性。针对性能，越接近无虚拟机环境，则 I/O 性能越好。针对通用性，使用的 I/O 虚拟化技术对客户机操作系统越透明，则通用性越强。通过 Intel VT-d 技术，可以很好地实现这两个指标。

那么要实现这两个指标，面临哪些挑战呢？

(1) 如何让客户机直接访问到设备真实的 I/O 地址空间(包括端口 I/O 和 MMIO)？

(2) 如何让设备的 DMA 操作直接访问到客户机的内存空间？设备无法区分运行的是虚拟机还是真实操作系统，它只管用驱动提供给它的物理地址做 DMA 操作。

第一个问题和通用性面临的问题是类似的，需要有一种方法把设备的 I/O 地址空间告诉给客户机操作系统，并且能让驱动通过这些地址访问到设备真实的 I/O 地址空间。现在 VT-x 技术已经能够解决第一个问题，可以允许客户机直接访问物理的 I/O 空间。

针对第二个问题，Intel VT-d 提供了 DMA 重映射技术，以帮助设备的 DMA 操作直接访问到客户机的内存空间。

本节主要介绍当前比较流行的 Intel VT-d，SR-IOV(Single-Root I/O Virtualization)和 Virtio。

2.4.1 Intel VT-d

Intel VT-d 技术通过在北桥(MCH)引入 DMA(Direct Memory Access，直接内存访问)重映射硬件，以提供设备重映射和设备直接分配的功能。在启用 VT-d 的平台上，设备所有的 DMA 传输都会被 DMA 重映射硬件截获。根据设备对应的 I/O 页表，硬件可以对 DMA 中的地址进行转换，使设备只能访问到规定的内存。使用 VT-d 后，设备访问内存的架构如图 2-10 所示。

图 2-10 左图中是没有启动 VT-d 的情况，此时设备的 DMA 可以访问整个物理内存。图 2-10 右图中是启用 VT-d 的情况，此时设备的 DMA 只能访问指定的物理内存。

DMA 重映射技术是 VT-d 技术提供的最关键的功能之一，下面我们将研究 DMA 重映射的基本原理。在进行 DMA 操作时，设备需要做的就是向(从)驱动程序告知的"物理地址"复制(读取)数据。然而，在虚拟机环境下，客户机使用的是 GPA，那么客户机驱动操作设备也用 GPA。但是设备在进行 DMA 操作时，需要使用 MPA(Memory Physical Address，内存物理地址)，于是 I/O 虚拟化的关键问题就是如何在操作 DMA 时将 GPA 转换成 MPA。VT-d 技术提供的 DMA 重映射技术就是来解决这个在进行 DMA 操作时将 GPA 转换成 MPA 的问题。

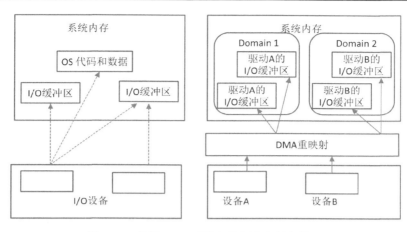

图 2-10　使用 VT-d 后设备访问内存的架构

PCI 总线结构通过设备标示符(BDF)可以索引到任何一条总线上的任何一个设备，而 VT-d 中的 DMA 总线传输中也包含一个 BDF，用于标识 DMA 操作发起者。除了 BDF 外，VT-d 还提供了两种数据结构来描述 PCI 架构，分别是根条目(Root Entry)和上下文条目(Content Entry)。

1. 根条目

根条目用于描述 PCI 总线，每条总线对应一个根条目。由于 PCI 架构支持最多 256 条总线，故最多可以有 256 个根条目。这些根条目一起构成一张表，称为根条目表(Root Entry Table)。有了根条目表，系统中每一条总线都会被描述到。图 2-11 是根条目的结构。

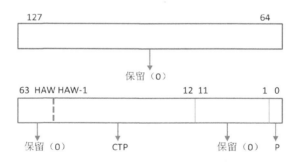

图 2-11　根条目的结构

图 2-11 中主要字段解释如下。

P：存在位。P 为 0 时，条目无效，来自该条目所代表总线的所有 DMA 传输被屏蔽。P 为 1 时，该条目有效。

CTP(Context Table Point，上下文表指针)：指向上下文条目表。

2. 上下文条目

上下文条目用于描述某个具体的 PCI 设备，这里的 PCI 设备是指逻辑设备(BDF 中 function 字段)。一条 PCI 总线上最多有 256 个设备，故有 256 个上下文条目，它们一起组成上下文条目表(Context Entry Table)通过上下文条目表，可描述某条 PCI 总线上的所有设备。图 2-12 是上下文条目的结构。

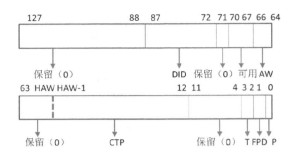

图 2-12　上下文条目的结构

图 2-12 中主要字段解释如下。

P：存在位。P 为 0 时条目无效，来自该条目所代表设备的所有 DMA 传输被屏蔽。P 为 1 时，表示该条目有效。

T：类型，表示 ASR 字段所指数据结构的类型。目前，VT-d 技术中该字段为 0，表示多级页表。

ASR(Address Space Root，地址空间根)：实际是一个指针，指向 T 字段所代表的数据结构，目前该字段指向一个 I/O 页表。

DID(Domsin ID,域标识符)：DID 可以看做用于唯一标识该客户机的标识符。

根条目表和上下文条目表共同构成了图 2-13 所示的两级结构。

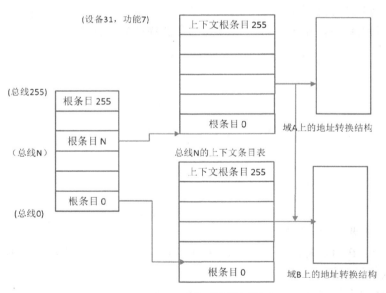

图 2-13　根条目表和上下文条目表构成的两级结构

当 DMA 重映射硬件捕获一个 DMA 传输时，通过其中 BDF 的 bus 字段索引根条目表，可以得到产生该 DMA 传输的总线对应的根条目，由根条目的 CTP 字段可以获得上下文条目表。用 BDF 中的{dev, func}索引该表，可以获得发起 DMA 传输的设备对应的上下文条目。从上下文条目的 ASR 字段，可以寻址到该设备对应的 I/O 页表，此时 DMA 重映射硬件就可以做地址转换了。通过这样的两级结构，VT-d 技术就可以覆盖平台上所有的 PCI 设备，并对它们的 DMA 传输进行地址转换。

I/O 页表是 DMA 重映射硬件进行地址转换的核心。它的思想和 CPU 中分页机制的页表类似，CPU 通过 CR3 寄存器就可以获得当前系统使用的页表的基地址，而 VT-d 需要借助根条目和上下文条目才能获得设备对应的 I/O 页表。VT-d 使用硬件查页表机制，整个地址转换过程对于设备、上层软件都是透明的。与 CPU 使用的页表相同，I/O 页表也支持多种粒度的页面大小，其中最典型的 4 KB 页面地址转换过程如图 2-14 所示。

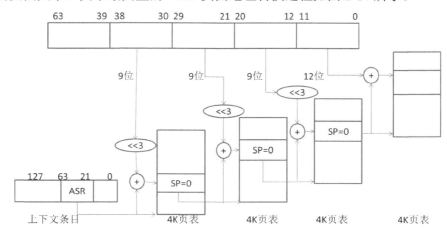

图 2-14 DMA 重映射的 4 KB 页面地址转换过程

2.4.2 IOMMU

输入/输出内存管理单元(IOMMU)是一个内存管理单元，管理对系统内存的设备访问。它位于外围设备和主机之间，可以把 DMA I/O 总线连接到主内存上，将来自设备请求的地址转换为系统内存地址，并检查每个接入的适当权限。IOMMU 技术示意图如图 2-15 所示。

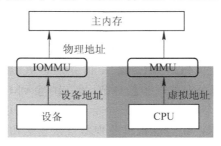

图 2-15 IOMMU 技术示意图

AMD 的 IOMMU 提供 DMA 地址转换，拥有对设备读取和写入权限检查的功能。通过 IOMMU，客户机操作系统中一个未经修改的驱动程序也可以直接访问它的目标设备，从而避免了通过 VMM 运行所产生的开销以及设备模拟。

有了 IOMMU，每个设备可以分配一个保护域。这个保护域定义了 I/O 页的转译中将被用于域中的每个设备，并且指明每个 I/O 页的读取权限。对于虚拟化而言，VMM 可以指定所有设备被分配到相同保护域中的一个特定客户机操作系统，这将创建一系列为运行在客户机操作系统中运行所有设备所需要使用的地址转译和访问限制。

IOMMU 将页转译缓存在一个 TLB 中，当需要进入 TLB 时需要键入保护域和设备请求地址。因为保护域是缓存密钥的一部分，所以域中的所有设备共享 TLB 中的缓存地址。

IOMMU 决定一台设备属于哪个保护域，然后使用这个域和设备请求地址查看 TLB。TLB 入口中包括读写权限标记以及用于转译的目标系统地址，因此，如果缓存中出现一个登入动作，TLB 会根据许可标记来决定是否允许该访问。

对于不在缓存中的地址而言，IOMMU 会继续查看设备相关的 I/O 页表格。而 I/O 页表格入口也包括连接到系统地址的许可信息。

因此，所有地址转译最重要是一次 TLB 或者页表是否能够被成功的查看，如果查看成功，适当的权限标记会告诉 IOMMU 是否允许访问。然后，VMM 通过控制 IOMMU 来查看地址的 I/O 页表格，以控制系统页对设备的可见性，并明确指定每个域中每个页的读写访问权限。

IOMMU 提供的转译和保护的双重功能提供了一种完全从用户代码、无需内核模式驱动程序操作设备的方式。IOMMU 可以被用于限制用户流程分配的内存设备 DMA，而不是使用可靠驱动程序控制对系统内存的访问。设备内存访问仍然是受特权代码保护的，但它是创建 I/O 页表格的特权代码。

IOMMU 通过允许 VMM 直接将真实设备分配到客户机操作系统让 I/O 虚拟化更有效。有了 IOMMU，VMM 会创建 I/O 页表格将系统物理地址映射到客户机物理地址，为客户机操作系统创建一个保护域，然后让客户机操作系统正常运转。针对真实设备编写的驱动程序则作为那些未经修改、对底层转译无感知的客户机操作系统的一部分而运行。客户 I/O 交易通过 IOMMU 的 I/O 映射被从其他客户独立出来。

总而言之，AMD 的 IOMMU 可避免设备模拟，取消转译层，允许本机驱动程序直接配合设备，极大地降低了 I/O 设备虚拟化的开销。

2.4.3 SR-IOV

前面介绍了利用 Intel VT-d 技术实现设备的直接分配，但使用这种方式有一种缺点，即一个物理设备资源只能分配给一个虚拟机使用。为了实现多个虚拟机共用同一物理设备资源并使设备直接分配的目的，PCI-SIG 组织发布了一个 I/O 虚拟化技术标准——SR-IOV。

SR-IOV 是 PCI-SIG 组织公布的一个新规范，旨在消除 VMM 对虚拟化 I/O 操作的干预，以提高数据传输的性能。这个规范定义了一个标准的机制，可以实现多个设备的共享，它继承了 Passthrough I/O 技术，绕过虚拟机监视器直接发送和接收 I/O 数据，同时还利用 IOMMU 减少内存保护和内存地址转换的开销。

一个具有 SR-IOV 功能的 IO 设备是基于 PCIe 规范的，具有一个或多个物理设备(PF, Physical Function)，PF 是标准的 PCIe 设备，具有唯一的申请标识 RID。而每一个 PF 可以用来管理并创建一个或多个虚拟设备(VF, Virtual Function)，VF 是"轻量级"的 PCIe 设备。具有 SR-IOV 功能的 I/O 设备如图 2-16 所示。

每一个 PF 都是标准的 PCIe 功能，并且关联多个 VF。每一个 VF 都拥有与性能相关的关键资源，如收发队列等，专门用于软件实体在运行时的性能数据运转，而且与其他 VF

共享一些非关键的设备资源。因此每一个 VF 都有独立收发数据包的能力。若把一个 VF
分配给一台客户机，该客户机就可以直接使用该 VF 进行数据包的发送和接收。最重要的
是，客户机通过 VF 进行 I/O 操作时，可以绕过虚拟机监视器直接发送和接收 I/O 数据，这
正是直接 I/O 技术最重要的优势之一。

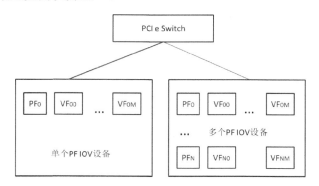

图 2-16　具有 SR-IOV 功能的 I/O 设备

SR-IOV 的实现模型包含三部分：PF 驱动、VF 驱动和 SR-IOV 管理器(IOVM)。SR-IOV
的实现模型如图 2-17 所示。

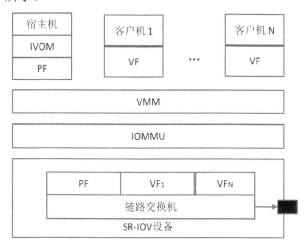

图 2-17　SR-IOV 的实现模型

PF 驱动，运行在宿主机上，可以直接访问 PF 的所有资源。PF 驱动主要用来创建、配
置和管理虚拟设备，即 VF。它可以设置 VF 的数量，全局的启动或停止 VF，还可以进行
设备相关的配置。PF 驱动同样负责配置两层分发，以确保从 PF 或者 VF 进入的数据可以
正确地路由。

VF 驱动是运行在客户机上的普通设备驱动，VF 驱动只有操作相应 VF 的权限。VF 驱
动主要用来在客户机和 VF 之间直接完成 I/O 操作，包括数据包的发送和接收。由于 VF 并
不是真正意义上的 PCIe 设备，而是一个"轻量级"的 PCIe 设备，因此 VF 也不能像普通
的 PCIe 设备一样被操作系统直接识别并配置。

SR-IOV 管理器运行在宿主机上，用于管理 PCIe 拓扑的控制点以及每一个 VF 的配置
空间。它为每一个 VF 分配了完整的虚拟配置空间，因此客户机能够像普通设备一样模拟

和配置 VF，宿主机操作系统可以正确地识别并配置 VF。当 VF 被宿主机正确地识别和配置后，它们才会被分配给客户机，然后在客户机操作系统中被当作普通的 PCI 设备初始化和使用。

具有 SR-IOV 功能的设备可以利用以下优点：

(1) 提高系统性能。采用 Passthrough 技术，将设备分配给指定的虚拟机，可以达到基于本机的性能。利用 IOMMU 技术，改善了中断重映射技术，减少客户及从硬件中断到虚拟中断的处理延迟。

(2) 安全性优势。通过硬件辅助，数据安全性得到加强。

(3) 可扩展性优势。系统管理员可以利用单个高宽带的 I/O 设备代替多个低带宽的设备以达到带宽的要求。利用 VF 将带宽进行隔离，使得单个物理设备好像是隔离的多物理设备。此外，这还可以为其他类型的设备节省插槽。

2.4.4　Virtio

Virtio 是半虚拟化 Hypervisor 中位于设备之上的抽象层，主要用来提高虚拟化的 I/O 性能。Virtio 最早由澳大利亚的天才程序员 Rusty Russell 开发，用来支持自己的 Lguest 虚拟化解决方案。

Virtio 并没有提供多种设备模拟机制(比如，针对网络块和其他驱动程序)，而是为这些设备模拟提供一个通用的前端，从而标准化接口和增加代码的跨平台重用。在这里，客户机操作系统运行在 Hypervisor 之上，并充当了前端的驱动程序。而 Hypervisor 为特定的设备模拟实现后端的驱动程序。通过在这些前端和后端驱动程序中的 Virtio，为开发模拟设备提供标准化接口，从而增加代码的跨平台重用率并提高效率。现在，很多虚拟机都采用了 Virtio 半虚拟化驱动来提高性能，例如 KVM 和 Lguest。

Virtio 的基本架构如图 2-18 所示。

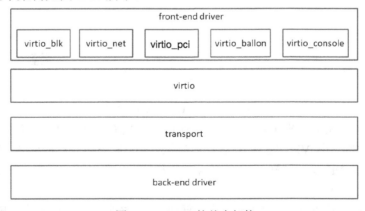

图 2-18　Virtio 的基本架构

前端驱动程序(front-end driver)，即 virtio-blk、virtio-net、virtio-pci、virtio-ballon 和 virtio-console，是在客户机操作系统中实现的。

后端驱动程序(back-end driver)是在 Hypervisor 中实现的。另外，Virtio 还定义了两个层来支持客户机操作系统与 Hypervisor 之间的通信。

Virtio 是虚拟队列接口，它在概念上将前端驱动程序附加到后端驱动程序。一个驱动程序可以使用 0 个或多个队列，队列的具体数量取决于该驱动程序实现的需求。例如，virtio-net 这个网络驱动程序使用两个虚拟队列，一个用于接收，另一个用于发送。而 virtio-blk 块设备驱动程序仅使用一个虚拟队列。虚拟队列实际上是跨越客户机操作系统和 Hypervisor 的衔接点，可以通过任意方式实现，但前提是客户机操作系统和 Hypervisor 必须以相同的方式实现它。

transport 实现了环形缓冲区，用于保存前端驱动和后端处理程序的执行信息。在该环形缓冲区可以一次性保存前端驱动的多次 I/O 请求，并且交由后端驱动去批量处理，最后调用宿主机中的设备驱动来实现物理上的 I/O 操作，这样就实现了批量处理，而不是客户机中对每次 I/O 请求都处理一次，从而提高客户机与 Hypervisor 信息交换的效率。

现在，使用 Virtio 半虚拟化驱动方式，可以获得很好的 I/O 性能，其性能几乎可以达到和 native(即非虚拟化环境中的原生系统)差不多。

目前，在宿主机中除了一些比较老的 Linux 系统不支持 Virtio，Linux 2.6.24 及以上的内核版本都已支持 Virtio,而且较新的 Linux 发行版本都已经将 Virtio 相关驱动编译成内核，可以直接为客户机使用。由于 Virtio 后端处理程序是在位于用户空间的 QEMU 中实现的，在宿主机中只需要比较新的 Linux 内核即可。

以 Ubuntu 为例，相关的内核模块包括 virtio.ko、virtio_ring.ko、virtio_pci.ko、virtio_balloon.ko、virtio_net.ko、virtio_blk.ko 等。其中，virtio、virtio_ring 和 virtio_pci 驱动程序是公用模块，提供了对 Virtio API 的基本支持，是任何 Virtio 前端驱动都必须使用的，其它模块都依赖于这三个模块，而且它们的加载是有一定顺序的，要按照 virtio、virtio _ring、virtio _pci 的顺序加载。其余的驱动可以根据实际需要进行选择性的编译和加载。比如，客户机需要使用 Virtio 驱动的 balloon 动态内存分配功能，则启用 virtio_balloon 模块；客户机使用 Virtio 驱动的网卡功能，则启用 virtio_net 模块；如果使用 Virtio 驱动的硬盘功能，则启用 virtio_blk 模块。

以 Ubuntu14.04 版本的内核配置文件为例，其中与 Virtio 相关的配置如下：

```
CONFIG_NET_9P_VIRTIO=m
CONFIG_VIRTIO_BLK=y
CONFIG_SCSI_VIRTIO=m
CONFIG_VIRTIO_NET=y
CONFIG_CAIF_VIRTIO=m
CONFIG_VIRTIO_CONSOLE=y
CONFIG_HW_RANDOM_VIRTIO=m
CONFIG_VIRTIO=y
CONFIG_VIRTIO_PCI=y
CONFIG_VIRTIO_BALLOON=y
CONFIG_VIRTIO_MMIO=y
CONFIG_VIRTIO_MMIO_CMDLINE_DEVICES=y
CONFIG_VIRTIO_BLK=y
CONFIG_SCSI_VIRTIO=m
```

还可以通过命令查找系统中加载的 Virtio 相关模块，命令如下：

lsmod | grep virtio

由于 Windows 操作系统不是开源的操作系统，微软公司本身没有提供 Virtio 相关的驱动，因此需要额外安装特定驱动来支持 Virtio。以 Ubuntu14.04 为例，包含一个名为 virtio-win 的 RPM 软件包，能为许多 Windows 版本提供 Virtio 相关的驱动。

本 章 小 结

本章从系统可虚拟化架构入手，先介绍了虚拟机监控器实现中的一些基本概念。然后从处理器虚拟化、内存虚拟化、I/O 虚拟化几个方面介绍了虚拟化的实现技术，这样有助于读者了解虚拟化技术。下一章，将重点讲解如何构建一个 KVM 环境以及如何安装和启动一个虚拟机。

第三章　构建 KVM 环境

3.1　KVM 架构概述

KVM 全称是 Kernel-based Virtual Machine，是 x86 架构且硬件支持虚拟化技术(如 Intel VT 或 AMD-V)的 Linux 内核全虚拟化的解决方案。KVM 是一种用于 Linux 内核中的虚拟化基础设施，可以将 Linux 内核转化为一个 Hypervisor。KVM 在 2007 年 2 月被导入 Linux 2.6.20 核心中，以可加载核心模块的方式被移植到 FreeBSD 及 illumos 上。

Hypervisor 也叫 VMM 虚拟机监控器，即 Virtual Machine Monitor，在物理系统上，通过运行虚拟机监控器来生成虚拟机。虚拟机监控器的主要任务就是管理真实的物理硬件平台，为每一个虚拟客户机提供对应的虚拟硬件平台。

KVM 最初是由一个以色列的创业公司 Qumranet 开发的，为了简化开发流程，KVM 的开发人员没有选择从底层从头写一个新的 Hypervisor 出来，而是选择了基于 Linux 内核进行开发，在 Linux 内核上通过加载新的模块使 Linux 内核变成一个 Hypervisor。所以，KVM 是作为一个模块放置在 Linux 内核中进行使用的。在 2010 年 11 月，RedHat 公司推出了新的企业版 Linux-RHEL 6，在这个发行版中集成了最新的 KVM 虚拟机，而且去掉了在 RHEL 5.x 系列中集成的 Xen。在主流 Linux 内核的 v2.6.20 版本后，KVM 已经成为了 Linux 中默认的虚拟化解决方案，也就是说，从主流 Linux 内核的 v2.6.20 版本后，KVM 已经成了主流 Linux 内核的一个模块嵌入其中。

KVM 支持 Linux 客户操作系统的虚拟化，甚至支持其硬件对虚拟化敏感的 Windows 系统的虚拟化。

3.1.1　KVM 和 Xen

作为两大开源的虚拟化技术，本书对 KVM 和 Xen 做一个简单的比较。作为较早出现的虚拟化技术，Xen 是"第一类"运行在裸机上的虚拟化管理程序，也是当前相当一部分商业化运作公司的基础技术，其中包括 Citrix 系统公司的 XenServer 和 Oracle 的虚拟机。KVM 是一个轻量级的虚拟化管理程序模块，该模块主要来自于 Linux 内核，虽然只是后来者，但是由于其性能和实施的简易性，以及对 Linux 重量级的持续支持，使 KVM 近年来发展迅速。

Xen 使用一个虚拟机管理程序来管理虚拟机和相关的资源，还支持半虚拟化。Xen 提供了一个专门执行资源和虚拟管理与计划的开源虚拟机管理程序。在裸机物理硬件上引导系统时，Xen 虚拟机管理程序启动一个名为 Domain0 或管理域的主虚拟机，该虚拟机提供了对所有在该物理主机上运行的其他虚拟机(称为 DomainU，从 Domain1 到 DomainN，或者简单地称为 Xen Guest)的中央虚拟机管理功能。

不同于 Xen，KVM 虚拟化使用 Linux 内核作为它的虚拟机管理程序。对 KVM 虚拟化的支持自 v2.6.20 版开始已成为主流 Linux 内核的默认部分。

从架构上讲，Xen 是自定制的 Hypervisor，对硬件的资源管理和调度，对虚拟机的生命周期管理等，都是从头开始写的。而 KVM 是 Linux 内核中一个特殊的模块，Linux 内核加载此模块后，可以将 Linux 内核变成 Hypervisor，因为可以很好地实现对硬件资源的调度和管理。KVM 的初始版本只有 4 万行代码，相对于 Xen 的几百万行代码显得非常简洁。

KVM 在 Linux 整合中优于 Xen，其中最明显并且最重要的因素就是 KVM 是 Linux 内核的一部分，Xen 只是一个安装在 Linux 内核下层的产品而已。

从另外一个角度来讲，KVM 更加灵活。由于操作系统直接和整合到 Linux 内核中的虚拟化管理程序交互，所以在任何场景下都可以直接和硬件进行交互，而不需要修改虚拟化的操作系统。这一点非常重要，因为对虚拟机运行来讲，KVM 可以是一个更快的解决方案。KVM 需要 AMD 或者 Intel 的 CPU 虚拟化支持，但是这现在已经不能成为 KVM 发展的限制条件，因为当前大多数服务器都有这些支持虚拟化的处理器。

支持不选择 KVM 虚拟化技术的一个原因是 Xen 相对来讲历史更久一点，产品更加成熟些。但是长远来看，Xen 将会使 Linux 内核的负担越来越重，因为 Xen 缺少很好的整合(并且以后也不会解决这个问题)。尽管 Xen 的开发者们正在积极地解决这个整合问题，但 KVM 已经是 Linux 内核的一部分，而 Xen 做到最好也无非是整合到 Linux 中。随着时间的推移，Ret Hat(目前掌握 KVM 技术)作为 Linux 企业市场中份额最大的企业，将会使虚拟化技术的后来者——KVM 同 Xen 一样功能齐全，相信未来虚拟化市场必定是 KVM 的。

3.1.2 KVM 虚拟化模型

虚拟化架构中关键的是 Hypervisor 不同的创建方式，随着硬件的发展，Intel VT(Virtualization Technology 虚拟化技术)和 AMD 的 SVM(Secure Virtual Machine)对虚拟化的支持，使得编写一个 Hypervisor 变得更加容易。

目前，虚拟化的架构模型基本分为三类，一类是一般的 Hypervisor 虚拟化架构模型，也叫 Hypervisor 型虚拟化；另一类是 Linux 作为 Hypervisor 的虚拟化架构模型，也叫宿主模型虚拟化；还有一类是混合模型的虚拟化架构模型，综合了以上两种虚拟化技术。

一般的 Hypervisor 模型如图 3-1 所示，其中包含一个软件层，该软件层复用多个客户操作系统的硬件。Hypervisor 运行基本的调度和内存管理，分配 I/O 资源给特定的客户机操作系统。

这类虚拟机监控程序在系统加电之后首先加载运行，传统的操作系统运行在其创建的虚拟机中。这类 Hypervisor 可以视为一个特别为虚拟机而优化裁剪的操作系统内核，Hypervisor 运行在最底层，实现诸如系统的初始化，物理资源的管理等功能。此外，对虚拟机进行创建、调度和管理，与操作系统对进程的创建、调度和管理相似。这一类型的 Hypervisor 通常会提供一个具有一定特权的特殊虚拟机，由这个特殊虚拟机来运行提供用户日常操作和管理使用的操作系统环境。著名的开源虚拟化软件 Xen、商业软件 VMware ESX/ESXi 和微软的 Hyper-V 就是这类 Hypervisor 的代表。

对标准的 Linux 内核添加虚拟化技术之后，可以将一些工作交给 Linux 内核来处理。

在这种模型下，每一个虚拟机都是一个由标准的 Linux 调度器调度的 Linux 进程，虚拟机内存由 Linux 内核内存管理进行分配。

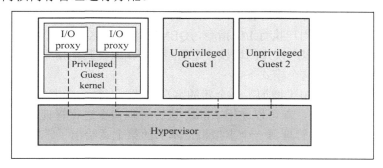

图 3-1　一般的 Hypervisor 模型

这类虚拟化模型架构在系统加电后运行通常的操作系统，这个操作系统也叫宿主机操作系统，Hypervisor 作为特殊的应用程序，是对宿主机操作系统的扩展。这种方式的 Hypervisor 可以充分利用现有的操作系统，不必自己管理物理资源和调度算法，使得 Hypervisor 更加简洁。但是，另一方面，由于 Hypervisor 依赖于 Linux 内核来实现管理和任务调度，因此会受到宿主机操作系统的一些限制。KVM、VMware Workstation 和 VirtualBox 都是属于此类的 Hypervisor。如图 3-2 所示，KVM 作为一个模块加载进 Linux 内核。

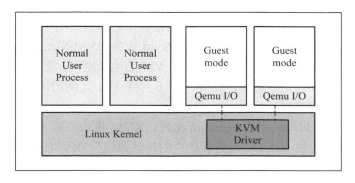

图 3-2　加载进 Linux 内核的 KVM 模块

混合模型的虚拟化架构模型是上述两种模式的混合体，虚拟机监控器位于最底层，用于所有物理资源。但与 Hypervisor 模型不同的是，虚拟机监控器不会控制大部分 I/O 设备，会有一个运行在特权虚拟机中的特权操作系统控制大部分硬件，分担虚拟机监控器的一些职责。处理器和内存的虚拟化由虚拟机监控器完成，I/O 的虚拟化则由虚拟机监控器和特权操作系统共同合作来完成。Windows Server 2012 是 Miscrosoft 推出的新一代服务器操作系统，其中一项重要的新功能是虚拟化。Server 2012 的虚拟化架构采用混合模型，其重要的部件之一 Hyper-V 作为 Hypervisor 运行在最底层，Server 2012 本身作为特权操作系统运行在 Hyper-V 之上。

3.1.3　KVM 模块

KVM 模块让 Linux 主机成为一个虚拟机监视器，并且在原有的 Linux 两种执行模式的

(内核模式和用户模式)基础上新增加了客户模式，客户模式拥有自己的内核模式和用户模式。在虚拟机运行时，三种模式的工作如下。

(1) 客户模式：执行非 I/O 的客户代码，虚拟机运行在这个模式下。

(2) 用户模式：代表用户执行 I/O 指令，QEMU 运行在这个模式下。

(3) 内核模式：实现客户模式的切换，处理因为 I/O 或者其他指令引起的从客户模式的退出。KVM 模块工作在这个模式下。

在 KVM 的模型中，由于增加了一个新的客户模式，而每一个虚拟机都是一个由 Linux 调度程序管理的标准进程，都可以使用 Linux 进程管理命令进行管理，这样我们就可以使用通常的进程管理工具来管理每一个虚拟机，本书的第七章给出了常用的 KVM 虚拟机管理工具的使用，读者可自行查看。

KVM 模块的职责就是打开并初始化系统硬件以支持虚拟机的运行。以 KVM 在 Intel 公司的 CPU 上运行为例，在 KVM 模块被内核加载的时候，KVM 模块会先初始化内部的数据结构；做好准备之后，KVM 模块检测系统当前的 CPU，然后打开 CPU 控制寄存器 CR4 中的虚拟化模式开关，并通过执行 VMXON 指令将宿主操作系统(包括 KVM 模块本身)置于虚拟化模式中的根模式；最后，KVM 模块创建特殊设备文件/dev/kvm 并等待来自用户空间的命令。接下来虚拟机的创建和运行将是一个用户空间的应用程序(QEMU)和 KVM 模块相互配合的过程。

KVM 所使用的方法是通过简单地加载内核模块而将 Linux 内核转换为一个系统管理程序。这个内核模块导出了一个名为/dev/kvm 的设备，它可以启用 Linux 内核除了传统的内核模式和用户模式以外的客户模式。有了/dev/kvm 设备，VM(Virtual Machine)虚拟机使自己的地址空间独立于内核或运行着的任何其他 VM 的地址空间。设备树(/dev)中的设备对于所有用户空间进程来说都是通用的，但是，为了支持 VM 之间的隔离，每个打开/dev/kvm 的进程看到的是不同的映射。

KVM 模块加载之初，只存在/dev/kvm 文件，KVM 模块创建了特殊设备文件/dev/kvm 后，针对该文件最重要的 IOCTL 调用就是"创建虚拟机"。KVM 模块与用户空间 QEMU 的通信接口主要是一系列针对特殊设备文件/dev/kvm 的 IOCTL 调用。

同样，KVM 模块也会为每一个创建出来的虚拟处理器生成对应的文件句柄，对虚拟处理器相应的文件句柄进行相应的 IOCTL 调用，就可以对虚拟处理器进行管理。

在这里，"创建虚拟机"可以理解成 KVM 为了某个特定的虚拟客户机创建对应的内核数据结构。同时，KVM 还会返回一个文件句柄来代表所创建的虚拟机，那么，对该文件句柄的 IOCTL 调用就是对虚拟机的管理。针对该文件句柄的 IOCTL 调用可以对虚拟机做相应的管理，比如创建用户空间虚拟地址和客户机物理地址及真实内存物理地址的映射关系，再比如创建多个可供运行的虚拟处理器(vCPU)。同样，KVM 模块会为每一个创建出来的虚拟处理器生成对应的文件句柄，对虚拟处理器相应的文件句柄进行相应的 IOCTL 调用，就可以对虚拟处理器进行管理。此外，内存虚拟化也是由 KVM 模块来实现的。

KVM 在安装 KVM 内核模块时将 Linux 内核转换成一个系统管理程序，由于标准 Linux 内核本身就是一个系统管理程序，因此 KVM 能从对标准内核的修改中获益良多，包括内存支持、调度程序等。对这些 Linux 组件进行优化的结果是可以让系统管理程序(宿主机操作系统)和 Linux 客户机操作系统同时受益。

我们可以在 Linux 内核中找到 KVM 的源代码,在./linux/drivers/kvm(Linux 内核 V2.6.20 及更新版本)中包含了 KVM 的源文件,同时还有对于 Intel 和 AMD 扩展的处理器支持文件。

3.1.4 QEMU 与 KVM 的关系

QEMU(quick emulator)本身并不是 KVM 的一部分,而是一套由 Fabrice Bellard 编写的模拟处理器的自由软件。与 KVM 不同的是,QEMU 虚拟机是一个纯软件的实现,因此性能比较低。QEMU 有整套的虚拟机实现,包括处理器虚拟化、内存虚拟化以及网卡、显卡、存储控制器和硬盘等虚拟设备的模拟。

QEMU 的两种运作模式如下:

(1) User Mode 模拟模式,即用户模式,QEMU 能启动由不同中央处理器编译的 Linux 程序,可以在一种架构(例如 PC 机)下运行另一种架构(如 ARM)下的操作系统和程序。

(2) System Mode 模拟模式,即系统模式,QEMU 能模拟整个电脑系统,包括中央处理器及其他周边设备。在此模式下,QEMU 可以直接使用宿主机的系统资源,让虚拟机获得接近于宿主机的性能表现。

由于 QEMU 支持 Xen 和 KVM 模式下的虚拟化,KVM 为了简化开发和代码重用,对 QEMU 进行了修改。从 QEMU 角度来看,虚拟机运行期间,QEMU 通过 KVM 模块提供的系统调用进行内核设置,由 KVM 模块负责将虚拟机置于处理器的特殊模式运行。QEMU 使用了 KVM 模块的虚拟化功能,为自己的虚拟机提供硬件虚拟化加速以提高虚拟机的性能。

KVM 模块是 KVM 的核心,但是,KVM 仅仅是 Linux 内核的一个模块,管理和创建完整的 KVM 虚拟机,需要其他的辅助工具。每个 KVM 虚拟机都是一个由 Linux 调度程序管理的标准进程,仅有 KVM 模块是远远不够的,因为用户无法直接控制内核模块去做事情,因此,还必须有一个用户空间的工具才行。这个辅助的用户空间的工具,开发者选择了已经成型的开源虚拟化软件 QEMU。QEMU 是一个强大的虚拟化软件,KVM 使用了 QEMU 的基于 x86 的部分,并稍加改造,形成可控制 KVM 内核模块的用户空间工具 QEMU。所以 Linux 发行版中分为 kernel 部分的 KVM 内核模块和 QEMU 工具。这就是 KVM 和 QEMU 的关系。

KVM 和 QEMU 相辅相成,QEMU 通过 KVM 达到了硬件虚拟化的速度,而 KVM 则通过 QEMU 来模拟设备。对于 KVM 的用户空间工具,尽管 QEMU-KVM 工具可以创建和管理 KVM 虚拟机,但是,RedHat 为 KVM 开发了更多的辅助工具,比如 libvirt、virsh、virt-manager 等,QEMU 并不是 KVM 唯一的选择。

关于 QEMU 和 KVM 的关系,如果说的简单点,那就是 KVM 只模拟 CPU 和内存,因此一个客户机操作系统可以在宿主机上面跑起来,但是你看不到它,无法和它沟通。于是有人修改了 QEMU 的代码,把它模拟 CPU、内存的代码换成 KVM,而网卡、显示器等留着,因此 QEMU+KVM 就成了一个完整的虚拟化平台。

QEMU 与 KVM 之间的关系是典型的开源社区在代码共用和开发项目共用上面的合作。QEMU 可以选择其他的虚拟技术来为其加速,例如 Xen 或者 KQEMU,KVM 也可以选择其他的用户程序作为虚拟机实现,只需按照 KVM 提供的 API 进行设计即可。但是依据 QEMU 和 KVM 各自的发展情况，两者结合是目前最成熟的选择。

3.2 配置硬件环境

KVM 可以在多种不同的处理器架构之上使用，不过在 x86-64 架构上面的功能支持最完善。由于 Intel 和 AMD 的 x86-64 架构在桌面和服务器市场上的主导地位，本书也以 x86 处理器架构为例作为 KVM 环境进行构建。

英特尔在 2005 年 11 月发布的奔腾四处理器(型号 662 和 672)第一次正式支持 VT(Virtualization Technology)技术，而在 2006 年 5 月 AMD 也发布了支持 AMD-V 的处理器。KVM 需要硬件虚拟化技术的支持，在 x86-64 架构的处理器中，KVM 必需的硬件虚拟化支持分别为：英特尔的虚拟化技术(Intel VT)和 AMD 的 AMD-V 技术。现在比较流行的针对服务器和桌面的 Intel 处理器多数都是支持 VT 技术的，下面主要讲解与英特尔的 VT(Virtualization Technology)技术相关的硬件设置。

处理器不仅需要在硬件上支持 VT 技术，还需要在 BIOS 中将其功能打开，因为打开后 KVM 才能使用。目前，多数流行的服务器和部分桌面处理器的 BIOS 都是默认将 VT 打开了。

但是，要开启虚拟化技术支持，需要几个方面的条件支持，包括芯片组自身的支持、BIOS 提供的支持、处理器自身的支持、操作系统的支持。操作系统方面，主流操作系统均支持 VMM 管理，因此无需考虑。而芯片组方面，从 Intel 945 时代开始均已经支持虚拟化技术，因此也无需考虑。CPU 方面，可以通过 Intel 官方网站进行查询即可判断。因此，更多的是查看 BIOS 是否支持。

我们可以直接在 BIOS 中查看 CPU 是否支持 Intel VT-d 虚拟化技术，也可以使用软件工具检测 CPU 是否支持 Intel VT 虚拟化技术，例如使用 CPU-Z 和 SecurAble 工具。

使用 CPU-Z 检测是否支持 VT，如图 3-3 所示，以 Intel 的 core 2 处理器为例，查看其是否支持虚拟化。在图 3-3 中的"指令集"里面如果有"VT-x"，则为 CPU 支持 VT 虚拟化技术。

图 3-3　CPU-Z 中查看处理器的虚拟化支持

如果 CPU 支持虚拟化技术，接下来就是检查 BIOS 是否支持(开启)VT 技术。VT 的选项，一般在 BIOS 中的"Advanced——Processor Configuration"里来查看和设置，它的标识一般为"Intel(R) Virtualization Technology"或者"Intel VT"等类似的文字说明(不同的 BIOS，有可能有不同的选项和不同的标识，读者需具体对待)。

本书给出几种不同的 BIOS 中开启 VT-d 的例子，读者可作为一个参考。

下面以一台 HP 主机的 Intel 的酷睿 i3 平台的服务器为例来举例说明在 BIOS 中设置 VT 的方式。在图 3-4 中显示的是 BIOS 的各类选项，选择 Security 中的 System Security，即可看到图 3-5 中所示的 Virtualization Technology 选项，将该选项设置为开启状态，即"Enable"状态，然后保存退出即可。

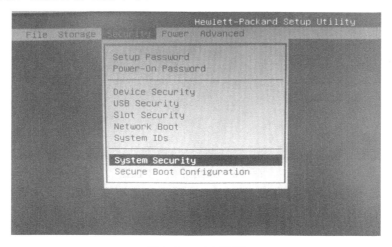

图 3-4　BIOS 选项

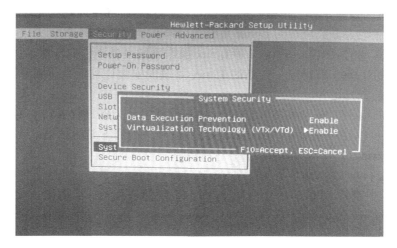

图 3-5　BIOS 中的 VT 选项

以华硕主板 BIOS UEFI BIOS 为例，开启 VT 步骤如下：开机时按 F2 进入 BIOS 设置，进入 Advanced(高级菜单)，进入 CPU Configuration(处理器设置)，将 Intel Virtualization Technology(Intel 虚拟化技术)改为 Enabled(启用)，按 F10 保存设置，然后按 Esc 退出 BIOS 设置即可。BIOS 设置如图 3-6 所示。

图 3-6　BIOS 中的 VT 设置

不同平台和不同厂商的 BIOS 设置各有不同，读者可在具体设置时根据实际的硬件情况和不同的 BIOS 选项具体查找并进行配置。

3.3　安装宿主机 Linux

运行 KVM，必须安装一个宿主机的 Linux 操作系统。KVM 作为一个流行的虚拟化技术方案，可以在绝大多数流行的 Linux 系统上编译和运行，本书选择以 Ubuntu 14.04 版本为例，当然，其他的 RHEL、Fedora 等 Linux 操作系统也是不错的选择。

安装宿主机 Linux 就是一个普通的 Linux 系统的安装过程，具体细节这里不再赘述，读者可参考相关资料。

本书采用的宿主机操作系统为 Ubuntu 14.04，并以此为例进行 KVM 环境的搭建。查看 Ubuntu 版本，可以在终端输入"cat /etc/issue"命令，得到下面的结果：

　　　root@kvm-host:~# cat /etc/issue

　　　Ubuntu 14.04 LTS \n \l

在 Ubuntu 中查看 CPU 是否支持 kvm，即查看硬件是否支持虚拟化，可以使用命令"grep -E -o 'vmx|svm' /proc/cpuinfo"，在该命令中，vmx 是针对 Intel 平台，svm 是针对 AMD 平台。具体操作如下：

　　　root@ kvm-host:~# grep -E -o 'vmx|svm' /proc/cpuinfo

　　　vmx

　　　vmx

　　　vmx

　　　vmx

如果结果显示中有 vmx 或者是 svm，那么表示 CPU 支持虚拟化功能，这时就可进行下一步编译安装 KVM 的操作了。

3.4 编译安装 KVM

3.4.1 下载 KVM 源码

KVM 是 Linux 的一个内核模块，从 Linux 内核的 2.6.20 版本后 KVM 已正式被加入到内核的正式发布代码中，所以如果宿主机安装的 Linux 内核的版本高于 2.6.20，即可直接使用 KVM，读者可跳过此节到 3.5 小节的内容去学习。如果是学习 KVM，建议使用最新的正式发布的版本。如果是实际部署到生产环境中，建议使用比较合适的稳定版本并进行详尽的功能和性能测试。

在 Ubuntu 中查看 Linux 内核版本，具体操作如下：

    root@ kvm-host:~# uname -r

    3.13.0-24-generic

如果查看到的内核版本低于 2.6.20，则需要下载 KVM 进行编译和安装。

下载 KVM 源码有下面多种不同的方式：

(1) 进入 KVM 的官网 http://www.linux-kvm.org/page/Downloads 下载。

(2) 到 http://sourceforge.net/projects/kvm/files/页面，选择最新版本下载。

(3) 到 Git 代码仓库 http://git.kernel.org 中进行下载。

可以进入 KVM 的官网 http://www.linux-kvm.org/page/Downloads 下载 KVM，在该页面上面有明确的说明，大多数 Linux 的发行版本都已经包含了 KVM 模块和用户空间工具，推荐直接使用 KVM。如果想要具体某个版本的 KVM，可以到地址 http://sourceforge.net/ projects/kvm/ files/进行下载。

查看内核中是否已经安装 kvm 内核模块，使用如下命令：

    root@ kvm-host:~# lsmod|grep kvm

    kvm_intel   143060   0

    kvm   451511   1 kvm_intel

如果能看到 kvm_intel 和 kvm(本书以 Intel 的处理器为例)两个模块，则说明 KVM 已经是 Linux 操作系统的一个 module 了，不必再安装。如果 KVM 已安装，读者可直接跳过此章节，到 3.5 小节查看 QEMU 的安装即可。

要下载 KVM 最新源代码，也可以到 Git 代码仓库中进行下载，KVM 项目的代码托管在 Linux 内核官方源码网站 http://git.kernel.org 上面。在使用 Git 来进行版本控制时，为了得一个项目的拷贝(copy)，我们需要知道这个项目仓库的地址(Git URL)。Git 能在许多协议下使用，所以 Git URL 可能以 ssh://、http(s)://、git://，或者只是以一个用户名(git 会认为这是一个 ssh 地址)为前辍。

最新处于开发中的 KVM 代码的网页链接为 http://git.kernel.org/cgit/virt/kvm/kvm.git，如图 3-7 所示。

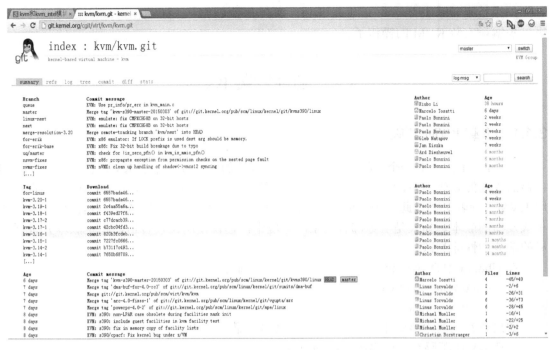

图 3-7   在 Git 代码仓库中下载 KVM

在图 3-7 页面的最下端，有下载 kvm.git 的 git clone 的地址，如图 3-8 所示。

```
Clone
git://git.kernel.org/pub/scm/virt/kvm/kvm.git
https://git.kernel.org/pub/scm/virt/kvm/kvm.git
https://kernel.googlesource.com/pub/scm/virt/kvm/kvm.git
```

图 3-8   下载 KVM 代码的链接

在图 3-8 中给出了使用 "git clone" 命令下载 KVM 代码的 URL 地址。

下载 KVM 的步骤如下：

root@kvm-host:~/xjy# git clone git://git.kernel.org/pub/scm/virt/kvm/kvm.git

Cloning into 'kvm'...

remote: Counting objects: 3924734, done.

remote: Compressing objects: 100% (722579/722579), done.

remote: Total 3924734 (delta 3218312), reused 3858632 (delta 3169716)

Receiving objects: 100% (3924734/3924734), 880.54 MiB | 1.35 MiB/s, done.

Resolving deltas: 100% (3218312/3218312), done.

Checking connectivity... done.

Checking out files: 100% (47986/47986), done.

完成后，在当前目录下，可以看到刚下载的 kvm 的相关文件。

root@kvm-host:~/xjy# pwd

/root/xjy

```
root@kvm-host:~/xjy# ls
kvm
root@kvm-host:~/xjy# cd kvm
root@kvm-host:~/xjy/kvm# ls
arch        Documentation   init      lib             README            sound
block       drivers         ipc       MAINTAINERS     REPORTING-BUGS    tools
COPYING     firmware        Kbuild    Makefile        samples           usr
CREDITS     fs              Kconfig   mm              scripts           virt
crypto      include         kernel    net             security
```

3.4.2 配置 KVM

在对 KVM 进行配置时常用的"make menuconfig"命令是基于终端的一种配置方式，它提供了文本模式的图形用户界面，用户可以通过光标和键盘来浏览选择各种特性。另外，在使用这种配置方式时，宿主机必须有 ncurses 库，否则会报"fatal error: curses.h: No such file or director"错误。

进入到 3.4.1 小节中下载 KVM 的目录(笔者放置在~/xjy/kvm 中)，在该目录下执行"make menuconfig"命令进行 KVM 的配置。

笔者在使用配置命令"make menuconfig"时出现如下错误：

```
root@kvm-host: ~/xjy/kvm# make menuconfig
make menuconfig
   HOSTCC    scripts/kconfig/mconf.o
In file included from scripts/kconfig/mconf.c:23:0:
scripts/kconfig/lxdialog/dialog.h:38:20: fatal error: curses.h: No such file or directory
 #include CURSES_LOC
compilation terminated.
make[1]: *** [scripts/kconfig/mconf.o] Error 1
make: *** [menuconfig] Error 2
```

可以通过"apt-cache search curse"命令搜索找到 libncurses5-dev，然后使用"apt-get install libncurses5-dev"命令安装"libncurses5-dev"来解决。具体操作如下：

```
root@kvm-host: ~/xjy/kvm # apt-get install libncurses5-dev
Reading package lists... Done
Building dependency tree
Reading state information... Done
The following extra packages will be installed:
   <!--省略其余内容-->
```

安装完成后在 KVM 的下载目录下再次执行"make menuconfig"命令，将出现如图 3-9 所示界面。

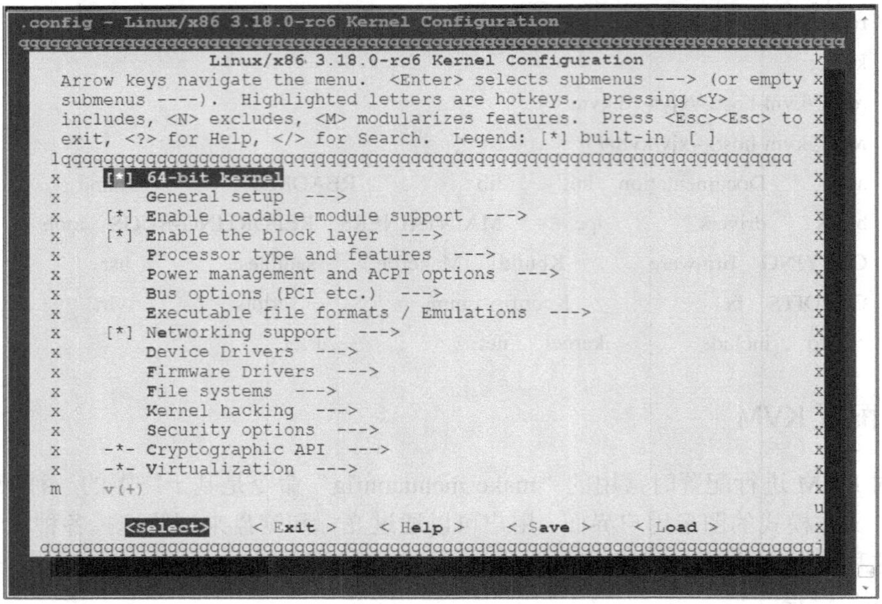

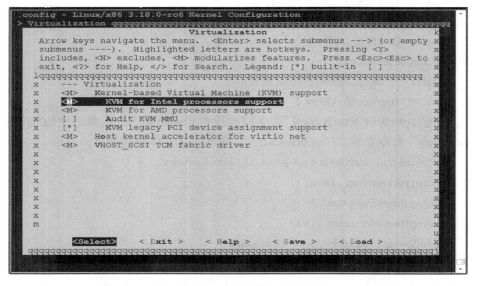

图 3-9　KVM 的配置界面

　　在图 3-9 所示的这种配置方式中，对于某一个特性，如果选择<Y>，表示把该特性编译进内核；如果选择<N>，表示不对该特性进行支持；如果选择<M>，表示把该特性作为模块进行编译；选择<?>，表示显示该特性的帮助信息。

　　在图 3-9 中选择最后一项"Virtualization"，然后回车进入 Virtualization 的详细配置界面，选中前两项"Kernel-based Virtual Machine(KVM) support"和"KVM for Intel processors support"为<M>即可，如图 3-10 所示。

图 3-10　KVM 的虚拟化配置界面

　　在配置完成并保存后，会在 KVM 的安装目录/root/xjy/kvm 下，生成一个.config 文件，该文件中放置着和 KVM 相关的所有配置信息，如图 3-11 所示。

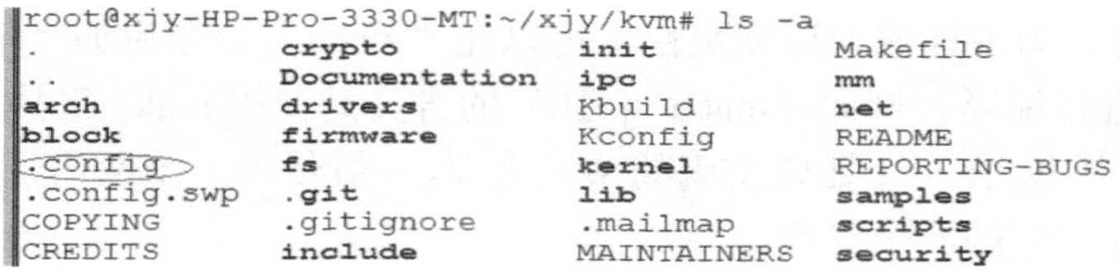

```
root@xjy-HP-Pro-3330-MT:~/xjy/kvm# ls -a
.                crypto          init         Makefile         sound
..               Documentation   ipc          mm               tools
arch             drivers         Kbuild       net              usr
block            firmware        Kconfig      README           virt
.config          fs              kernel       REPORTING-BUGS
.config.swp      .git            lib          samples
COPYING          .gitignore      .mailmap     scripts
CREDITS          include         MAINTAINERS  security
```

图 3-11　配置后生成.config 文件

使用 vi 打开.config 文件，文件内容(未完全显示)如图 3-12 所示。其中，与 KVM 相关的配置如下所示：

CONFIG_HAVE_KVM=y

CONFIG_HAVE_KVM_IRQCHIP=y

CONFIG_HAVE_KVM_IRQFD=y

CONFIG_HAVE_KVM_IRQ_ROUTING=y

CONFIG_HAVE_KVM_EVENTFD=y

CONFIG_KVM_APIC_ARCHITECTURE=y

CONFIG_KVM_MMIO=y

CONFIG_KVM_ASYNC_PF=y

CONFIG_HAVE_KVM_MSI=y

CONFIG_HAVE_KVM_CPU_RELAX_INTERCEPT=y

CONFIG_KVM_VFIO=y

CONFIG_VIRTUALIZATION=y

CONFIG_KVM=m

CONFIG_KVM_INTEL=m

```
root@xjy-HP-Pro-3330-MT: ~/xjy/kvm

#
# Automatically generated file; DO NOT EDIT.
# Linux/x86 3.18.0 Kernel Configuration
#
CONFIG_64BIT=y
CONFIG_X86_64=y
CONFIG_X86=y
CONFIG_INSTRUCTION_DECODER=y
CONFIG_PERF_EVENTS_INTEL_UNCORE=y
CONFIG_OUTPUT_FORMAT="elf64-x86-64"
CONFIG_ARCH_DEFCONFIG="arch/x86/configs/x86_64_defconfig"
CONFIG_LOCKDEP_SUPPORT=y
CONFIG_STACKTRACE_SUPPORT=y
CONFIG_HAVE_LATENCYTOP_SUPPORT=y
CONFIG_MMU=y
CONFIG_NEED_DMA_MAP_STATE=y
CONFIG_NEED_SG_DMA_LENGTH=y
CONFIG_GENERIC_ISA_DMA=y
CONFIG_GENERIC_BUG=y
CONFIG_GENERIC_BUG_RELATIVE_POINTERS=y
CONFIG_GENERIC_HWEIGHT=y
CONFIG_ARCH_MAY_HAVE_PC_FDC=y
CONFIG_RWSEM_XCHGADD_ALGORITHM=y
CONFIG_GENERIC_CALIBRATE_DELAY=y
CONFIG_ARCH_HAS_CPU_RELAX=y
CONFIG_ARCH_HAS_CACHE_LINE_SIZE=y
CONFIG_HAVE_SETUP_PER_CPU_AREA=y
CONFIG_NEED_PER_CPU_EMBED_FIRST_CHUNK=y
CONFIG_NEED_PER_CPU_PAGE_FIRST_CHUNK=y
CONFIG_ARCH_HIBERNATION_POSSIBLE=y
".config" 7696L, 174148C                              1,1           Top
```

图 3-12　.config 文件的配置信息

3.4.3　编译 KVM

配置好 KVM 后，就可以进行编译了。编译 KVM 时，直接在 KVM 的安装目录中使用

"make"命令编译即可。为了使编译速度更快，可以在"make"命令后加"-j"参数，让 make 工具启用多进程进行编译。例如"make -j 10"的含义是使用 make 工具最多创建 10 个进程来同时执行编译任务。在一个比较空闲的系统上面，一般使用一个两倍于系统上 CPU 的 core 的数量来作为 -j 常用的一个参数。

KVM 的编译需要一些时间。使用"make -j 10"编译 KVM，结果如下：

```
root@kvm-host:~/xjy/kvm# make -j 10
    CHK      include/config/kernel.release
    CHK      include/generated/uapi/linux/version.h
    CHK      include/generated/utsrelease.h
    CALL     scripts/checksyscalls.sh
    CHK      include/generated/compile.h
    CERTS    kernel/x509_certificate_list
    - Including cert signing_key.x509
    AS       kernel/system_certificates.o
    LD       kernel/built-in.o
make[2]: *** [drivers/media/v4l2-core] Interrupt
make[3]: *** [drivers/media/usb/dvb-usb] Interrupt
make[2]: *** [drivers/media/usb] Interrupt
make[1]: *** [drivers/media] Interrupt
make[3]: *** [drivers/gpu/drm/nouveau] Interrupt
make[2]: *** [drivers/gpu/drm] Interrupt
make[1]: *** [drivers/gpu] Interrupt
make[1]: *** [fs/squashfs] Interrupt
make[2]: *** [drivers/platform/x86] Interrupt
make[1]: *** [drivers/platform] Interrupt
make[1]: *** [drivers/power] Interrupt
make[4]: *** [drivers/net/ethernet/dec/tulip] Interrupt
make[3]: *** [drivers/net/ethernet/dec] Interrupt
make[2]: *** [drivers/net/ethernet] Interrupt
make[2]: *** [drivers/net/phy] Interrupt
make[1]: *** [drivers/net] Interrupt
<!--省略其余内容-->
```

3.4.4 安装 KVM

KVM 的安装可分为 module 的安装及 kernel 和 initramfs 的安装两步。安装 module 时使用"make modules_install"命令，该命令可以将编译好的 KVM 的 module 安装到相应的目录下，在默认情况下将安装到目录"/lib/modules/$kernel_version/kernel"下，"$kernel_version"表示根据内核版本的不同分别为不同的内核目录。进入到 KVM 目录下，然后具体操作如下：

```
root@kvm-host:~/xjy/kvm# make modules_install
    INSTALL arch/x86/crypto/aes-x86_64.ko
    INSTALL arch/x86/crypto/aesni-intel.ko
    INSTALL arch/x86/crypto/blowfish-x86_64.ko
    INSTALL arch/x86/crypto/camellia-aesni-avx-x86_64.ko
    INSTALL arch/x86/crypto/camellia-aesni-avx2.ko
    INSTALL arch/x86/crypto/camellia-x86_64.ko
    INSTALL arch/x86/crypto/cast5-avx-x86_64.ko
    INSTALL arch/x86/crypto/cast6-avx-x86_64.ko
    INSTALL arch/x86/crypto/crc32-pclmul.ko
    INSTALL arch/x86/crypto/crct10dif-pclmul.ko
    INSTALL arch/x86/crypto/ghash-clmulni-intel.ko
    INSTALL arch/x86/crypto/glue_helper.ko
    INSTALL arch/x86/crypto/salsa20-x86_64.ko
    INSTALL arch/x86/crypto/serpent-avx-x86_64.ko
    INSTALL arch/x86/crypto/serpent-avx2.ko
    INSTALL arch/x86/crypto/serpent-sse2-x86_64.ko
```

<!--省略其余内容-->

KVM 的 module 安装好后，查看"/lib/modules/$kernel_version/kernel"目录，在本例中，KVM 模块将安装在"/lib/modules/3.13.0-24-generic/kernel/arch/x86/kvm"目录下。在该目录下，可以看到 kvm 的内核驱动文件 kvm.ko 和分别支持 Intel 和 AMD 类型的 CPU 内核驱动文件 kvm_intel.ko 和 kvm_amd.ko。具体操作如下：

```
root@kvm-host:~# ls -l /lib/modules/3.13.0-24-generic/kernel
total 36
drwxr-xr-x  3 root root 4096   4 月  17   2014 arch
drwxr-xr-x  3 root root 4096   4 月  17   2014 crypto
drwxr-xr-x 77 root root 4096   4 月  17   2014 drivers
drwxr-xr-x 55 root root 4096   4 月  17   2014 fs
drwxr-xr-x  6 root root 4096   4 月  17   2014 lib
drwxr-xr-x  2 root root 4096   4 月  17   2014 mm
drwxr-xr-x 51 root root 4096   4 月  17   2014 net
drwxr-xr-x 13 root root 4096   4 月  17   2014 sound
drwxr-xr-x  4 root root 4096   4 月  17   2014 ubuntu
root@kvm-host:~# ls -l /lib/modules/3.13.0-24-generic/kernel/arch/x86/kvm/
total 1028
-rw-r--r-- 1 root root  97188   4 月  11   2014 kvm-amd.ko
-rw-r--r-- 1 root root 220028   4 月  11   2014 kvm-intel.ko
-rw-r--r-- 1 root root 731076   4 月  11   2014 kvm.ko
```

接下来，使用"make install"命令进行 KVM 的 kernel 和 initramfs 的安装，执行"make install"命令后会将内核和模块的相关文件复制到正确的地方，并且修改引导程序的配置以启用新内核。具体操作如下：

```
root@kvm-host:~/xjy/kvm# make install
sh ./arch/x86/boot/install.sh 3.18.0+ arch/x86/boot/bzImage \System.map "/boot"
run-parts: executing /etc/kernel/postinst.d/apt-auto-removal 3.18.0+ /boot/vmlinuz-3.18.0+
run-parts: executing /etc/kernel/postinst.d/initramfs-tools 3.18.0+ /boot/vmlinuz-3.18.0+
update-initramfs: Generating /boot/initrd.img-3.18.0+
run-parts: executing /etc/kernel/postinst.d/pm-utils 3.18.0+ /boot/vmlinuz-3.18.0+
run-parts: executing /etc/kernel/postinst.d/update-notifier 3.18.0+ /boot/vmlinuz-3.18.0+
run-parts: executing /etc/kernel/postinst.d/zz-update-grub 3.18.0+ /boot/vmlinuz-3.18.0+
Generating grub configuration file ...
Warning: Setting GRUB_TIMEOUT to a non-zero value when GRUB_HIDDEN_TIMEOUT is set is
no longer supported.
Found linux image: /boot/vmlinuz-3.18.0+
Found initrd image: /boot/initrd.img-3.18.0+
Found linux image: /boot/vmlinuz-3.18.0+.old
<!--省略其余内容-->
```

该命令执行完毕后，会在/boot 目录下生成 vmlinuz 等内核启动所需的文件。这时，重新启动系统，选择编译安装了 KVM 的内核启动。通常情况下，系统启动后自动加载 kvm 和 kvm_intel 两个模块，如果没有自动加载，可使用"modprobe"命令手动加载。加载后，可以通过"lsmod"命令查看已加载的模块。具体操作如下：

```
root@kvm-host:~/xjy/kvm# modprobe kvm
root@kvm-host:~/xjy/kvm# modprobe kvm_intel
root@kvm-host:~/xjy/kvm# lsmod|grep kvm
kvm_intel              143060    0
kvm                    451511    1 kvm_intel
```

KVM 模块加载成功后，会在"/dev"目录下生成一个名字为"kvm"的设备文件，该文件即 KVM 模块提供给用户空间 QEMU 的程序控制接口。QEMU 使用该设备文件就可以提供给客户机操作系统运行所需的硬件设备环境的模拟。具体操作如下：

```
root@kvm-host:~# ls -l /dev/kvm
crw-rw----+ 1 root kvm 10, 232   1 月  27 10:05 /dev/kvm
```

3.5 编译安装 QEMU

在编译安装 QEMU 时，可以进入 KVM 官方网站查看安装教程，网址是：http://www.linux-kvm.org/page /HOWTO1。

在编译安装 QEMU 时，需要以下内容的支持：

(1) qemu-kvm-release.tar.gz 文件；

（2）支持 VT 技术的 Intel 处理器，或者是支持 SVM 的 AMD 处理器；

（3）QEMU 需要以下依赖内容："zlib"库和头文件，"SDL"库和头文件，"alsa"库和头文件，"guntls"库和头文件，内核头文件。

在 Ubuntu 系统中，可以使用命令"apt-get install gcc libsdl1.2-dev zlib1g-dev libasound2-dev linux-kernel-headers pkg-config libgnutls-dev libpci-dev"安装 QEMU 的依赖包。

如果系统是 2.6.2 以上的 Linux 内核，且已安装 KVM 模块，那么按照以下命令就可以完成 QEMU 的安装：

```
tar xzf qemu-kvm-release.tar.gz
cd qemu-kvm-release
./configure --prefix=/usr/local/kvm
make
sudo make install
sudo /sbin/modprobe kvm-intel
# or: sudo /sbin/modprobe kvm-amd
```

在本节后续内容中将对这些命令进行详细说明。

3.5.1　下载 QEMU 源码

在内核空间安装加载 KVM 模块后，需要用户空间的 QEMU 程序来模拟硬件环境并启动客户机操作系统。QEMU 通过直接在宿主 CPU 上执行客户代码的方式可以获得接近本地的性能，QEMU 支持 Xen 作为 Hypervisor 的虚拟化，也支持使用 KVM 内核模块的虚拟化。在使用 KVM 时，QEMU 能虚拟化 x86、服务器和嵌入式 PowerPC 等。截至本书定稿时，QEMU 的最新版本已更新至 2.2.1。

下载 QEMU 的方法有很多种，一种是到 QEMU 的官网下载，一种是使用 git 代码仓库下载，下面分别说明这两种下载方式。

1. 在 QEMU 官网下载

在 QEMU 的官网 http://wiki.qemu.org/Main_Page 上，点击 Download 选项，进入页面 http://qemu-project.org/Download，该页面上提供有 QEMU 的源码下载，如图 3-13 所示。

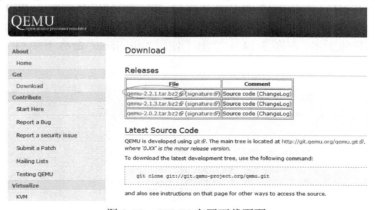

图 3-13　QEMU 官网下载页面

点击们 Releases 区域部分的任何一个发布版本下载即可。下载完成后会在当前目录下生成 qemu-2.2.0.tar.bz2 格式的源码文件，将该文件放置到合适的目录下，然后解压缩即可。具体操作如下：

```
root@kvm-host:~/xjy/qemu/qemu2.2.0# ls

qemu-2.2.0.tar.bz2

root@kvm-host:~/xjy/qemu/qemu2.2.0# tar xvf qemu-2.2.0.tar.bz2 |more

qemu-2.2.0/

qemu-2.2.0/aio-win32.c

qemu-2.2.0/qemu-tech.texi

qemu-2.2.0/kvm-all.c

qemu-2.2.0/savevm.c

qemu-2.2.0/vl.c

qemu-2.2.0/qemu-seccomp.c

qemu-2.2.0/migration-tcp.c

qemu-2.2.0/linux-user/

qemu-2.2.0/linux-user/x86_64/

qemu-2.2.0/linux-user/x86_64/target_cpu.h

qemu-2.2.0/linux-user/x86_64/termbits.h

qemu-2.2.0/linux-user/x86_64/syscall.h

qemu-2.2.0/linux-user/x86_64/target_signal.h

<!--省略其余内容-->
root@kvm-host:~/xjy/qemu/qemu2.2.0# ls

qemu-2.2.0    qemu-2.2.0.tar.bz2
```

解压缩完成后，会在当前目录生成 qemu-2.2.0 的目录，其中放置着 qemu 2.2.0 版本的源码，接下来配置安装即可。

2. 使用 git clone 方式下载 QEMU 源码

QEMU 项目针对 KVM 的 QEMU 源码是由 Git 代码仓库托管，因此，可以使用 git clone 的方式来下载 QEMU。在图 3-13 的下面放置着 "git clone git://git.qemu-project.org/qemu.git" 命令，使用该命令可以下载 QEMU 的最新版本。也可以到 http://git.qemu.org/qemu.git 地址下载 QEMU 的其他版本。在图 3-14 中给出了使用 "git clone" 命令下载 QEMU 代码的 URL 地址。

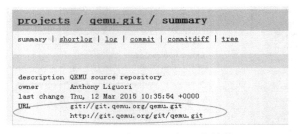

图 3-14　下载 QEMU 代码的链接

下载 QEMU 的步骤如下：

```
root@kvm-host:~/xjy/qemu/qemu-2.2.1# pwd
/root/xjy/qemu/qemu-2.2.1
root@kvm-host:~/xjy/qemu/qemu-2.2.1# git clone git://git.qemu-project.org/ qemu.git
Cloning into 'qemu'...
remote: Counting objects: 221360, done.
remote: Compressing objects: 100% (47755/47755), done.
remote: Total 221360 (delta 177517), reused 215683 (delta 172969)
Receiving objects: 100% (221360/221360), 72.42 MiB | 17.00 KiB/s, done.
Resolving deltas: 100% (177517/177517), done.
Checking connectivity... done.
```

在 ~/xjy/qemu/qemu-2.2.1 目录下，能够看到刚下载的 QEMU 的文件放在指定的 qemu-2.2.1 目录下。

```
root@kvm-host:~/xjy/qemu/qemu-2.2.1# pwd
/root/xjy/qemu/qemu-2.2.1
root@kvm-host:~/xjy/qemu/qemu-2.2.1# ls
qemu
root@kvm-host:~/xjy/qemu/qemu-2.2.1# cd qemu/
root@kvm-host:~/xjy/qemu/qemu-2.2.1/qemu# ls
accel.c              libcacard              qmp-commands.hx
aio-posix.c          libdecnumber           qobject
aio-win32.c          LICENSE                qom
arch_init.c          linux-headers          qtest.c
async.c              linux-user             README
audio                main-loop.c            roms
backends             MAINTAINERS            rules.mak
balloon.c            Makefile               savevm.c
block                Makefile.objs          scripts
block.c              Makefile.target        slirp
blockdev.c           memory.c               softmmu_template.h
<!--省略其余内容-->
```

源码下载完成后，即可进行 QEMU 的配置。

3.5.2 配置 QEMU

配置 QEMU 并不复杂，如果对配置参数不熟悉，可以使用 "./configure --help" 命令来查看配置的帮助选项。

执行 "./configure" 文件进行 QEMU 的配置：

```
root@kvm-host: ~/xjy/qemu/qemu-2.2.1 # ls configure
```

configure

笔者在 Ubuntu 下去配置 QEMU 时,结果出错(如读者也出现同样的错误,可参考解决)。显示出现 Error: zlib check failed 错误, 可以通过安装相应库来解决。

root@kvm-host: ~/xjy/qemu/qemu-2.2.1# ./configure

Error: zlib check failed

Make sure to have the zlib libs and headers installed.

root@kvm-host: ~/xjy/qemu/qemu-2.2.1# apt-get install zlib zlib1g zlib1g-dev

root@kvm-host: ~/xjy/qemu/qemu-2.2.1# ./configure

当继续使用 "./configure" 进行配置时, 出现 glib-2.12 required to compile QEMU 错误的意思是缺少 glib2 库,可以通过 "apt-cache search glib2" 搜索找到 libglib2.0-dev, 然后安装解决。搜索的操作如下:

root@kvm-host: ~/xjy/qemu/qemu-2.2.1# apt-cache search glib2

libcglib-java - code generation library for Java

libglib2.0-0 - GLib library of C routines

libglib2.0-0-dbg - Debugging symbols for the GLib libraries

libglib2.0-bin - Programs for the GLib library

libglib2.0-cil - CLI binding for the GLib utility library 2.12

libglib2.0-cil-dev - CLI binding for the GLib utility library 2.12

libglib2.0-data - Common files for GLib library

libglib2.0-dev - Development files for the GLib library

libglib2.0-doc - Documentation files for the GLib library

libpackagekit-glib2-16 - Library for accessing PackageKit using GLib

libpackagekit-glib2-dev - Library for accessing PackageKit using GLib (development files)

libpulse-mainloop-glib0 - PulseAudio client libraries (glib support)

libdbus-glib2.0-cil - CLI implementation of D-Bus (GLib mainloop integration)

libdbus-glib2.0-cil-dev - CLI implementation of D-Bus (GLib mainloop integration) - development files

libfso-glib2 - freesmartphone.org GLib-based DBus bindings

libglib2.0-0-refdbg - GLib library of C routines - refdbg library

libglib2.0-tests - GLib library of C routines - installed tests

libntrack-glib2 - glib API for ntrack

libtaglib2.1-cil - CLI library for accessing audio and video files metadata

ruby-glib2 - GLib 2 bindings for the Ruby language

ruby-glib2-dbg - GLib 2 bindings for the Ruby language (debugging symbols)

ruby-taglib2 - Ruby interface to TagLib, the audio meta-data library

通过命令 "apt-get install" 进行安装,具体操作如下:

root@kvm-host: ~/xjy/qemu/qemu-2.2.1# apt-get install libglib2.0-dev

Reading package lists... Done

Building dependency tree

Reading state information... Done

The following extra packages will be installed:

libpcre3-dev libpcrecpp0

Suggested packages:

libglib2.0-doc

<!--省略其余内容-->

执行"./configure"进行配置时，可以看到安装前缀是/usr/local，库文件存放在/usr/local/lib，头文件存放在/usr/local/include 目录下等其他配置信息。(在进行配置时，经常遇到缺少包的问题，根据具体的提示逐步安装即可)具体操作如下：

root@kvm-host: ~/xjy/qemu/qemu-2.2.1# ./configure

Install prefix   /usr/local

BIOS directory   /usr/local/share/qemu

binary directory /usr/local/bin

library directory /usr/local/lib

libexec directory /usr/local/libexec

include directory /usr/local/include

config directory /usr/local/etc

Manual directory /usr/local/share/man

ELF interp prefix /usr/gnemul/qemu-%M

Source path   /root/qemu-kvm

C compiler   gcc

Host C compiler   gcc

Objective-C compiler gcc

CFLAGS-O2 -D_FORTIFY_SOURCE=2 -g

QEMU_CFLAGS -Werror -fPIE -DPIE -m64 -D_GNU_SOURCE -D_FILE_OFFSET_BITS=64 -D_LARGEFILE_SOURCE -Wstrict-prototypes -Wredundant-decls -Wall -Wundef -Wwrite-strings -Wmissing-prototypes -fno-strict-aliasing -fstack-protector-all -Wendif-labels -Wmissing-include-dirs -

如果配置时想指定安装路径，可以使用"./configure"命令加上"--prefix"前缀指定，例如"./configure --prefix=/usr/local/qemu"。

3.5.3 编译 QEMU

配置 QEMU 后，编译很简单，直接在 QEMU 的源码目录下执行"make"命令即可。如不出现错误，即编译成功。成功后，即可进行 QEMU 的安装。编译 QEMU 的具体操作如下：

root@kvm-host: ~/xjy/qemu/qemu-2.2.1# make -j 10

GEN   aarch64-softmmu/config-devices.mak

GEN   alpha-softmmu/config-devices.mak

GEN   arm-softmmu/config-devices.mak

GEN   i386-softmmu/config-devices.mak

```
GEN      cris-softmmu/config-devices.mak
GEN      lm32-softmmu/config-devices.mak
GEN      m68k-softmmu/config-devices.mak
GEN      microblaze-softmmu/config-devices.mak
GEN      microblazeel-softmmu/config-devices.mak
GEN      mips-softmmu/config-devices.mak
GEN      mips64-softmmu/config-devices.mak
GEN      mips64el-softmmu/config-devices.mak
GEN      mipsel-softmmu/config-devices.mak
GEN      moxie-softmmu/config-devices.mak
GEN      ppc-softmmu/config-devices.mak
GEN      or32-softmmu/config-devices.mak
GEN      ppc64-softmmu/config-devices.mak
GEN      ppcemb-softmmu/config-devices.mak
GEN      s390x-softmmu/config-devices.mak
```

<!--省略其余内容-->

在编译时，可以在"make"命令后添加"-j"参数使用多进程编译。

3.5.4　安装 QEMU

编译完成之后，即可进行 QEMU 的安装。在 QEMU 的源码目录下执行命令"make install"即可。QEMU 在安装过程中的几个主要任务包括：创建 QEMU 的一些目录，复制一些配置文件到相应目录，复制 QEMU 的可执行文件到相应的目录。具体操作如下：

```
root@kvm-host:~/xjy/qemu/qemu-2.2.1/qemu# make install
install -d -m 0755 "/usr/local/share/qemu"
install -d -m 0755 "/ usr/local/etc/qemu"
install   -c   -m   0644   /root/xjy/qemu/qemu-2.2.1/qemu/sysconfigs/target/target-x86_64.conf   "/
usr/local/etc/qemu"
install -d -m 0755 "/usr/local/var"/run
install -d -m 0755 "/usr/local/bin"
install -c -m 0755 qemu-ga qemu-nbd qemu-img qemu-io   "/usr/local/bin"
strip      "/usr/local/bin/qemu-ga"      "/usr/local/bin/qemu-nbd"      "/usr/local/bin/qemu-img"
"/usr/local/bin/qemu-io"
install -d -m 0755 "/usr/local/libexec"
install -c -m 0755 qemu-bridge-helper "/usr/local/libexec"
strip "/usr/local/libexec/qemu-bridge-helper"
set -e; for x in bios.bin bios-256k.bin sgabios.bin vgabios.bin vgabios-cirrus.bin vgabios-stdvga.bin
vgabios-vmware.bin  vgabios-qxl.bin  acpi-dsdt.aml  q35-acpi-dsdt.aml  ppc_rom.bin  openbios-sparc32
openbios-sparc64
```

```
<!--省略中间大部分内容-->
install -d -m 0755 "/usr/local/bin"
install -c -m 0755 qemu-sparc64    "/usr/local/bin"
strip "/usr/local/bin/qemu-sparc64"
install -d -m 0755 "/usr/local/bin"
install -c -m 0755 qemu-unicore32    "/usr/local/bin"
strip "/usr/local/bin/qemu-unicore32"
install -d -m 0755 "/usr/local/bin"
install -c -m 0755 qemu-x86_64    "/usr/local/bin"
strip "/usr/local/bin/qemu-x86_64"
```

在 3.5.2 小节中执行 "./configure" 进行配置时，可以看到安装前缀是/usr/local，因此在本小节安装时可以看到，安装的文件都放置在 "/usr/local" 目录下。

安装完毕后，会有 QEMU 的命令行工具 qemu-system-i386 和 qemu-system-x86。具体操作如下：

```
root@kvm-host:~/xjy/qemu/qemu-2.2.1# qemu-system-(按两次 Tab 键给出以 qemu-system-开头的
命令)

qemu-system-i386        qemu-system-x86_64
```

可以使用 which 命令查看安装的 QEMU 所存放的目录：

```
root@kvm-host:~# which qemu-system-x86_64

/usr/local/bin/qemu-system-x86_64
```

QEMU 是一个软件应用程序，安装完毕后即可使用 QEMU 提供的工具 qemu-system-x86_64 进行虚拟化的操作。

本节主要讲解了通过 QEMU 源码进行安装的方式。如果使用 apt-get 的方式进行安装，可以首先使用 "apt-cache search" 命令，搜索相应的包名称，找到合适的安装即可。

```
root@kvm-host:~# apt-cache search qemu

autopkgtest - automatic as-installed testing for Debian packages

ipxe-qemu - PXE boot firmware - ROM images for qemu

libvirt-bin - programs for the libvirt library

libvirt-dev - development files for the libvirt library

libvirt-doc - documentation for the libvirt library

libvirt0 - library for interfacing with different virtualization systems

libvirt0-dbg - library for interfacing with different virtualization systems

python-libvirt - libvirt Python bindings

qemu-common - dummy transitional package from qemu-common to qemu-keymaps

qemu-keymaps - QEMU keyboard maps

qemu-kvm - QEMU Full virtualization on x86 hardware (transitional package)

qemu-system - QEMU full system emulation binaries

qemu-system-arm - QEMU full system emulation binaries (arm)

qemu-system-common - QEMU full system emulation binaries (common files)
```

```
qemu-system-mips - QEMU full system emulation binaries (mips)
qemu-system-misc - QEMU full system emulation binaries (miscelaneous)
qemu-system-ppc - QEMU full system emulation binaries (ppc)
qemu-system-sparc - QEMU full system emulation binaries (sparc)
qemu-system-x86 - QEMU full system emulation binaries (x86)
qemu-utils - QEMU utilities
<!--省略其余内容-->
```

可以看出，QEMU 针对不同的应用给出了很多不同的包，如果想在 x86 系统上进行虚拟化的操作，要使用 apt-get 的方式安装"qemu-system-x86"，具体操作如下：

```
root@kvm-host:~# apt-get install qemu-system-x86
Reading package lists... Done
Building dependency tree
Reading state information... Done
qemu-system-x86 is already the newest version.
0 upgraded, 0 newly installed, 0 to remove and 553 not upgraded.
root@kvm-host:~# qemu-
qemu-img                  qemu-make-debian-root    qemu-system-i386
qemu-io                   qemu-nbd                 qemu-system-x86_64
root@kvm-host:~# which qemu-system-x86_64
/usr/bin/qemu-system-x86_64
```

3.6　安装和启动客户机

虚拟化环境搭建起来以后，就可以使用 QEMU 安装和启动客户机操作系统了。如同在实体机上安装一个普通的操作系统一样，安装客户机操作系统的第一步是必须有一个所需操作系统的 ISO 文件。

在本节中以 Win 7 和 Ubuntu 12.04 为例制作镜像，以 Ubuntu 12.04 为例安装系统，以此介绍如何安装并启动客户机。

3.6.1　客户机的安装步骤

安装一个客户机之前，需要指定一个客户机使用的镜像文件(用做客户机的硬盘)来存储客户机的系统和文件。在本例中，首先在本地创建一个镜像文件，让该镜像文件用做客户机的硬盘来存储系统和文件，然后将客户机操作系统安装在其中。

制作镜像文件的方式有很多种，在 4.4 小节中将详细说明如何制作磁盘镜像文件，本小节只是演示说明如何使用镜像文件来安装客户机。

第一步，创建一个客户机的虚拟硬盘(镜像文件)，将来用来存放客户机虚拟操作系统，这个虚拟硬盘是利用 Linux 文件系统来进行模拟的。

可以使用多种方式来创建镜像文件，可以使用 Linux 提供的"dd"命令，也可以使用

"qemu-img"命令。使用"dd"命令创建镜像文件的具体操作如下所示：

```
root@kvm-host:~/xjy/mkimg# dd if=/dev/zero of=ubuntu.img bs=1M count=8192
8192+0 records in
8192+0 records out
8589934592 bytes (8.6 GB) copied, 76.0412 s, 113 MB/s
root@kvm-host:~/xjy/mkimg# ls -l
total 8388612
-rw-r--r-- 1 root root 8589934592   1 月  28 10:24 ubuntu.img
```

以上命令使用 dd 工具创建了一个名为 ubuntu.img 的镜像文件。"if"参数指明从哪个文件读出内容，设备文件"/dev/zero"是一个特殊的文件。/dev/zero 主要的用处是用来创建一个指定长度用于初始化的空文件。在类 UNIX 操作系统中，/dev/zero 是一个特殊的文件，当读它的时候，它会提供无限的空字符(NULL，ASCII NUL，0x00)。它有两个典型的用法，一个是用它提供的字符流来覆盖信息，另一个是用它产生一个特定大小的空白文件，本例就是使用它来创建空白文件。dd 命令的"of"参数指定输出的文件，该命令执行成功后，会在当前目录生成一个名为 ubuntu.img 的文件。"bs"参数指定每次读写的字节数，这里设为 1 M，"count"参数指定读取的块数，设为 8192，因此，ubuntu.img 文件的大小为 8192*1 M=8 GB。以上 dd 命令的全部含义为把"if"参数指定的文件内容读取到"of"参数指定的文件中去，实际上是使用"/dev/zero"特殊文件产生了一个 8 GB 大小的空白文件 ubuntu.img 作为客户机的镜像文件。

也可以使用"qemu-img"命令来创建镜像文件，具体操作如下所示：

```
root@kvm-host:~/xjy/mkimg# qemu-img create -f qcow2 win7.img 10G
Formatting  'win7.img',  fmt=qcow2  size=10737418240  encryption=off  cluster_size=65536
lazy_refcounts=off
root@kvm-host:~/xjy/mkimg# ls -l
total 8388808
-rw-r--r-- 1 root root 8589934592   1 月  28 10:24 ubuntu.img
-rw-r--r-- 1 root root      197120   1 月  28 10:48 win7.img
```

该命令中"create"参数的意思为使用"qemu-img"命令创建镜像文件，"-f"参数指定镜像文件的格式为"qcow2"(qcow2 是一种硬盘的格式)，镜像文件名为 win7.img，大小为 10 GB。关于该命令的具体参数含义可在 4.4 小节中查阅。

该命令执行成功后，会在当前目录生成 win7.img 文件。

第二步，准备要安装系统的 ISO 文件。本例中以 Ubuntu12.04 为例，以下是系统的 ISO文件：

```
root@kvm-host:~/xjy/iso# ls
ubuntu-12.04.2-desktop-amd64.iso   win7-x86.iso
```

第三步，使用 ISO 文件安装系统并启动。使用"qemu-system-x86_64"命令安装 Ubuntu系统，具体操作如下所示：

```
root@kvm-host:~/xjy/mkimg# qemu-system-x86_64 -enable-kvm -m 1024 -smp 4 -boot order=cd
-hda ubuntu.img -cdrom /root/xjy/iso/ubuntu-12.04.2-desktop-amd64.iso
```

在该命令中，"-enable-kvm"表示使用 kvm 内核开启虚拟机加速，而不是 qemu 内核。"-m 1024"表示给客户机分配 1024 MB 内存，"-smp 4"表示给客户机分配 4 个 CPU，"-boot order=cd"表示指定系统的启动顺序为光驱(CD-ROM)而不是硬盘(hard Disk)，"-hda ubuntu.img"表示使用第一步中创建的 ubuntu.img 镜像文件作为客户机的硬盘，"-cdrom /root/xjy/iso/ubuntu-12.04.2-desktop-amd64.iso"表示分配给客户机的光驱，并在光驱中使用第二步中准备的 ISO 文件作为系统的启动文件。

该命令执行后，会出现 Ubuntu 系统的安装界面，根据命令行中指定的启动顺序，系统从光盘引导，启动后进入客户机的安装界面。在图 3-15 至 3-21 中，是笔者对 Ubuntu 安装步骤的截图，在图 3-19 中，Ubuntu 系统在安装成功后，会给出提示，让用户重启系统，这时重启系统进入到安装的客户机 Ubuntu 系统，如图 3-20 和 3-21 所示。

图 3-15   客户机 Ubuntu 的安装界面 1

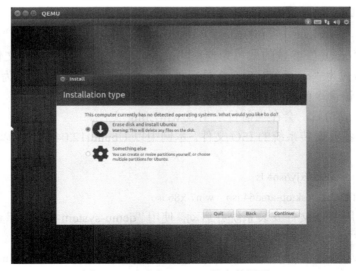

图 3-16   客户机 Ubuntu 的安装界面 2

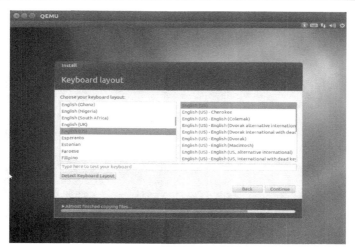

图 3-17　客户机 Ubuntu 的安装界面 3

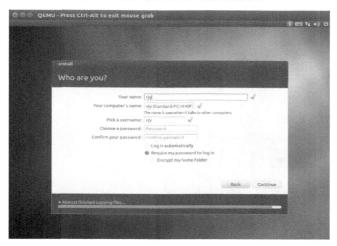

图 3-18　客户机 Ubuntu 的安装界面 4

图 3-19　客户机 Ubuntu 的安装界面 5

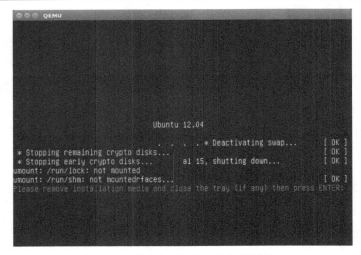

图 3-20　客户机 Ubuntu 的安装界面 6

图 3-21　客户机 Ubuntu 的安装界面 7

3.6.2　启动第一个 KVM 客户机

在 3.6.1 小节中安装好 Ubuntu 客户机后，就可以使用 ubuntu.img 镜像文件启动我们的第一个客户机了。具体操作如下：

root@kvm-host:~/xjy/mkimg# qemu-system-x86_64 -enable-kvm -m 1024 -smp 4 -hda ubuntu.img

该命令执行后，即进入图 3-22 的客户机 Ubuntu 的启动状态。客户机 Ubuntu 启动并登录后如图 3-23 所示，客户机 Ubuntu 的使用和普通 Ubuntu 完全一样，图 3-24(本例中宿主机也为 Ubuntu)为在客户机 Ubuntu 中查看 Ubuntu 版本号，在图 3-25 中点击"shut down"按钮可关闭客户机。

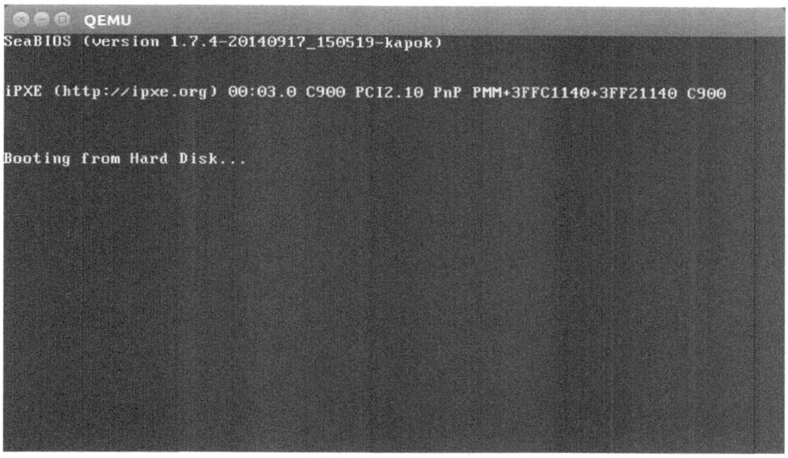

图 3-22　客户机 Ubuntu 的启动中状态

图 3-23　客户机 Ubuntu 启动完毕

图 3-24　在客户机 Ubuntu 中查看其版本号

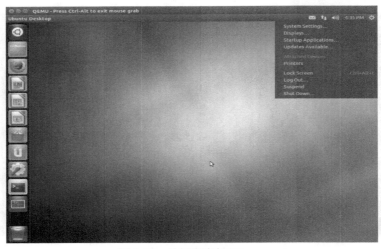

图 3-25　关闭客户机 Ubuntu

本 章 小 结

　　本章主要讲解如何构建 KVM 环境，从 KVM 的架构和 KVM 模块开始逐步进行说明。由于在构架 KVM 环境时需要编译安装 QEMU，因此，在本章的第一小节中详细说明了 KVM 和 QEMU 之间的关系。

　　硬件和 BIOS 对虚拟化的支持是 KVM 运行的先行条件，因此，在搭建 KVM 环境之前，需要对硬件环境进行查看、对 BIOS 进行配置，打开 BIOS 中对虚拟化的支持。

　　此外，由于从 Linux 内核的版本 2.6.20 开始，KVM 已经嵌入其中，因此，如果使用的宿主机操作系统的 Linux 内核高于 2.6.20 版本，即可直接使用 KVM。

　　本章的重点是如何下载安装 QEMU，并在成功安装 QEMU 后，如何使用 QEMU 安装并启动属于自己的第一个 KVM 客户机。

　　相信读者通过本章的学习，已经对 KVM 的虚拟化环境有了初步的了解，通过自己动手构建一个自己的客户机也能更加直观地看到 KVM 是如何通过 QEMU 进行客户机虚拟化的。也许在操作过程中会有各种问题出现，但是，只有在不断解决问题的过程中，我们才能更深一步地去理解 KVM 虚拟化架构。下一章将带领读者继续探讨 KVM 的虚拟化技术，深入了解 KVM 的核心基础功能。

第四章　KVM 核心模块配置

一台完整的计算机系统，包含了处理器(CPU)、内存、存储、网络和显示等几个核心部分。本章将会重点介绍在 KVM 环境中，客户机的这些核心模块的基本原理、日常管理和配置。

本章中，宿主机仍旧以 Ubuntu 14.04 为例，内核版本是 3.13.0-24-generic，客户机也使用 Ubuntu 14.04 系统，客户机中 QEMU 的版本是 qemu-kvm2.20.0。另外，在实验中使用 QEMU 时都开启了 KVM 加速功能。

4.1　QEMU 命令基本格式

QEMU 命令基本格式为"qemu-kvm [options] [disk_image]"，其选项非常多，不过，大致可分为如下几类：标准选项，USB 选项，显示选项，i386 平台专用选项，网络选项，字符设备选项，蓝牙相关选项，Linux 系统引导专用选项，调试/专家模式选项，PowerPC 专用选项，Sparc32 专用选项。

此处，主要介绍一下 QEMU 的标准选项。标准选项主要涉及指定主机类型、CPU 模式、NUMA、软驱设备、光驱设备及硬件设备等。QEMU 的标准选项如下。

-name name：设定客户机名称；

-M machine：指定要模拟的主机类型，例如 Standard PC、 ISA-only PC 和 Ubuntu 14.04 PC 等，可以使用命令"qemu-system-x86_64 -M ?"获取所支持的所有类型；

-m megs：设定客户机的 RAM 大小；

-cpu model：设定 CPU 模型，例如 qemu32、qemu64 等，可以使用命令"qemu-system-x86_64-cpu ?"来获取所支持的所有模型；

-smp[cpus=]n[, maxcpus=cpus][, cores=cores][, threads=threads][, sockets=sockets]：设定模拟的 SMP 架构中 CPU 的个数、每个 CPU 的 core 个数及 CPU 的 socket 个数等；PC 机上最多可以模拟 255 个 CPU；maxcpus 用于指定热插入的 CPU 个数上限；

-numa opts：指定模拟多节点的 numa 设备；

-fda file：使用指定文件(file)作为软盘镜像，file 为/dev/fd0 表示使用物理软驱；

-fdb file：使用指定 file 作为软盘镜像，file 为/dev/hda 或者/dev/sda 表示使用物理硬盘；

-hda file：使用指定 file 作为硬盘镜像；

-hdb file：使用指定 file 作为硬盘镜像；

-hdc file：使用指定 file 作为硬盘镜像；

-hdd file：使用指定 file 作为硬盘镜像；

-cdrom file：使用指定 file 作为 CD-ROM 镜像，需要注意的是-cdrom 和-hdc 不能同时

使用；将 file 指定为 /dev/cdrom 可以直接使用物理光驱；

-drive option[, option[, option[, ...]]]：定义一个硬盘设备；可用子选项有很多。

file=/path/to/somefile：硬件映像文件路径；

if=interface：指定硬盘设备所连接的接口类型，即控制器类型，如 ide、scsi、sd、mtd、floppy、pflash 及 virtio 等；

index=index：设定同一种控制器类型中不同设备的索引号，即标识号；

media=media：定义介质类型为硬盘(disk)还是光盘(cdrom)；

snapshot=snapshot：指定当前硬盘设备是否支持快照功能，on 或 off；

cache=cache：定义如何使用物理机缓存来访问块数据，其可用值有 none、writeback、unsafe 和 writethrough 四个；

format=format：指定映像文件的格式；

-boot [order=drives][, once=drives][, menu=on|off]：定义启动设备的引导次序，每种设备使用一个字符表示；不同的架构所支持的设备及其表示字符不尽相同，在 x86 PC 架构上，a、b 表示软驱、c 表示第一块硬盘，d 表示第一个光驱设备，n 表示网络适配器；默认为硬盘设备。

4.2　CPU 配置

CPU 是计算机的核心，负责处理、运算计算机内部的所有数据。QEMU 负责模拟客户机中的 CPU，使得客户机显示出指定数目的 CPU 和相关的 CPU 特性。而当打开 KVM 时，客户机中 CPU 指令的执行将由硬件处理器的模拟化功能(如 Intel VT-x 和 AMD SVM)来辅助执行。本节主要介绍 KVM 中 CPU 的基本配置和 CPU 的基本模型。

4.2.1　CPU 设置基本参数

随着科技的快速发展，多核、多处理器以及超线程技术相继出现，SMP(Symmetric Multi-Processor，对称多处理器)系统越来越被广泛使用。QEMU 不但可以模拟客户机中的 CPU，也可以模拟 SMP 架构，让客户机在运行时充分利用物理硬件来实现并行处理。

在 QEMU 中，"-smp"参数是为了配置客户机的 SMP 系统。在命令行中，关于配置 SMP 系统的参数如下：

-smp [cpus=]n[,maxcpus=cpus][,cores=cores][,threads=threads][,sockets=sockets]

主要参数说明：

(1) cpus 用来设置客户机中使用的逻辑 CPU 的数量(默认值是 1)；

(2) maxcpus 用来设置客户机的最大 CPU 的数量，最多支持 255 个 CPU。其中，包含启动时处于下线状态的 CPU 数目；

(3) cores 用来设置在一个 socket 上 CPU core 的数量；

(4) threads 用来设置在一个 CPU core 上线程的数量；

(5) sockets 用来设置客户机中看到的总 socket 的数量。

下面通过几个命令行例子来演示一下如何在客户机中使用 SMP 技术。

例 1 不加 smp 参数，使用其默认值 1，模拟了只有一个逻辑 CPU 的客户机系统。

```
#root@kvm-host:~# qemu-system-x86_64 ./IMG-HuiSen/ubuntu14.04.img
```

在宿主机中，可以用 ps 命令来查看 QEMU 进程和线程，具体如下：

```
#root@kvm-host:~# ps –efL | grep qemu
```

```
root    2915   2884   2915    1    2 13:39 pts/1      00:00:06 qemu-system-x86_64 -drive
file=./IMG-HuiSen/ubuntu14.04.img -m 1024 -net nic -net tap,ifname=tap1 --enable-kvm
```

```
root    2915   2884   2942    5    2 13:39 pts/1      00:00:18 qemu-system-x86_64  -drive
file=./IMG-HuiSen/ubuntu14.04.img -m 1024 -net nic -net tap,ifname=tap1 --enable-kvm
```

```
root    3008   2974   3008    0    1 13:44 pts/5      00:00:00 grep --color=auto qemu
```

从上面的输出可以看出，客户机的进程 ID 是 2915，它产生了一个线程作为客户机的 vCPU 运行在宿主机中，这个线程 ID 是 2942。其中，ps 命令主要用于监控后台进程的工作情况，-e 参数指定选择所有进程和环境变量，-f 参数指定选择打印出完全的各列，-L 参数指定打印出线程的 ID 和线程的个数。

在客户机中，可使用两种常用的方式查看 CPU 情况，具体操作如下：

```
#root@kvm-guest:~# cat /proc/cpuinfo
processor   : 0
vendor_id   : GenuineIntel
cpu family : 6
model          : 6
model name     : QEMU Virtual CPU version 2.0.0
stepping    : 3
microcode : 0x1
cpu MHz        : 3292.522
cache size : 4096 KB
physical id : 0
siblings    : 1
core id        : 0
cpu cores   : 1
apicid         : 0
initial apicid    : 0
fpu         : yes
fpu_exception    : yes
cpuid level : 4
wp          : yes
flags       : fpu de pse tsc msr pae mce cx8 apic sep mtrr pge mca cmov pse36 clflush mmx fxsr sse
sse2 syscall nx lm rep_good nopl pni vmx cx16 x2apic popcnt hypervisor lahf_lm vnmi ept
bogomips    : 6585.04
clflush size: 64
cache_alignment : 64
```

address sizes   : 40 bits physical, 48 bits virtual

power management:

从上面的输出可以看出，客户机系统识别到一个 QEMU 模拟的 CPU。

#root@kvm-guest:~# ls sys/devices/system/cpu/

cpu0   kernel_max   modalias   online   power   uevent

Cpuidld   microcode offline   possible   present

从上面的输出可以看出，客户机系统识别到一个 QEMU 模拟的 CPU(cpu0)。

在 qemu monitor 中，用"info cpus"命令可以看到客户机中 CPU 状态，具体如下：

Info cpus

*CPU #0: pc=0xffffffff8104f596 (halted) thread_id=2942

(qemu)

从上面的输出可以看出，客户机只有一个 CPU，线程的 ID 是 2942。

例 2　使用 smp 参数，模拟有两个逻辑 CPU 的客户机系统。

#root@kvm-host:~# qemu-system-x86_64 -smp 2   maxcpus=4   ./IMG-HuiSen/ubuntu14.04.img

其中，"-smp 2"表示分配了 2 个虚拟的 CPU，客户机最多可以使用 4 个 CPU，但系统在启动时，只有两个 CPU 处于开启的状态。

在宿主机中，可以用"ps"命令来查看 QEMU 进程和线程，具体操作如下：

#root@kvm-host:~# Ps –efL | grep qemu

root   4060   4019   4060   2   3 10:45 pts/1 00:00:02 qemu-system-x86_64 -drive
file=./IMG-HuiSen/ubuntu14.04.img -m 1024 -smp 2 --enable-kvm

root   4060   4019   4062   10   3 10:45 pts/1 00:00:13 qemu-system-x86_64 -drive
file=./IMG-HuiSen/ubuntu14.04.img -m 1024 -smp 2 --enable-kvm

root   4060   4019   4063   6   3 10:45 pts/1 00:00:08 qemu-system-x86_64   -drive
file=./IMG-HuiSen/ubuntu14.04.img -m 1024 -smp 2 --enable-kvm

root   4088   4072   4088   0   1 10:47 pts/23   00:00:00 grep --color=auto qemu

从上面的输出可以看出，客户机的进程 ID 是 4060，它产生了两个线程作为客户机的 vCPU 运行在宿主机中，这个线程 ID 是 4062 和 4063。

在客户机中，可使用"ls"命令来查看 CPU 情况，具体操作如下：

#root@kvm-guest:~# ls sys/devices/system/cpu

cpu0   cpufreq   kernel_max   online   present   release

cpu1   cpuidle   offline   possible   probe

从上面的输出可以看出，在系统启动时，客户机系统只识别到两个 QEMU 模拟的 CPU(cpu0 和 cpu1)。

在 qemu monitor 中，用"info cpus"命令可以看到客户机中 CPU 状态，具体操作如下：

(qemu) info cpus

* CPU #0: pc=0xffffffff8103ce4b (halted) thread_id=7136

  CPU #1: pc=0xffffffff8103ce4b (halted) thread_id=7137

(qemu) qemu: terminating on signal 2

从上面的输出可以看出，客户机有两个 CPU，线程的 ID 分别是 7136 和 7137。

例 3　使用 smp 参数，模拟有 8 个逻辑 CPU 的客户机系统，共有 2 个 CPU socket，每个 socket 有两个核，每个核有两个线程。

```
#root@kvm-host:~# qemu-system-x86_64 -smp 8, sockets=2,cores=2,threads=2
./IMG-HuiSen/ubuntu14.04.img
```

在客户机中，使用"cat"命令来查看 CPU 情况，具体操作如下：

```
#root@kvm-guest:~# cat /proc/cpuinfo | grep 'processor' | sort | uniq
processor    : 0
processor    : 1
processor    : 2
processor    : 3
processor    : 4
processor    : 5
processor    : 6
processor    : 7
#root@kvm-guest:~# cat /proc/cpuinfo | grep 'physical id' | sort | uniq
physical id : 0
physical id : 1
#root@kvm-guest:~# cat /proc/cpuinfo | grep 'core id' | sort | uniq
core id      : 0
core id      : 1
#root@kvm-guest:~# cat /proc/cpuinfo | grep 'cpu cores' | sort | uniq
cpu cores    : 2
```

从上面输出可以看出，在客户机中有 8 个逻辑 CPU，分别是 cpu0～cpu7，共有 2 个 CPU socket，每个 socket 有两个核，启用了超线程，每个核有两个线程。

4.2.2　CPU 模型

每一种虚拟机监视器都定义了自己的策略，让客户机有一个默认的 CPU 模型。有的 VMM 会简单地将宿主机中的 CPU 类型和特性直接传递给客户机使用。在默认情况下，QEMU 为客户机提供一个名为 qemu64 或 qemu32 的基本 CPU 模型。虚拟机监视器的这种策略不但可以为 CPU 提供一些高级的过滤功能，还可以将物理平台根据基本 CPU 模型进行分组，使得客户机在同一组硬件平台上的动态迁移更加平滑和安全。

例 4　通过如下命令来查看当前的 QEMU 支持的所有 CPU 模型。

```
#root@kvm-host:~# qemu-system-x86_64 -cpu ?
x86         qemu64      QEMU Virtual CPU version 2.0.0
x86         phenom      AMD Phenom(tm) 9550 Quad-Core Processor
x86         core2duo    Intel(R) Core(TM)2 Duo CPU    T7700    @ 2.40GHz
x86         kvm64       Common KVM processor
x86         qemu32      QEMU Virtual CPU version 2.0.0
```

x86	kvm32	Common 32-bit KVM processor		
x86	coreduo	Genuine Intel(R) CPU	T2600	@ 2.16GHz
x86	486			
x86	pentium			
x86	pentium2			
x86	pentium3			
x86	athlon	QEMU Virtual CPU version 2.0.0		
x86	n270	Intel(R) Atom(TM) CPU N270	@ 1.60GHz	
x86	Conroe	Intel Celeron_4x0 (Conroe/Merom Class Core 2)		
x86	Penryn	Intel Core 2 Duo P9xxx (Penryn Class Core 2)		
x86	Nehalem	Intel Core i7 9xx (Nehalem Class Core i7)		
x86	Westmere	Westmere E56xx/L56xx/X56xx (Nehalem-C)		
x86	SandyBridge	Intel Xeon E312xx (Sandy Bridge)		
x86	Haswell	Intel Core Processor (Haswell)		
x86	Opteron_G1	AMD Opteron 240 (Gen 1 Class Opteron)		
x86	Opteron_G2	AMD Opteron 22xx (Gen 2 Class Opteron)		
x86	Opteron_G3	AMD Opteron 23xx (Gen 3 Class Opteron)		
x86	Opteron_G4	AMD Opteron 62xx class CPU		
x86	Opteron_G5	AMD Opteron 63xx class CPU		
x86	host	KVM processor with all supported host features (only available in KVM mode)		

CPU 模型是在源代码 qemu-kvm.git/target-i386/cpu.c 中的结构体数组 builtin_x86_defs[] 中定义的。

在 x86-64 平台上编译和运行的 QEMU，如果不加"-cpu"参数启动，默认采用"qemu64"作为 CPU 模型。

例 5 不加"-cpu"参数来启动客户机。

#root@kvm-host:~# qemu-system-x86_64 ./IMG-HuiSen/ubuntu14.04.img

在客户机上，查看到的 CPU 信息如下：

#root@kvm-guest:~# cat /proc/cpuinfo

processor   : 0

vendor_id : GenuineIntel

cpu family : 6

model   : 6

model name   : QEMU Virtual CPU version 2.0.0

stepping   : 3

microcode : 0x1

cpu MHz   : 3292.522

cache size : 4096 KB

physical id : 0

siblings   : 1

```
core id          : 0
cpu cores   : 1
apicid           : 0
initial apicid   : 0
fpu          : yes
fpu_exception    : yes
cpuid level : 4
wp           : yes
flags        : fpu de pse tsc msr pae mce cx8 apic sep mtrr pge mca cmov pse36 clflush mmx fxsr sse
sse2 syscall nx lm rep_good nopl pni vmx cx16 x2apic popcnt hypervisor lahf_lm vnmi ept
bogomips   : 6585.04
clflush size : 64
cache_alignment : 64
address sizes    : 40 bits physical, 48 bits virtual
power management:
```

从上面的输出可知，客户机中的 CPU 模型的名称为"QEMU Virtual CPU version 2.0.0"，这是"qemu64" CPU 模型的名称。

在 QEMU 中，除了使用默认的 CPU 模型之外，还可以用"-cpu cpu_model"来指定在客户机中的 CPU 模型。

例 6　在启动客户机时指定了 CPU 模型为 Penryn。

```
#root@kvm-host:~#qemu-system-x86_64 ./IMG-HuiSen/ubuntu14.04.img -cpu Penryn
```

在客户机上，查看到的 CPU 信息如下：

```
#root@kvm-guest:~# cat /proc/cpuinfo
processor        : 0
vendor_id        : GenuineIntel
cpu family       : 6
model            : 23
model name       : Intel Core 2 Duo P9xxx (Penryn Class Core 2)
stepping         : 3
microcode        : 0x1
cpu MHz          : 3292.520
cache size       : 4096 KB
fpu          : yes
fpu_exception    : yes
cpuid level      : 4
wp           : yes
flags            : fpu de pse tsc msr pae mce cx8 apic sep mtrr pge mca cmov pat pse36 clflush
mmx fxsr sse sse2 syscall nx lm constant_tsc up rep_good nopl pni ssse3 cx16 sse4_1 x2apic hypervisor
lahf_lm
```

```
bogomips          : 6585.04
clflush size      : 64
cache_alignment : 64
address sizes     : 40 bits physical, 48 bits virtual
power management:
```

从上面的输出可知，客户机中的 CPU 模型的名称为"Intel Core 2 Duo P9xxx (Penryn Class Core 2)"，这是"Penryn"CPU 模型的名称。

4.3 内 存 配 置

内存是电脑的主要部件，在计算机系统中，占据着非常重要的地位。内存作为一种存储设备是程序中所必不可少的，因为所有的程序都要通过内存将代码和数据提交到 CPU 中去处理和执行。由于 CPU 与内存之间进行数据交换的速度是最快的，所以 CPU 在工作时都会从硬盘调用数据存放在内存中，然后再从内存中读取数据供自己使用。简单来说，内存是电脑的一个缓冲区，内存的大小和访问速度会直接影响电脑的运行速度。所以在客户机中，对内存的配置也是非常重要的。本节我们将重点介绍在 KVM 中内存的配置。

4.3.1　内存设置的基本参数

启动客户机时，设置内存大小的参数如下：

　　-m [size=]megs

设置客户机虚拟内存的大小为 megs MB 字节。在默认情况下，单位为 MB，内存大小的默认值为 128 M。也可以加上"M"或者"G"为后缀，指定使用 MB 或者 GB 作为内存分配的单位。

下面通过两个例子来进一步说明设置内存的基本方法。

例 7　不加内存参数，模拟一个默认大小内存的客户机系统。

　　#root@kvm-host:~# qemu-system-x86_64 ./IMG-HuiSen/ubuntu14.04.img

在客户机中，可以通过两种常用的方式来查看内存信息，具体如下：

　　#root@kvm-guest:~# free -m

	total	used	free	shared	buffers	cached
Mem:	113	111	2	0	0	7
-/+ buffers/cache:		103	10			
Swap:	0	0	0			

free 命令通常用来查看内存的使用情况，"-m"参数是指内存大小以 MB 为单位来显示。在上面示例中，使用了默认大小的内存，值为 128 MB，而根据上面输出可知总的内存为 113 MB，这个值比 128 MB 小，这是因为 free 命令显示的内存是实际能够使用的内存，已经除去了内核执行文件和系统占用的内存。

　　#root@kvm-guest:~# cat /proc/meminfo

　　MemTotal:　　　　　116412 kB

```
MemFree:            2588 kB
Buffers:             788 kB
Cached:             7948 kB
SwapCached:            0 kB
Active:            73532 kB
Inactive:           4348 kB
Active(anon):      69660 kB
Inactive(anon):      368 kB
Active(file):       3872 kB
Inactive(file):     3980 kB
Unevictable:           0 kB
Mlocked:               0 kB
SwapTotal:             0 kB
SwapFree:              0 kB
Dirty:                 0 kB
Writeback:             0 kB
AnonPages:         69172 kB
Mapped:             4640 kB
Shmem:               868 kB
Slab:              19516 kB
SReclaimable:       7944 kB
SUnreclaim:        11572 kB
KernelStack:        1632 kB
PageTables:         8836 kB
NFS_Unstable:          0 kB
Bounce:                0 kB
WritebackTmp:          0 kB
CommitLimit:       58204 kB
Committed_AS:     616684 kB
VmallocTotal:   34359738367 kB
VmallocUsed:        4748 kB
VmallocChunk:   34359730676 kB
HardwareCorrupted:     0 kB
AnonHugePages:         0 kB
HugePages_Total:       0
HugePages_Free:        0
HugePages_Rsvd:        0
HugePages_Surp:        0
Hugepagesize:       2048 kB
```

DirectMap4k: 28664 kB

DirectMap2M: 102400 kB

使用"cat"命令来查看/proc/meminfo 看到的"MemTotal"大小是 116412 kB，这个值比 128 M*1024=131071 kB 小，其原因也是因为此处显示的内存是实际能够使用的内存。

同样，我们也可以使用"dmesg"命令来显示内核信息。

例 8 模拟一个内存大小为 2048 M 的客户机系统。

```
#root@kvm-host:~#qemu-system-x86_64 -m 2048M ./IMG-HuiSen/ubuntu14.04.img
```

在客户机中，查看内存信息，具体如下：

```
#root@kvm-guest:~#   free -m
```

	total	used	free	shared	buffers	cached
Mem:	2003	267	1735	0	22	114
-/+ buffers/cache:		130	1872			
Swap:	0	0	0			

根据上面输出可知，可用的总内存为 2003 MB，这个值比 2048 MB 小。

```
#root@kvm-guest:~# dmesg
```

[0.000000] Memory: 2034136k/2097144k available (6566k kernel code, 452k absent, 62556k reserved, 6637k data, 920k init)

通过使用"dmesg"命令显示的内核打印信息可以看出，内存总量是 2097144 kB，与 2048*1024 =2097152 相差无几。

例 9 模拟一个内存大小为 2 G 的客户机系统。

```
#root@kvm-host:~# qemu-system-x86_64 -m 2G ./IMG-HuiSen/ubuntu14.04.img
```

在客户机中，查看内存信息，具体如下：

```
#root@kvm-guest:~# free -m
```

	total	used	free	shared	buffers	cached
Mem:	2003	263	1740	0	19	114
-/+ buffers/cache:		129	1874			
Swap:	0	0	0			

例 8 和例 9 相同，都是设置了 2 G=2048 M 内存，使用"free"命令来查看，可用的总内存也为 2003 MB。

4.3.2 大页(HugePage)

在 Linux 环境中，内存是以页 Page 的方式进行分配的，默认大小为 4 K。如果需要比较大的内存空间，则需要进行频繁的页分配和管理寻址动作。HugePage 是传统 4 K Page 的替代方案，它的广泛启用开始于 Kernel 2.6，使用 HugePage 可以让我们有更大的内存分页。

在宿主机中可以通过以下操作让客户机使用 HugePage，具体操作如下：

第一步，查看宿主机中内存页的大小和 HugePage 的大小。

通常情况下，内存页大小为 4 KB，可以使用如下命令来查看：

```
#root@kvm-host:~# getconf PAGESIZE
4096
```

通常情况下，宿主机中 HugePage 的大小是 2048 kB，即 2 MB。可以使用如下命令来查看。

```
#root@kvm-host:~# cat /proc/meminfo | grep Hugepagesize
Hugepagesize:        2048 kB
```

第二步，创建 HugePage 目录/dev/hugepages。

```
#root@kvm-host:~# mkdir /dev/hugepages
```

第三步，挂载 hugetlbfs 文件系统到 Linux 的 HugePage 目录下，具体操作如下：

```
#root@kvm-host:~# mount -t hugetlbfs hugetlbfs /dev/hugepages
#root@kvm-host:~# mount
/dev/sda2 on / type ext4 (rw,errors=remount-ro)
proc on /proc type proc (rw,noexec,nosuid,nodev)
sysfs on /sys type sysfs (rw,noexec,nosuid,nodev)
none on /sys/fs/cgroup type tmpfs (rw)
none on /sys/fs/fuse/connections type fusectl (rw)
none on /sys/kernel/debug type debugfs (rw)
none on /sys/kernel/security type securityfs (rw)
none on /sys/firmware/efi/efivars type efivarfs (rw)
udev on /dev type devtmpfs (rw,mode=0755)
devpts on /dev/pts type devpts (rw,noexec,nosuid,gid=5,mode=0620)
tmpfs on /run type tmpfs (rw,noexec,nosuid,size=10%,mode=0755)
none on /run/lock type tmpfs (rw,noexec,nosuid,nodev,size=5242880)
none on /run/shm type tmpfs (rw,nosuid,nodev)
none on /run/user type tmpfs (rw,noexec,nosuid,nodev,size=104857600,mode=0755)
none on /sys/fs/pstore type pstore (rw)
cgroup on /sys/fs/cgroup/cpuset type cgroup (rw,relatime,cpuset)
cgroup on /sys/fs/cgroup/cpu type cgroup (rw,relatime,cpu)
cgroup on /sys/fs/cgroup/cpuacct type cgroup (rw,relatime,cpuacct)
cgroup on /sys/fs/cgroup/memory type cgroup (rw,relatime,memory)
cgroup on /sys/fs/cgroup/devices type cgroup (rw,relatime,devices)
cgroup on /sys/fs/cgroup/freezer type cgroup (rw,relatime,freezer)
cgroup on /sys/fs/cgroup/blkio type cgroup (rw,relatime,blkio)
cgroup on /sys/fs/cgroup/perf_event type cgroup (rw,relatime,perf_event)
cgroup on /sys/fs/cgroup/hugetlb type cgroup (rw,relatime,hugetlb)
/dev/sda1 on /boot/efi type vfat (rw)
systemd on /sys/fs/cgroup/systemd type cgroup     (rw,noexec,nosuid,nodev,none,name=systemd)
gvfsd-fuse on /run/user/0/gvfs type fuse.gvfsd-fuse (rw,nosuid,nodev)
hugetlbfs on /dev/hugepages type hugetlbfs (rw)
```

第四步，设置 HugePage 的数量，具体操作如下：

```
#root@kvm-host:~# sysctl vm.nr_hugespages=1024
```

```
vm.nr_hugespages=1024
#root@kvm-host:~# cat /proc/meminfo | grep Huge
AnonHugePages:        229376 kB
HugePages_Total:      1024
HugePages_Free:       1024
HugePages_Rsvd:       0
HugePages_Surp:       0
Hugepagesize:         2048 kB
```

第五步，启动客户机，并让其使用 HugePage 内存，具体操作如下：

```
#root@kvm-host:~# qemu-system-x86_64 -m 1024 ./IMG-HuiSen/ubuntu14.04.img
-mem-path /dev/hugepages
```

第六步，查看宿主机中 HugePage 的使用情况，具体操作如下：

```
#root@kvm-host:~# cat /proc/meminfo | grep Huge
AnonHugePages:        229376 kB
HugePages_Total:      1024
HugePages_Free:       897
HugePages_Rsvd:       393
HugePages_Surp:       0
Hugepagesize:         2048 kB
```

通过上述结果，可以看到 HugePages_Free 数量减少了，因为客户机使用了一定数量的 HugePage。但是 HugePages_Free 的数量没有减少 512 个(512*2 MB=1024 MB)，这是因为刚启动客户机时并没有分配 1024 MB 内存。

如果使用 "-mem-prealloc" 参数，就会让 meminfo 文件中 HugePages_Free 数量的减少和分配客户机保持一致。

在 Linux 环境中开启 HugePage 有很多好处，具体如下：

(1) 非 Swap 内存：当开启 HugePage 的时候，HugePage 是不会 Swap 的；

(2) 减少 TLB 负担：TLB 是在 CPU 里面的一块缓冲区域，其中包括了部分 PageTable 内容。使用 HugePage 可以减少 TLB 工作负载；

(3) 减少 Page Table 空间负载：在 PageTable 管理中，每条 Page 记录会占据 64 byte 的空间。也就是说，如果一块 50 G 的 RAM，4 K 大小的 PageTable 会占据 80 MB 左右的空间；

(4) 减少 PageTable 检索负载：更小的 PageTable 意味着更快的检索定位能力；

(5) 内存性能提升：Page 数量的减少和大小的增加，减少了管理过程的复杂性，进一步减小了瓶颈出现的概率。

4.4 存储器配置

在计算机系统中，存储器(Memory)是记忆设备，主要用来存放程序和数据，是计算机的重要组成部分。随着计算机硬件系统和软件系统的不断发展，计算机应用领域的日益扩大，对存储器的要求也越来越高，既要求存储容量大，又要求存取速度快。和内存相比，磁盘存储容量大，存取速度慢，但是磁盘上的数据可以永久存储，不像内存一样断电就会消失。

本节将以磁盘为例介绍存储器的基本配置。

4.4.1　常见的存储配置

在 QEMU 命令行工具中，常见的存储配置的主要参数说明如下所示。

-hda file：此为默认选项，指定 file 镜像作为客户机中的第一个 IDE 设备(序号 0)：/dev/hda(如果客户机使用 PIIX_IDE 驱动)或者/dev/sda(如果客户机使用 ata_piix)设备。

-cdrom file：指定 file 作为 CD-ROM 镜像，/dev/cdrom。也可以将 host 的/dev/cdrom 作为 -cdrom 的 file 参数来使用。注意，-cdrom 不能和 -hdc 同时使用，因为 -cdrom 就是客户机中的第三个 IDE 设备。

常见的存储驱动器配置，具体形式如下：

　　-drive option[, option[, option[, ...]]]

主要参数说明如下：

file=/path/to/somefile：硬件镜像文件路径。

if=interface：指定硬盘设备所连接的接口类型，即控制器类型。常见的有：ide、scsi、sd、mtd、floopy、pflash 和 virtio 等。

cache=none|writeback|writethrough|unsafe：设置对客户机块设备(包括镜像文件或一个磁盘)的缓存 cache 方式，可以 none(或 off)、writeback、writethrough 或 unsafe。其默认值是 writethrough，称为直写模式，这种写入方式同时向磁盘缓存(disk cache)和后端块设备(block device)执行写入操作。而 writeback 为回写模式，只将数据写入到磁盘缓存后就返回，只有数据被换出缓存时才将修改过的数据写到后端块设备中。显然，writeback 写入数据速度较快，但在系统掉电等异常发生时，会导致未写回后端的数据无法恢复。writethrough 和 writeback 在读取数据时都尽量使用缓存。当设置为 none 时，将关闭缓存功能。

4.4.2　启动顺序配置

在 QEMU 中，可以使用"-boot"参数指定客户机的启动顺序：

　　-boot [order=drives][, once=drives][, menu=on|off][, splash=splashfile][, splash-time=sp-time]

主要参数说明如下。

order=drives：在 QEMU 模拟的 x86_64 平台中，用"a"和"b"表示第一和第二个软驱，用"c"表示第一个硬盘，用"d"表示 CD-ROM 光驱，用"n"表示从网络启动。默认情况下，从硬盘启动，假如要从网络启动可以设置"-boot order=n"。

once=drives：表示设置第一次启动的启动顺序，重启后恢复为默认值。例如"-boot once=n"设置，表示本次从网络启动，但系统重启后从默认的硬盘启动。

menu=on/off：用于设置交互式的启动菜单选项，需要客户机的 BIOS 支持。默认情况下，"menu=off"，表示不开启交互式的启动菜单。例如：使用"-boot order=dc，menu=on"

后，在客户机启动窗口中按 F12 进入启动菜单，菜单第一个选项为光盘，第二个选项为硬盘。

splash=splashfile：在 menu=on 时，设置 BIOS 的 splash 的 logo 图片 splashfile。

splash-time=sp-time，在 menu=on 时，设置 BIOS 的 splash 图片的显示时间，单位为毫秒。

下面通过几个例子来演示一下如何进行存储配置。

例 10　设置一个客户机，其内存为 1024 M，有两个逻辑 CPU，将名字为 ubuntu14.04.img 的镜像文件加载到客户机驱动器中，指定驱动器的接口类型为 IDE，指定宿主机对块设备数据访问的 cache 情况为直写模式，并从硬盘启动该客户机，可以使用以下两条命令中的任意一条来启动客户机：

```
qemu-system-x86_64 -m 1024 -smp 2 -hda ./IMG-HuiSen/ubuntu14.04.img

qemu-system-x86_64 -m 1024 -smp 2 -drive file=./IMG-HuiSen/ubuntu14.04.img ,

if=ide,cache=writethrough, -boot order=c
```

在客户机中，用"fdisk"命令来查看磁盘情况如下：

```
#root@kvm-guest:~#   fdisk -l

Disk /dev/sda: 34.4 GB, 34359738368 bytes

255 heads, 63 sectors/track, 4177 cylinders, total 67108864 sectors

Units = sectors of 1 * 512 = 512 bytes

Sector size (logical/physical): 512 bytes / 512 bytes

I/O size (minimum/optimal): 512 bytes / 512 bytes

Disk identifier: 0x0004a1d7
```

/dev/sda1	*	2048	60817407	30407680	83	Linux
/dev/sda2		60819454	62912511	1046529	5	Extended
/dev/sda5		60819456	62912511	1046528	82	Linux swap / Solaris

例 11　打开交互式的启动菜单，在客户机启动窗口菜单中选择第一个选项为光盘，第二个选项为硬盘。

```
#root@kvm-host:~# qemu-system-x86_64 -m 1024 -smp 2 ./IMG-HuiSen/ubuntu14.04.img -boot
order=dc,menu=on
```

在客户机中，按 F12 进入启动菜单，如图 4-1 所示。

图 4-1　客户机中启动菜单示意图

4.4.3 QEMU 支持的镜像文件格式

目前，QEMU 支持的镜像文件格式非常多，可以通过命令来查看。

例 12 查看 QEMU 支持的镜像文件格式。

```
#root@kvm-host:~# qemu-img -h
```

Supported formats: vvfat vpc vmdk vhdx vdi sheepdog sheepdog sheepdog rbd raw host_cdrom host_floppy host_device file qed qcow2 qcow parallels nbd nbd nbd dmg tftp ftps ftp https http cow cloop bochs blkverify blkdebug

表 4-1 中列出了常用的虚拟机及其支持的镜像格式。

表 4-1 常见虚拟机及其支持的镜像格式

虚拟机	raw	qcow2	vmdk	qed	vdi	vhd
KVM	√	√	√	√	√	
Xen	√	√	√			√
VMware			√			
Virtualbox			√		√	√

下面，针对比较常见的文件格式做一个简单的介绍。

1) raw

raw 是 qemu-img 默认创建的格式，是原始的磁盘镜像格式，它直接将文件系统的存储单元分配给客户机使用，采取了直读直写的策略。它的优势在于可以非常简单、容易地移植到其他模拟器上去使用。

默认情况下，qemu-img 的 raw 格式的文件是稀疏文件，如果客户机文件系统支持"空洞"，那么镜像文件只有在被写有数据的扇区才会真正占用磁盘空间，从而有节省磁盘空间的作用。但当使用"dd"命令来创建 raw 格式时，dd 一开始就让镜像实际占用了分配的空间，而没有使用稀疏文件的方式对待空洞而节省磁盘空间。虽然一开始就实际占用磁盘空间的方式，不过它在写入新的数据时不需要宿主机从现有磁盘空间中分配，因此在第一次写入数据时性能会比稀疏文件的方式更好一点。

简而言之，raw 有以下几个优点：

① 寻址简单，访问效率较高；

② 可以通过格式转换工具方便地转换为其他格式；

③ 可以方便地被宿主机挂载，不用开虚拟机即可在宿主机和虚拟机间进行数据传输。

但是，由于 raw 格式实现简单，也存在很多缺点：不支持压缩、快照、加密和 CoW(copy-on-write，写时拷贝)等。

2) cow

cow 格式是 QEMU 的 copy-on-write 镜像文件格式，和 raw 一样简单，也是创建时分配所有空间。但 cow 有一个 bitmap 表记录当前哪些扇区被使用，所以 cow 可以使用增量镜像，也就是说可以对其做外部快照。目前由于历史遗留原因不支持窗口模式，因而使用较少。

3) qcow

qcow 是一种比较老的 QEMU 镜像格式，它在 cow 的基础上增加了动态增加文件大小的功能，并且支持加密和压缩。但是，一方面其优化和功能不及 qcow2，另一方面，读写性能又没有 cow 和 raw 好，因而目前 qcow 使用较少。

4) qcow2

qcow2 是 qcow 的一种改进，是 QEMU 0.8.3 版本引入的镜像文件格式。它是 QEMU 目前推荐的镜像格式，也是一种集各种技术为一体的超级镜像格式。qcow2 有以下几大优点：

① 占用更小的空间，支持写时拷贝，镜像文件只反映底层磁盘的变化；

② 支持快照，镜像文件能够包含多个快照的历史；

③ 支持基于 zlib 的压缩方式；

④ 支持 AES 加密以提高镜像文件的安全性；

⑤ 访问性能很高，接近了 raw 裸格式的性能。

5) vdi

vdi(Virtual Disk Image)是兼容 Oracle 的 VirtualBox1.1 的镜像文件格式。

6) vmdk

vmdk(Virtual Machine Disk Format)是 VMware 实现的虚拟机镜像格式，兼容 VMWare4 版本以上。支持 CoW、快照、压缩等特性，镜像文件的大小随着数据写入操作的增长而增长，数据块的寻址也需要通过两次查询。在实现上，基本上和 qcow2 类似。

7) qed

qed(QEMU enhanced disk)是从 QEMU 0.14 版开始加入的增强磁盘文件格式，为了避免 qcow2 格式的一些缺点，也为了提高性能，不过目前还不够成熟。

例 13　通过创建 qcow2 和 raw 文件来对比这两种镜像。

```
#root@kvm-host:~# qemu-img create -f qcow2 test.qcow2 10G
Formatting          'test.qcow2',          fmt=qcow2          size=10737418240 encryption=off
cluster_size=65536 lazy_refcounts=off
#root@kvm-host:~# qemu-img create -f raw test.raw 10G
Formatting 'test.raw', fmt=raw size=10737418240
```

对比两种格式的文件的实际大小以及占用空间大小如下：

```
#root@kvm-host:~# ll -sh test.*
196K -rw-r--r-- 1 root root 193K  3 月  24 12:12 test.qcow2
 0 -rw-r--r-- 1 root root  10G  3 月  24 12:13 test.raw
#root@kvm-host:~# stat test.raw
File: 'test.raw'
Size: 10737418240    Blocks: 0        IO Block: 4096     regular file
Device: 802h/2050d    Inode: 18489967    Links: 1
Access: (0644/-rw-r--r--)  Uid: (    0/   root)  Gid: (    0/   root)
Access: 2015-03-24 12:13:08.407107872 +0800
```

Modify: 2015-03-24 12:13:08.407107872 +0800

Change: 2015-03-24 12:13:08.407107872 +0800

Birth: -

#root@kvm-host:~# stat test.qcow2

File: 'test.qcow2'

Size: 197120   Blocks: 392   IO Block: 4096   regular file

Device: 802h/2050d   Inode: 18489966   Links: 1

Access: (0644/-rw-r--r--) Uid: (0/   root) Gid: (0/   root)

Access: 2015-03-24 12:12:51.735108394 +0800

Modify: 2015-03-24 12:12:51.735108394 +0800

Change: 2015-03-24 12:12:51.735108394 +0800

Birth: -

从上述输出可以看出，qcow2 格式的镜像文件大小为 197 120 字节，占用 392 块 Blocks。而 raw 格式的文件是一个稀疏文件，没有占用磁盘空间。

在 QEMU 中，客户机镜像文件可以由很多种方式来构建，常见的有以下几种。

(1) 本地存储：本地存储是客户机镜像文件最常见的构建方式，它有多种镜像文件格式可供选择，在对磁盘 I/O 要求不是很高时，通常使用 qcow2。

(2) 网络文件系统 NFS(Network File System)：可以将客户机挂载到 NFS 服务器的共享目录中，然后像使用本地文件一样使用 NFS 远程文件。

(3) 物理磁盘：采用这种方式，移动性不如镜像文件方便。

除此之外，还可以采用逻辑分区(LVM)，iSCSI(Internet Small Computer System Interface)等方式来构建。

4.4.4 qemu-img 命令

qemu-img 是 QEMU 的磁盘管理工具，本节将介绍 qemu-img 的基本命令及语法。

1) check [-f fmt] filename

check 命令用来对磁盘镜像文件进行一致性检查，查找镜像文件中的错误。参数 -f fmt 是指定文件的格式，如果不指定格式，qemu-img 会自动检测，filename 是磁盘镜像文件的名称(包括路径)。目前仅支持对"qcow2"、"qed"、"vdi"格式文件的检查。

例 14 对镜像文件进行一致性检查。

#root@kvm-host:~# qemu-img check ubuntu14.04.img

No errors were found on the image.

98942/491520 = 20.13% allocated, 7.98% fragmented, 0.00% compressed clusters

Image end offset: 6486425600

2) create [-f fmt] [-o options] filename [size]

create 命令用来创建一个格式为 fmt，大小为 size，文件名为 filename 的镜像文件。根据文件格式的不同，还可以添加多个选项来对该文件进行功能设置。如果想要查询某种格式文件支持哪些选项，可以使用"-o ?"，在"-o"选项中各个选项用逗号来分隔。

例 15　查看一下 qcow2 格式文件支持的选项。

> #root@kvm-host:~#　qemu-img create -f qcow2 -o?
>
> Supported options:
>
> size   Virtual disk size
>
> compat   Compatibility level (0.10 or 1.1)
>
> backing_file   File name of a base image
>
> backing_fmt   Image format of the base image
>
> encryption   Encrypt the image
>
> cluster_size   qcow2 cluster size
>
> preallocation   Preallocation mode (allowed values: off, metadata)
>
> lazy_refcounts   Postpone refcount updates

其中，size 选项用于指定镜像文件的大小，其默认单位是字节(bytes)，也可以支持用 k(或 K)、M、G、T 来分别表示 KB、MB、GB、TB。size 不但可以写在命令最后，也可以被写在 "-o" 选项中作为其中一个选项。此时，size 参数也可以不用设置，其值默认为后端镜像文件的大小。而 backing_file 选项用来指定其后端镜像文件，如果使用这个选项，那么这个创建的镜像文件仅记录与后端镜像文件的差异部分。通常情况下，后端镜像文件不会被修改，除非在 QEMU monitor 中使用 "commit" 命令或者使用 "qemu-img commit" 命令去手动提交改动。另外，直接使用 "-b backfile" 参数与 "-o backing_file=backfile" 效果相同。

例 16　使用两种方式，创建有 backing_file 的 qcow2 格式的镜像文件。

> #root@kvm-host:~# qemu-img create -f qcow2 -o backing_file=ubuntu14.04.img
>
> unbuntu.qcow2
>
> Formatting   'unbuntu.qcow2',   fmt=qcow2   size=32212254720   backing_file='ubuntu14.04.img'
> encryption=off cluster_size=65536 lazy_refcounts=off
>
> #root@kvm-host:~# qemu-img create -f qcow2 -b ubuntu14.04.img unbuntu.qcow2
>
> Formatting   'unbuntu.qcow2',   fmt=qcow2   size=32212254720   backing_file='ubuntu14.04.img'
> encryption=off cluster_size=65536 lazy_refcounts=off

例 17　创建没有 backing_file 的 qcow2 格式的镜像文件，指定 5 GB 大小。

> #root@kvm-host:~# qemu-img create -f qcow2 test.qcow2 5G
>
> Formatting   'test.qcow2',   fmt=qcow2   size=5368709120   encryption=off   cluster_size=65536
> lazy_refcounts=off

3) commit [-f fmt] [-t cache] filename

如果在创建镜像文件时，通过 backing_file 指定了后端镜像文件，通过 "commit" 命令提交 filename 文件中的更改到后端支持镜像文件中去。

4) convert [-c] [-p] [-f fmt] [-t cache] [-O output_fmt] [-o options] [-s snapshot_name] [-S sparse_size] filename [filename2 [...]] output_filename

通过 "convert" 命令，可以实现不同格式的镜像文件之间的转换。可以将格式为 fmt 名为 filename 的镜像文件根据 options 选项转换成格式为 output_fmt 名为 output_filename 的镜像文件。其中，"-c"参数是对输出的镜像文件进行压缩，只有 qcow 和 qcow2 格式的镜像文件才支持压缩。同样可以使用"-o options"来指定各种选项，例如：后端镜像文件、文件大小和是否加密等。

一般来说，输入文件格式 fmt 可以由 qemu-img 工具自动检测到，而输出文件格式 output_fmt 可以根据自己需要来指定，默认会被转换为 raw 文件格式(且默认使用稀疏文件的方式存储以节省存储空间)。

当 raw 格式的镜像文件(非稀疏文件格式)被转换成 qcow2、qcow、cow 等作为输出格式的文件时，镜像转换还可以将空的扇区删除，减小镜像文件的大小。

例 18 将一个 qcow2 格式的镜像文件转换为 raw 格式的文件。

```
#root@kvm-host:~# qemu-img convert ubuntu14.04.img utuntu.raw
```

5) info [-f fmt] filename

info 命令主要用来展示 filename 镜像文件的信息。如果文件使用稀疏文件的存储方式，则会显示出它本来分配的大小以及实际已占用磁盘空间的大小。如果磁盘映像中存放有客户机快照，则快照的信息也会被显示出来。

例 19 以例 18 中 qcow2 格式的镜像文件和被转换为 raw 格式的文件为例，查看镜像文件的相关信息。

```
#root@kvm-host:~# qemu-img info ubuntu.raw
image: ubuntu.raw
file format: raw
virtual size: 30G (32212254720 bytes)
disk size: 285M
#root@kvm-host:~# qemu-img info ubuntu14.04.img
gimage: ubuntu14.04.img
file format: qcow2
virtual size: 30G (32212254720 bytes)
disk size: 6.0G
cluster_size: 65536
Format specific information:
compat: 1.1
lazy refcounts: false
```

从以上输出结果可以看出，qcow2 格式的文件 disk size 为 6.0 G，而 raw 格式的文件，使用稀疏文件的方式来存储文件，disk size 仅为 285 M。

6) snapshot [-l | -a snapshot | -c snapshot | -d snapshot] filename

snapshot 命令主要用来操作镜像文件中的快照，快照这个功能只支持 qcow2 格式，raw 不支持。快照的主要参数说明如下所示。

"-l"：查询并列出镜像文件中的所有快照；

"-a snapshot"：让镜像文件使用某个快照；

"-c snapshot"：创建一个快照；

"-d"：删除一个快照。

注意，创建磁盘快照时客户机需要处于关闭的状态。

例20 针对 qcow2 格式的文件，先创建一个快照，使用它，最后删除这个快照。

#root@kvm-host:~# qemu-img snapshot -c base ubuntu14.04.img

#root@kvm-host:~# qemu-img snapshot -l ubuntu14.04.img

Snapshot list:

ID	TAG	VM SIZE	DATE	VM CLOCK
1	base	0	2015-03-23 15:41:44	00:00:00.000

#root@kvm-host:~# qemu-img snapshot -a 1 ubuntu14.04.img

#root@kvm-host:~# qemu-img snapshot -l ubuntu14.04.img

Snapshot list:

ID	TAG	VM SIZE	DATE	VM CLOCK
1	base	0	2015-03-23 15:41:44	00:00:00.000

#root@kvm-host:~# qemu-img snapshot -d 1 ubuntu14.04.img

#root@kvm-host:~# qemu-img snapshot -l ubuntu14.04.img

例21 为 raw 格式的文件创建一个快照。

#root@kvm-host:~# qemu-img snapshot -c base ubuntu.raw

qemu-img: Could not create snapshot 'base': -95 (Operation not supported)

根据以上输出结果可以看出，raw 格式的文件不支持快照功能。

7) rebase [-f fmt] [-t cache] [-p] [-u] -b backing_file [-F backing_fmt] filename

rebase 命令主要用来改变镜像文件的后端镜像文件，只有 qcow2 和 qed 格式才支持 rebase 命令。使用"-b backing_file"中指定的文件作为后端镜像，后端镜像也被转化为"-F backing_fmt"中指定的后端镜像格式。

它可以工作于两种模式之下，一种是安全模式，也是默认的模式。此模式下 qemu-img 会去比较原来的后端镜像与现在的后端镜像的不同进行合理的处理；另一种是非安全模式，可以通过"-u"参数来指定，这种模式主要用于将后端镜像进行了重命名或者移动了位置之后对前端镜像文件的修复处理，由用户去保证后端镜像的一致性。

8) resize filename [+|-]size

resize 命令主要用来改变镜像文件的大小。"+"用于增加镜像文件的大小，"-"用于减少镜像文件的大小，而 size 也支持 K、M、G、T 等单位。注意，在缩小镜像文件的大小之前，需要确保客户机中的文件系统有空余空间，否则会丢失数据。在增加了镜像文件大小后，还需启动客户机到里面去应用分区工具进行相应的操作才能真正让客户机使用到增加后的镜像空间。不过使用 resize 命令之前最好做好备份，否则失败的话，可能会导致镜像文件无法正常使用而造成数据丢失。另外，qcow2 格式的文件不支持缩小镜像的操作。

例22 使用"resize"命令来增加和减少镜像文件的大小。

原来的镜像信息：

#root@kvm-host:~# qemu-img info ubuntu14.04.img

```
image: ubuntu14.04.img
file format: qcow2
virtual size: 30G (32212254720 bytes)
disk size: 6.0G
cluster_size: 65536
Format specific information:
compat: 1.1
lazy refcounts: false
```

为一个 30 G 的 qcow2 镜像增加 2 GB 空间。

```
#root@kvm-host:~# qemu-img resize ubuntu14.04.img +2G
mage resized.
#root@kvm-host:~# qemu-img info ubuntu14.04.img
image: ubuntu14.04.img
file format: qcow2
virtual size: 32G (34359738368 bytes)
disk size: 6.0G
cluster_size: 65536
Format specific information:
compat: 1.1
lazy refcounts: false
```

将一个 32 G 的 qcow2 镜像减少 1 GB 空间。

```
#root@kvm-host:~# qemu-img resize ubuntu14.04.img -1G
qemu-img: qcow2 doesn't support shrinking images yet
qemu-img: This image does not support resize
```

由于 qcow2 格式的文件不支持缩小镜像的操作，因此无法减少空间。

4.4.5　Ubuntu 客户机的镜像制作过程

本小节以 Ubuntu 12.04 为例，详细讲述 Ubuntu 客户机镜像的制作过程，过程如下：

(1) 下载要制作为 Ubuntu 镜像的 ISO 文件；

(2) 准备好制作 Ubuntu 镜像的服务器系统(例如，Ubuntu 系统)；

(3) 创建一个 10 GB 大小的镜像 "硬盘" (raw 格式)；

```
#root@kvm-host:~# qemu-img create -f raw ubuntu12.04.img 10G
Formatting 'ubuntu12.04.img', fmt=raw size=10737418240
```

(4) 上传这个 ISO 文件到服务器系统上，结合刚创建的镜像 "硬盘" 引导启动 Ubuntu 系统安装，具体步骤如下：

```
#root@kvm-host:~#  qemu-system-x86_64  -m  1024  ubuntu12.04-desktop-amd64.iso  -drive
file=ubuntu12.04.img -boot d
```

进入第一个安装界面后，由于需要安装 Ubuntu，因此选择 Install Ubuntu，如图 4-2 所示。

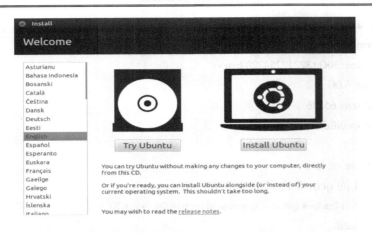

图 4-2　Ubuntu 安装界面 1

　　按照个人喜好，设置安装过程中是否下载更新以及是否安装一些第三方的软件，然后点击 continue，如 4-3 图所示。

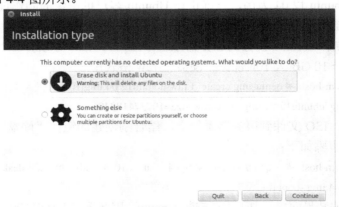

图 4-3　Ubuntu 安装界面 2

　　设置安装类型，一般选择 Erase disk and install Ubuntu，抹去 disk 并安装 Ubuntu，然后点击 continue，如 4-4 图所示。

图 4-4　Ubuntu 安装界面 3

选择 drive，在分区阶段把 10 GB 硬盘全部分成一个 ext4 root 分区，然后点击 Install Now，如 4-5 图所示。

图 4-5　Ubuntu 安装界面 4

之后，设置 keyboard layout、user name 和 password 等参数即可。

(5) 重启虚拟机镜像。

> #root@kvm-host:~# qemu-system-x86_64 -m 1024 -smp 2 -drive file=ubuntu12.04.img -boot c

为了避免增加除了 eth0 之外的网卡，可以执行下列命令：

> #root@kvm-host:~# rm -rf /etc/udev/rules.d/70-persistent-net.rules

4.4.6　Windows 客户机的镜像制作过程

本小节采用的 Windows 系统以 Windows 7 为例，详细讲述 Window 客户机镜像的制作过程，如下：

(1) 下载要制作为 Windows 7 镜像的 ISO 文件。

(2) 创建一个 10 GB 大小的镜像"硬盘"(raw 格式)。

> #root@kvm-host:~# qemu-img create -f raw win7.img 10G

(3) 下载 Virtio 驱动。由于 Windows 默认不支持 Virtio 驱动，而管理虚拟机是需要 Virtio 驱动的，因此需要下载两个 Virtio 驱动，即：virtio-win-0.1-30.iso 和 virtio-win-1.1.16.vfd。其中，iso 文件中安装了网卡驱动，vfd 里面安装了硬盘驱动。

(4) 使用刚下载的 Windows 7 镜像文件和刚创建的镜像"硬盘"引导系统的安装，映射驱动 vfd 到软盘 A，开启 BIOS 启动选择菜单，启动时按 F12 键，进入光盘安装界面，具体命令如下：

> #root@kvm-host:~#　qemu-system-x86_64　-m　1024　-drive　file=win7.img,cache=writeback,
> if=virtio,boot=on -fda virtio-win-1.1.16.vfd -cdrom win7-x86.iso -net nic -net user -boot order=d,menu=on
> -usbdevice tablet -nographic -vnc :1

注意：此时应该迅速打开一个 vncviewer 终端，否则会自动进入硬盘启动模式。

选择要安装的语言、时间和货币格式、键盘和输入方法后，点击"下一步"，如图 4-6 所示。

图 4-6　Windows 7 安装界面 1

选择安装的类型为"自定义(高级)"，如图 4-7 所示。

图 4-7　Windows 7 安装界面 2

选择 Windows 7 的安装位置。因为没有相应的硬盘，所以应该首先加载硬盘驱动程序，此处点击"加载驱动程序"，如图 4-8 所示。

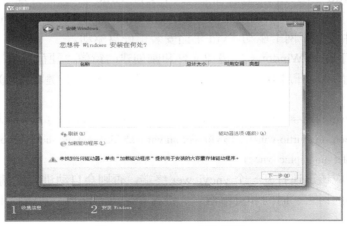

图 4-8　Windows 7 安装界面 3

此时要进行 Windows 7 安装，因此选择 Windows 7 的驱动程序，然后点击"下一步"，如图 4-9 所示。

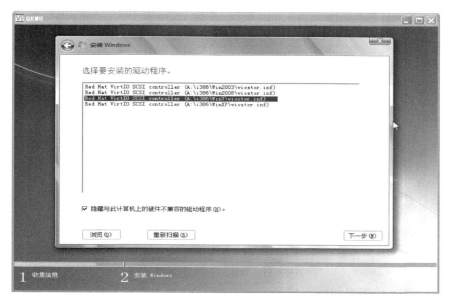

图 4-9 Windows 7 安装界面 4

格式化分区，选择"新建"，新建一个磁盘分区，大小为 10 GB，如图 4-10 所示。

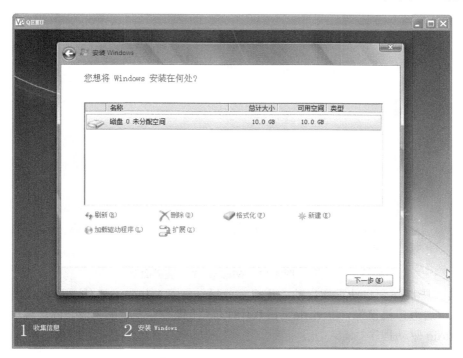

图 4-10 Windows 7 安装界面 5

分区后，磁盘如图 4-11 所示，此时点击"下一步"，安装 Windows 7。

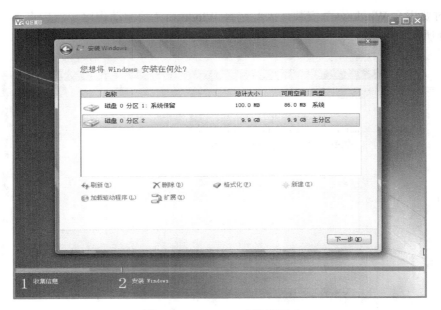

图 4-11　Windows 安装界面 6

Windows 7 安装情况如图 4-12 所示。

图 4-12　Windows 7 安装界面 7

安装完毕后，会自动重新启动。重启完成后，打开 Windows 7 的"远程桌面访问"。

(5) 重启虚拟机镜像，将 virtio-win-0.1-81.iso 挂载为客户机的光驱，再从客户机上安装所需的 virtio 驱动程序。

```
#root@kvm-host:~# qemu-system-x86_64 -drive file=win7.img,cache=writeback,if=virtio, boot=on
-cdrom virtio-win-0.1-81.iso -net nic,model=virtio -net user -boot order=c -usbdevice tablet -nographic
-vnc :1 --enable-kvm
```

(6) 用 VNC 访问 Windows 7 客户机，应该会提示自动安装 virtio 的网卡驱动，如果不提示，也可以手动安装 Virtio，步骤如下：选择"我的电脑"，并单击鼠标右键，选择"管理"，在计算机管理中选择"设备管理"中的"网络适配器"，扫描出合适的网卡驱动进行安装。

4.5　网络配置

在互联网技术飞速发展的今天，网络在人类生活的各个领域有着越来越重要的影响。而在虚拟化技术中，QEMU 对客户机也提供了多种类型的网络支持。在 QEMU 中，主要给客户机提供了以下 4 种不同模式的网络配置方案：

(1) 基于网桥(Bridge)的虚拟网卡模式。

(2) 基于 NAT(Network Addresss Translation)的虚拟网络模式。

(3) QEMU 内置的用户模式网络。

(4) 直接分配网络设备模式(例如，VT-d)。

网桥和 NAT 是基于 linux-bridge 实现的软件虚拟网络模式，QEMU 是 QEMU 软件虚拟的网络模式。第四种模式是直接物理网卡分配给客户机使用，比方说有 eth0 和 eth1 两块网卡，直接把 eth0 这块网卡给某一客户机使用。

在 QEMU 命令行中，采用前三种网络配置方案对客户机网络的配置都是用"-net"参数来进行配置的。QEMU 命令行中基本的"-net"参数如下：

　　　-net nic[, vlan=n][, macaddr=mac][, model=type][, name=name][, addr=addr][, vectors=v]

主要参数说明如下。

-net nic：是必需的参数，表明为客户机创建客户机网卡。

vlan=n：表示将建立一个新的网卡，并把网卡放入到编号为 n 的 VLAN，默认为 0。

macaddr=mac：设置网卡的 MAC 地址，默认会根据宿主机中网卡的地址来分配；若局域网中客户机太多，建议自己设置 MAC 地址以防止 MAC 地址冲突。

model=type：设置模拟的网卡的类型，默认为 rtl8139。

name=name：设置网卡的名字，该名称仅在 QEMU monitor 中可能用到，一般由系统自动分配。

addr=addr：设置网卡在客户机中的 PCI 设备地址为 addr。

vectors=v：设置该网卡设备的 MSI-X 向量的数量为 v，该选项仅对使用 virtio 驱动的网卡有效，设置为"vectors=0"是关闭 virtio 网卡的 MSI-X 中断方式。

如果没有配置任何的"net"参数，则默认是用"-net nic -net user"参数，即指示 QEMU 使用一个 QEMU 内置的用户模式网络，这种模式是默认的。因此，下面这些命令行是等价的。

　　　qemu-system-x86_64 -drive file=./IMG-HuiSen/ubuntu14.04.img -net nic -net user

　　　qemu-system-x86_64 -drive file=./IMG-HuiSen/ubuntu14.04.img

如果想要使用客户机去访问外部网络资源，这种模式非常有用。由于在默认情况下，数据传入是不被允许的，因此，客户机对于网络上的其他电脑而言是不可见的。但这种模式性能差，不常用，因而本书将不重点讲解。

目前，QEMU 提供了对一系列主流网卡的模拟，通过"-net nic,model=?"参数可以查询到当前的 QEMU 工具实现了哪些网卡的模拟。

例 23 查看当前 QEMU 能支持的网卡种类。

#root@kvm-host:~# qemu-system-x86_64 -net nic,model=?

qemu: Supported NIC models:

ne2k_pci,i82551,i82557b,i82559er,rtl8139,e1000,pcnet,virtio

如果没有设置任何的 "-net" 参数，QEMU 会默认分配 e1000 类型的虚拟网卡，并且使用默认用户配置模式，但由于没有具体的网络模式的配置，因此客户机的网络功能是有限的。

例 24 在宿主机中，不设置任何网络参数，直接启动一个客户机。

#root@kvm-host:~# qemu-system-x86_64 -drive file=./IMG-HuiSen/ubuntu14.04.img

-m 1024 -smp 2 -net nic -enable-kvm

#root@kvm-guest:~# lspci | grep Eth

00:03.0 Ethernet controller: Intel Corporation 82540EM Gigabit Ethernet Controller (rev 03)

由以上输出可以看出，在客户机中使用的是 QEMU 默认分配 Intel e1000 类型的虚拟网卡类型。

例 25 在宿主机中，模拟一个 rtl8139 系列的网卡给客户机使用，并启动客户机。

#root@kvm-host:~# qemu-system-x86_64 -drive file=./IMG-HuiSen/ubuntu14.04.img -net nic,model=rtl8139

#root@kvm-guest:~# lspci | grep Eth

00:03.0 Ethernet controller: Realtek Semiconductor Co., Ltd. RTL-8100/8101L/8139 PCI Fast Ethernet Adapter (rev 20)

由以上输出可以看出，在客户机中使用的是 rtl8139 系列网卡。

例 26 在宿主机中，使用下列的网络参数启动一个客户机。

#root@kvm-host:~# qemu-system-x86_64 -drive file=./IMG-HuiSen/ubuntu14.04.img

-net nic,vlan=0,macaddr=48:44:14:32:54:26,model=rtl8139,addr=08 -net user

在客户机中，可以通过下面两种常用命令来查看网卡信息：

#root@kvm-guest:~# lspci | grep Eth

00:03.0 Ethernet controller: Realtek Semiconductor Co., Ltd. RTL-8100/8101L/8139 PCI Fast Ethernet Adapter (rev 20)

#root@kvm-guest:~# ifconfig

eth0 Link encap:Ethernet HWaddr 48:44:14:32:54:26

    inet addr:10.0.2.15 Bcast:10.0.2.255 Mask:255.255.255.0

    inet6 addr: fe80::4a44:14ff:fe32:5426/64 Scope:Link

    UP BROADCAST RUNNING MULTICAST MTU:1500 Metric:1

    RX packets:39 errors:0 dropped:0 overruns:0 frame:0

    TX packets:89 errors:0 dropped:0 overruns:0 carrier:0

    collisions:0 txqueuelen:1000

    RX bytes:21732 (21.7 KB) TX bytes:12976 (12.9 KB)

lo   Link encap:Local Loopback

inet addr:127.0.0.1　Mask:255.0.0.0

inet6 addr: ::1/128 Scope:Host

UP LOOPBACK RUNNING　MTU:65536　Metric:1

RX packets:73 errors:0 dropped:0 overruns:0 frame:0

TX packets:73 errors:0 dropped:0 overruns:0 carrier:0

collisions:0 txqueuelen:0

RX bytes:8606 (8.6 KB)　TX bytes:8606 (8.6 KB)

由以上输出可以看出，在客户机中使用的是 rtl8139 系列网卡，MAC 地址是 48:44:14:32:54:26。

在 QEMU monitor 中，可以通过下列命令来查看网卡信息：

qemu monitor

(qemu)info network

hub 0

\user.0:index=0,type=user,net=10.0.2.0,restrict=off

\rtl8139.0:index=0,type=nic,,model=rtl8139,macaddr=48:44:14:32:54:26

(qemu)

本节具体介绍了网络设置的基本参数，如果想要使虚拟化的网卡在客户机中连接上外部网络，需要详细配置其网络工作模式。下面将详细介绍网桥模式和 NAT 模式这两种比较常用的网络工作模式的原理和配置方法。

4.5.1　网桥模式

在 QEMU 中，网桥模式是一种比较常见的网络连接模式。在这种模式下，客户机和宿主机共享一个物理网络，客户机的 IP 是独立的，它和宿主机是在同一个网络里面。客户机可以访问外部网络，外部网络也可以访问这台客户机。

在 QEMU 命令行中，关于网桥模式的网络参数如下：

-net tap[,vlan=n][,name=str][,fd=h][,ifname=name][,script=file][,downscript=dfile][,helper=helper] [,sndbuf=nbytes][,vnet_hdr=on|off][,vhost=on|off][,vhostfd=h][,vhostforce=on|off]

主要参数说明如下。

-net tap：是必需的参数，表示创建一个 tap 设备。

vlan=n：设置该设备 VLAN 编号，默认值为 0。

name=str：设置网卡的名字。在 QEMU monitor 里面用到，一般由系统自动分配。

fd=h：连接到现在已经打开着的 TAP 接口的文件描述符，一般让 QEMU 会自动创建一个 TAP 接口。

ifname=name：表示 tap 设备的接口名字。

script=file：表示 host 在启动 guest 时自动执行的脚本，默认为/etc/qemu-ifup；如果不需要执行脚本，则设置为"script=no"。

downscript=dfile：表示 host 在关闭 guest 时自动执行的脚本，默认值为/etc/qemu-ifdown；如果不需要执行，则设置为"downscript=no"。

helper=helper：设置启动客户机时在宿主机中运行的辅助程序，包括去建立一个 TAP 虚拟设备，它的默认值为/usr/local/libexec/qemu-bridge-helper，一般不用自定义，采用默认值即可。

sndbuf=nbytes：限制 TAP 设备的发送缓冲区大小为 n 字节，当需要流量进行流量控制时可以设置该选项。其默认值为"sndbuf=0"，即不限制发送缓冲区的大小。

其余参数都是与 Virtio 相关的，此处不多做介绍。

此处，通过一个例子来说明如何在宿主机中通过配置来实现网桥方式。

(1) 要采用网桥模式的网络配置。在宿主机中，要安装两个配置网络所需的软件包，uml-utilities 和 bridge-utils，前者是含有建立虚拟网络设备(TAP interfaces)的工具，后者是虚拟网桥桥接工具，可以使用 apt-get 工具来进行如下安装：

```
#root@kvm-host:~#apt-get install uml-utilities        #建立虚拟网络设备的工具
#root@kvm-host:~#apt-get install bridge-utils        #虚拟网桥桥接工具
```

(2) 使用"lsmod"命令查看 KVM 相关模块和 tun 的模块是否加载。

```
#root@kvm-host:~# lsmod | grep kvm
kvm_intel              143060    0
kvm                    451511    1 kvm_intel
```

如果 tun 模块没有加载，通过运行如下命令来加载：

```
#root@kvm-host:~# modprobe tun
```

如果 tun 模块已经被编译到内核中，可以查看 config 文件中 CONFIG_TUN=y 选项。如果内核中完全没有配置 tun 模块，则需要重新编译内核。

(3) 检查/dev/net/tun，查看当前用户是否用于可读写权限。

```
#root@kvm-host:~# ll /dev/net/tun
crw-rw-rw- 1 root root 10, 2015   3月  16 09:11 /dev/net/tun
```

(4) 建立一个 bridge，并将其绑定在一个可以正常工作的网络接口上，同时让 bridge 成为连接本机和外部网络的接口。主要配置命令如下：

```
#root@kvm-host:~# brctl addbr br0            #增加一个虚拟网桥 br0
#root@kvm-host:~# brctl addif br0 eth0       #在 br0 中添加一个接口 eth0
#root@kvm-host:~# brctl stp br0 on           #打开 STP 协议，否则可能造成环路
#root@kvm-host:~# ifconfig eth0 0            #将 eth0 的 IP 设置为 0
#root@kvm-host:~# dhclient br0               #设置动态给 br0 配置 ip、route 等
#root@kvm-host:~# route                      #显示路由表信息
Kernel IP routing table
```

Destination	Gateway	Genmask	Flags	Metric	Ref	Use	Iface
default	bogon	0.0.0.0	UG	0	0	0	br0
192.168.10.0	*	255.255.255.0	U	0	0	0	br0
192.168.122.0	*	255.255.255.0	U	0	0	0	virbr0

如果想要删除某个虚拟网桥和接口，可以使用命令"delbr"和"delif"。当然，也可以持久化地配置网桥，把配置直接写入文件(etc/network/interfaces)，如下所示：

```
#root@kvm-host:~# cat /etc/network/interfaces
```

```
# interfaces(5) file used by ifup(8) and ifdown(8)
auto lo
iface lo inet loopback
auto br0
iface br0 inet static
        bridge_ports eth0
        address 192.168.10.239
        netmask 255.255.255.0
        gateway 192.168.10.250
        dns-nameservers 8.8.8.8 222.139.215.195
```

(5) 准备启动脚本 qemu_ifup,其功能是在启动时创建和打开指定的 TAP 接口,并将该接口添加到虚拟网桥中。/etc/qemu-ifup 脚本代码如下:

```
#! /bin/sh
# Script to bring a network (tap) device for qemu up.
# The idea is to add the tap device to the same bridge
# as we have default routing to.

# in order to be able to find brctl
PATH=$PATH:/sbin:/usr/sbin
ip=$(which ip)

if [ -n "$ip" ]; then
    ip link set "$1" up
else
    brctl=$(which brctl)
    if [ ! "$ip" -o ! "$brctl" ]; then
      echo "W: $0: not doing any bridge processing: neither ip nor brctl utility not found" >&2
      exit 0
    fi
    ifconfig "$1" 0.0.0.0 up
fi

switch=$(ip route ls | \
    awk '/^default / {
            for(i=0;i<NF;i++) { if ($i == "dev") { print $(i+1); next; } }
        }'
        )

# only add the interface to default-route bridge if we
```

```
# have such interface (with default route) and if that
# interface is actually a bridge.
# It is possible to have several default routes too
for br in $switch; do
    if [ -d /sys/class/net/$br/bridge/. ]; then
        if [ -n "$ip" ]; then
            ip link set "$1" master "$br"
        else
            brctl addif $br "$1"
        fi
        exit    # exit with status of the previous command
    fi
done


echo "W: $0: no bridge for guest interface found" >&2
```

（6）准备结束脚本 qemu_ifdown，主要功能是退出时将该接口从虚拟网桥中移除，然后关闭该接口。一般不用做这个，QEMU 应会自动做。

（7）用"qemu-kvm"命令启动 bridge 模式的网络。

在启动客户机之前，在宿主机上，用命令行查看此时的 br0 的状态：

```
#root@kvm-host:~# ls /sys/devices/virtual/net/
br0   lo
#root@kvm-host:~# brctl show
bridge name      bridge id           STP enabled      interfaces
br0          8000.10604b6c2486     yes             eth0
```

在宿主机中，用命令行启动客户机，命令如下：

```
#root@kvm-host:~# qemu-system-x86_64 -drive file=./IMG-HuiSen/ubuntu14.04.img -m 1024 -smp
2 -net nic -net tap,ifname=tap1,script=/etc/qemu-ifup,downscript=no --enable-kvm
```

在启动客户机之后，在宿主机上，用命令行查看此时的 br0 的状态：

```
#root@kvm-host:~# brctl show
bridge name      bridge id           STP enabled      interfaces
br0          8000.0207404730de     yes             eth0
                                                    Tap1
```

在创建了客户机之后，添加了一个名为 tap1 的 TAP 虚拟网络设备，将其绑定在 br0 这个 bridge 上。

```
#root@kvm-host:~# ls /sys/devices/virtual/net/
br0   lo   tap1
```

有三个虚拟网络设备，依次为：已建立好的 bridge 设备 br0，网络回路设备 lo(就是一般 IP 为 127.0.0.1 的设备)和给客户机提供网络的 TAP 设备 tap1。

在客户机中，可以用以下几个命令查看网络是否配置好。

```
#root@kvm-guest:~#ifconfig
eth0        Link encap:Ethernet    HWaddr 52:54:00:12:34:56
            inet addr:192.168.10.242    Bcast:192.168.10.255    Mask:255.255.255.0
            inet6 addr: fe80::5054:ff:fe12:3456/64 Scope:Link
            UP BROADCAST RUNNING MULTICAST    MTU:1500    Metric:1
            RX packets:1005 errors:0 dropped:0 overruns:0 frame:0
            TX packets:110 errors:0 dropped:0 overruns:0 carrier:0
            collisions:0 txqueuelen:1000
            RX bytes:108246 (108.2 KB)    TX bytes:16215 (16.2 KB)

lo          Link encap:Local Loopback
            inet addr:127.0.0.1    Mask:255.0.0.0
            inet6 addr: ::1/128 Scope:Host
            UP LOOPBACK RUNNING    MTU:65536    Metric:1
            RX packets:46 errors:0 dropped:0 overruns:0 frame:0
            TX packets:46 errors:0 dropped:0 overruns:0 carrier:0
            collisions:0 txqueuelen:0
            RX bytes:4202 (4.2 KB)    TX bytes:4202 (4.2 KB)
#root@kvm-guest:~# route
Kernel IP routing table
Destination      Gateway          Genmask           Flags Metric Ref      Use Iface
default          bogon            0.0.0.0           UG    0      0        0 eth0
192.168.10.0     *                255.255.255.0     U     1      0        0 eth0
```

当客户机关闭后，再次在宿主机中查看 br0 和虚拟设备的状态，命令如下：

```
#root@kvm-host:~# brctl show
bridge name      bridge id          STP enabled      interfaces
br0              8000.10604b6c2486  yes              eth0
```

由上面的输出信息可知，tap1 设备已被删除。

4.5.2 NAT 模式

使用 NAT 模式，就是让客户机借助 NAT 功能，通过宿主机所在的网络来访问互联网。由于 NAT 模式下的客户机 TCP/IP 配置信息是由 DHCP 服务器提供的，无法进行手工修改，因此客户机也就无法和本局域网中的其他真实主机进行通讯。使用 NAT 模式进行网络连接，可支持宿主机和客户机之间的互访，也支持客户机访问网络。与网桥方式不同的是，当外界访问客户机时 NAT 就表现出局限性，需要在拥有 IP 的宿主机上实现端口映射，让宿主机 IP 的一个端口被重新映射到 NAT 内网的客户机相应端口上。

采用 NAT 模式最大的优势是客户机接入互联网非常简单，不需要进行任何其他的配置，只需要宿主机能访问互联网即可。

此处通过一个例子来说明如何在宿主机中通过配置来实现 NAT 方式。

(1) 检查宿主机，将网络配置选项中与 NAT 相关的选项配置好。通过/boot/config 查看宿主机网络配置中与 NAT 相关的选项，配置如下：

```
#
# IP: Netfilter Configuration
#
CONFIG_NF_DEFRAG_IPV4=m
CONFIG_NF_CONNTRACK_IPV4=m
CONFIG_NF_TABLES_IPV4=m
CONFIG_NFT_REJECT_IPV4=m
CONFIG_NFT_CHAIN_ROUTE_IPV4=m
CONFIG_NFT_CHAIN_NAT_IPV4=m
CONFIG_NF_TABLES_ARP=m
CONFIG_IP_NF_IPTABLES=m
CONFIG_IP_NF_MATCH_AH=m
CONFIG_IP_NF_MATCH_ECN=m
CONFIG_IP_NF_MATCH_RPFILTER=m
CONFIG_IP_NF_MATCH_TTL=m
CONFIG_IP_NF_FILTER=m
CONFIG_IP_NF_TARGET_REJECT=m
CONFIG_IP_NF_TARGET_SYNPROXY=m
CONFIG_IP_NF_TARGET_ULOG=m
CONFIG_NF_NAT_IPV4=m
CONFIG_IP_NF_TARGET_MASQUERADE=m
CONFIG_IP_NF_TARGET_NETMAP=m
CONFIG_IP_NF_TARGET_REDIRECT=m
CONFIG_NF_NAT_SNMP_BASIC=m
CONFIG_NF_NAT_PROTO_GRE=m
CONFIG_NF_NAT_PPTP=m
CONFIG_NF_NAT_H323=m
CONFIG_IP_NF_MANGLE=m
CONFIG_IP_NF_TARGET_CLUSTERIP=m
CONFIG_IP_NF_TARGET_ECN=m
CONFIG_IP_NF_TARGET_TTL=m
CONFIG_IP_NF_RAW=m
CONFIG_IP_NF_SECURITY=m
CONFIG_IP_NF_ARPTABLES=m
CONFIG_IP_NF_ARPFILTER=m
CONFIG_IP_NF_ARP_MANGLE=m
```

(2) 在宿主机中,可以通过"apt-get install"命令安装必要的软件包:bridge-utils,iptables 和 dnsmasq。其中,bridge-utils 是一个桥接工具,里面包含管理 bridge 的工具 brctl。iptables 是一个对数据包进行检测的访问控制工具。dnsmasq 是用于配置 DNS 和 DHCP 的工具。在宿主机中,查看所需软件包情况的命令如下:

```
#root@kvm-host:~# dpkg –l | grep iptables
ii    iptables                1.4.21-1ubuntu1
amd64           administration tools for packet filtering and NAT
#root@kvm-host:~# dpkg –l | grep bridge-utils
ii    bridge-utils            1.5-6ubuntu2
amd64           Utilities for configuring the Linux Ethernet bridge
#root@kvm-host:~# dpkg –l | grep dnsmasq
ii    dnsmasq-base            2.68-1
amd64           Small caching DNS proxy and DHCP/TFTP server
```

(3) 准备一个为客户机建立 NAT 所使用的 qemu-ifup-NAT 脚本。这个脚本的主要功能是:建立 bridge,设置 bridge 的内网 IP,并且将客户机的网络接口与之绑定。打开系统中的网络 IP 包转发功能,设置 iptables 的 NAT 规则,最后启动 dnsmasq 作为一个简单的 DHCP 服务器。具体代码如下:

```
#!/bin/bash
# qemu-ifup script for QEMU/KVM with NAT netowrk mode

# set bridge name
BRIDGE=virt0

# Network information
NETWORK=192.168.122.0
NETMASK=255.255.255.0
# GATEWAY for internal guests is the bridge in host
GATEWAY=192.168.122.1
DHCPRANGE=192.168.122.2,192.168.122.254

TFTPROOT=
BOOTP=

#检查 bridge
function check_bridge()
{
    if `brctl show | grep "^$BRIDGE" &> /dev/null`; then
      return 1
    else
```

```
        return 0
    fi
}
#建立 bridge，设置 bridge 的内网 IP(此处为 192.168.122.1)，并且将客户机的网络接口与之绑定。
function create_bridge()
{
    brctl addbr "$BRIDGE"
    brctl stp "$BRIDGE" on
    brctl setfd "$BRIDGE" 0
    ifconfig "$BRIDGE" "$GATEWAY" netmask "$NETMASK" up
}
#打开系统中的网络 IP 包转发功能
function enable_ip_forward()
{
    echo 1 > /proc/sys/net/ipv4/ip_forward
}
#设置 iptables 的 NAT 规则
function add_filter_rules()
{
    iptables -t nat -A POSTROUTING -s "$NETWORK"/"$NETMASK" \
    ! -d  "$NETWORK"/"$NETMASK" -j MASQUERADE
}
#启动 dnsmasq 作为一个简单的 DHCP 服务器。
function start_dnsmasq()
{
    ps -ef | grep "dnsmasq" | grep -v "grep" &> /dev/null
    if [ $? -eq 0 ]; then
        echo "Warning:dnsmasq is already running. No need to run it again."
        return 1
    fi
    dnsmasq \
    --strict-order \
    --except-interface=lo \
    --interface=$BRIDGE \
    --listen-address=$GATEWAY \
    --bind-interfaces \
    --dhcp-range=$DHCPRANGE \
    --conf-file="" \
    --pid-file=/var/run/qemu-dnsmasq-$BRIDGE.pid \
```

```
        --dhcp-leasefile=/var/run/qemu-dnsmasq-$BRIDGE.leases \
        --dhcp-no-override \
        ${TFTPROOT:+"--enable-tftp"} \
        ${TFTPROOT:+"--tftp-root=$TFTPROOT"} \
        ${BOOTP:+"--dhcp-boot=$BOOTP"}
}
function setup_bridge_nat()
{
    check_bridge "$BRIDGE"
    if [ $? -eq 0 ]; then
        create_bridge
      fi
        enable_ip_forward
        add_filter_rules "$BRIDGE"
        start_dnsmasq "$BRIDGE"
}
#   check $1 arg before setup
if [ -n "$1" ]; then
    setup_bridge_nat
    ifconfig "$1" 0.0.0.0 up
    brctl addif "$BRIDGE" "$1"
    exit 0
else
    echo "Error: no interface specified."
    exit 1
  fi
```

(4) 准备一个关闭客户机时调用的网络 qemu-ifdow-NAT 脚本，主要功能是：关闭网络，解除 bridge 绑定，删除 bridge 和 iptables 的 NAT 规则。

```
#!/bin/bash
# qemu-ifdown script for QEMU/KVM with NAT network mode
# set bridge name
BRIDGE="virt0"
if [ -n "$1" ]; then
        echo "Tearing down network bridge for $1" > /tmp/temp-nat.log
        ip link set $1 down
        brctl delif "$BRIDGE" $1
        ip link set "$BRIDGE" down
        brctl delbr "$BRIDGE"
        iptables -t nat -F
```

```
        exit 0
    else
        echo "Error: no interface specified" > /tmp/temp-nat.log
        exit 1
    fi
```

(5) 启动客户机。

`#root@kvm-host:~# qemu-system-x86_64 -drive file=./IMG-HuiSen/ubuntu14.04.img -net nic -net tap,script=/etc/qemu-ifup-NAT,downscript=/etc/qemu-ifdown-NAT`

当启动客户机后，查看宿主机中的配置信息。

`#root@kvm-host:~# brctl show`

```
bridge name    bridge id             STP enabled      interfaces
br0            8000.000000000000     no
virt0          8000.1ea0ce0d8ce3     yes              tap0
```

由上可见，这里有一个 NAT 方式的桥 virbr0，它没有绑定任何物理网络接口，只绑定了 tap0 这个客户机使用的虚拟网络接口。此时，可以用"iptables"命令来列出所有的规则，也可以查看 virt0 的 IP，如下所示：

`#root@kvm-host:~# ifconfig virt0`

```
virt0     Link encap:Ethernet    HWaddr 1e:a0:ce:0d:8c:e3
          inet addr:192.168.122.1   Bcast:192.168.122.255   Mask:255.255.255.0
          inet6 addr: fe80::1030:97ff:fe0d:f361/64 Scope:Link
          UP BROADCAST RUNNING MULTICAST   MTU:1500   Metric:1
          RX packets:433 errors:0 dropped:0 overruns:0 frame:0
          TX packets:78 errors:0 dropped:0 overruns:0 carrier:0
          collisions:0 txqueuelen:0
          RX bytes:73282 (73.2 KB)   TX bytes:11072 (11.0 KB)
```

(6) 在客户机中，通过 DHCP 动态获得 IP。默认网关是宿主机中 bridge 的 IP(192.168.122.1)。此刻，客户机已经可以连接到外部网络，但是外部网络(宿主机除外)无法直接连接到客户机中。

(7) 为了让外部网络也能访问客户机，可以在宿主机中添加 iptables 规则来进行端口映射。

4.6　图形显示配置

在客户机中，图形显示是非常重要的功能。本节主要介绍 KVM 中图形界面显示的相关配置。显示选项用于定义客户机启动后的显示接口的相关类型及属性等，常见的选项如下。

-nographic：默认情况下，QEMU 使用 SDL 来显示 VGA 输出，而此选项用于禁止图形接口。此时，QEMU 类似一个简单的命令行程序，其仿真串口设备将被重定向到控制台。

-curses：禁止图形接口，并使用 curses/ncurses 作为交互接口。

-alt-grab：使用 Ctrl + Alt + Shift 组合键抢占和释放鼠标。

-ctrl-grab：使用右 Ctrl 键抢占和释放鼠标。

-sdl：启用 SDL。

-spice option[, option[, ...]]：启用 spice 远程桌面协议；其中有许多子选项，具体请参照 qemu-kvm 的手册。

-vga type：指定要仿真的 VGA 接口类型，常见类型有以下几个。

cirrus：Cirrus Logic GD5446 显示卡；

std：带有 Bochs VBE 扩展的标准 VGA 显示卡；

vmware：VMWare SVGA-II 兼容的显示适配器；

qxl：QXL 半虚拟化显示卡；与 VGA 兼容，在 Guest 中安装 qxl 驱动后能以很好的方式工作，在使用 spice 协议时推荐使用此类型；

none：禁用 VGA 卡。

-vnc display[, option[, option[, ...]]]：默认情况下，QEMU 使用 SDL 显示 VGA 输出。使用 -vnc 选项，可以让 qemu 监听在 VNC 上，并将 VGA 输出重定向至 VNC 会话。使用此选项时，必须使用 -k 选项指定键盘的布局类型。其中有许多子选项，具体请参照 QEMU 的手册。

4.6.1 SDL 的使用

SDL 是 Simple DirectMedia Layer(简易直控媒体层)的缩写，是为多媒体编程而设计的一个跨平台的多媒体库。它通过 OpenGL 和 2D 视频帧缓冲，提供了针对音频、视频、键盘、鼠标、控制杆及 3D 硬件的低级别的访问接口，具有优越的跨平台特性，支持以下操作系统：Linux、Windows、Windows CE、BeOS、MacOS、Mac OS X、FreeBSD、NetBSD、OpenBSD、BSD/OS、Solaris、IRIX 以及 QNX。同时代码中包含了针对 AmigaOS、Dreamcast、Atari、AIX、OSF/Tru64、RISC OS、SymbianOS 和 OS/2 的支持，但这些并不是正式的支持。它支持多种程序语言，SDL 是用 C 语言编写的，但可以原生地配合 C++ 使用，并且它拥有一些其他程序语言的绑定，包括：Ada、C#、D、Eiffel、Erlang、Euphoria、Go、Guile、Haskell、Java、Lisp、Lua、ML、Objective C、Pascal、Perl、PHP、Pike、Pliant、Python、Ruby、Smalltalk 以及 Tcl。

在 QEMU 模拟器中，图形显示默认的就是使用 SDL。要使用它，就得确保在编译时，安装了 SDL 软件包,配置对 SDL 的支持,然后才能编译 SDL 功能到 QEMU 的命令行工具，从而启动客户机时使用 SDL 的功能。如果未安装 SDL 软件包，则在运行 QEMU 命令行启动客户机时会有产生"无法加载 libSDL"的错误。

例 27 运行 configure 程序，查看 SDL 的支持情况。

```
#root@kvm-host:~#./configure
```

SDL support yes

此时表明，SDL 功能将会被编译进去。

例 28 如果不想将 SDL 的支持编译进去，在配置 QEMU 时加上相应的参数。

```
#root@kvm-host:~#./configure --disable-sdl
```

SDL support no

SDL 的功能很好用，但它有一个局限性，就是在创建客户机并以 SDL 方式显示时，会直接弹出一个窗口，所以 SDL 方式只能在图形界面中使用。

例 29 如果在非图形界面中(如 ssh 连接到宿主机中)，使用 SDL 时会出现错误信息。

```
#root@kvm-host:~# qemu-system-x86_64 -drive file=./IMG-HuiSen/ubuntu14.04.img

Could not initialize SDL(No available video device) - exiting
```

由上可见，运行 QEMU 命令行启动客户机时会有产生 "Could not initialize SDL" 的错误。

QEMU 命令启动客户机时，采用 SDL 方式，如果将鼠标放入到客户机中进行操作，鼠标会被完全抢占，所以此时在宿主机中不能使用鼠标进行任何操作。默认情况下，QEMU 使用 Ctrl + Alt 组合键来实现鼠标在客户机与宿主机中的切换。

使用 SDL 方式来启动客户机时，弹出的 QEMU 窗口右上角有最小化、最大化(还原)和关闭窗口功能。如果点击了 "关闭"，QEMU 窗口将被关闭，客户机也会被直接退出。为了避免这种情况的发生，可以加上 "-no-quit" 参数，这样 QEMU 窗口中的 "关闭" 功能将会失效，而其他功能正常。

4.6.2 VNC 的使用

VNC(Virtual Network Computing)是一种图形化的桌面操作系统，它使用 RFB(Remote Frame Buffer)协议来远程操作另外一台计算机操作系统。由 AT&T 实验室所开发的可操控远程的计算机的 VNC 软件主要由两个部分组成：VNC server 和 VNC viewer。

用户需先将 VNC server 安装在被控端的计算机上后，才能在主控端执行 VNC viewer 控制被控端。VNC server 与 VNC viewer 支持多种操作系统，如 Unix 系列(Unix、Linux、Solaris 等)，Windows 及 MacOS，因此可将 VNC server 及 VNC viewer 分别安装在不同的操作系统中进行控制。如果目前操作的主控端计算机没有安装 VNC viewer，也可以通过一般的网页浏览器来控制被控端。

整个 VNC 运行的工作流程如下：

(1) VNC 客户端通过浏览器或 VNC viewer 连接至 VNC server。

(2) VNC server 传送一对话窗口至客户端，要求输入连接密码，以及存取 VNC server 的显示装置。

(3) 在客户端输入联机密码后，VNC server 验证客户端是否具有存取权限。

(4) 若是客户端通过 VNC server 的验证，客户端即要求 VNC server 显示桌面环境。

(5) VNC server 通过 X Protocol 要求 X server 将画面显示控制权交由 VNC server 负责。

(6) VNC server 将来由 VNC server 的桌面环境利用 VNC 通信协议送至客户端，并且允许客户端控制 VNC server 的桌面环境及输入装置。

下面，将分别讲述 VNC 在宿主机和客户机中的使用。

1. 在宿主机中 VNC 的使用

下面将用一个例子来解释说明如何在宿主机中配置 VNC，使用户能够通过 VNC 客户端远程连接到 Ubuntu 系统的图形界面。

准备一个 Ubuntu 系统的宿主机 A，一个用来远程连接宿主机的 Windows 系统 B。检查 Ubuntu 系统是否安装 VNC server，在终端窗口输入命令：

　　#root@kvm-host:~#rpm -q vnc4server

如果返回信息如下：

　　package vnc4server is not installed，说明 VNC Server 没有安装。运行以下命令进行安装 VNC Server：

　　#root@kvm-host:~#apt-get install vnc4server

步骤一：在 Ubuntu 上启动 VNC server，并通过如下命令设置启动端口为 5900+1=5901 的 VNC 远程桌面服务器。如果第一次启动 VNC server，系统会提示设置连接时需要的密码，根据需要设置即可。

　　#root@kvm-host:~# vncserver :1

　　You will require a password to access your desktops.

　　Password:

　　//提示输入密码，这个密码是远程登录时所需要输入的密码，假设密码设置为

　　// "password01"。

　　Verify：

　　New 'xjy-HP-Pro-3330-MT:1 (root)' desktop is xjy-HP-Pro-3330-MT:1

　　Creating default startup script /root/.vnc/xstartup

　　Starting applications specified in /root/.vnc/xstartup

　　Log file is /root/.vnc/xjy-HP-Pro-3330-MT:1.log

步骤二：在 Windows 系统 B 上，安装 VNC Viewer 客户端软件。

步骤三：在 B 系统上使用 VNC 客户端软件远程连接宿主机服务器，基本格式为 "IP(hostname): PORT"，如图 4-13 所示，在 Windows 系统中输入要访问的 IP 地址 (192.169.10.239) + 端口号或者主机名 + 端口号 1，点击 OK 即可连接。

图 4-13　VNC 客户端软件远程连接宿主机服务器的界面 1

如图 4-14 所示，此时输入在第三步中设置的远程登录的密码 "password01"，点击 OK，即可远程连接到 Ubuntu 系统上。

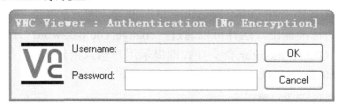

图 4-14　VNC 客户端软件远程连接宿主机服务器的界面 2

2. 在客户机中 VNC 的使用

在 QEMU 命令行中，默认情况下 QEMU 会使用 SDL 显示 VGA 输出；但使用-vnc 选

项，可以让 QEMU 监听在 VNC 上，并将 VGA 输出重定向至 VNC 会话。在 QEMU 命令行的 VNC 参数中，简要介绍以下几个主要的参数。

（1）host:N：表示允许从 host 主机的 N 号显示窗口来建立 TCP 连接到客户机上。host 表示主机名或者 IP 地址，它是可选的。如果 host 值为空，表示 Server 端可以接受来自任何主机的连接。如果设置 host 的值，就可以确保只让某一台主机向服务器发起 VNC 连接请求。一般情况下，QEMU 会根据数字 N 建立对应的 TCP 端口，端口号为 5900 + N。

（2）None：表示 VNC 已经被初始化，但是并不在开始时启动。当真正需要启动时，可以通过 QEMU monitor 中的"change"命令来启动。

（3）Password：表示客户端连接时需要采取基于密码的认证机制。但这里只声明它使用密码，具体密码值需要通过 QEMU monitor 中的"change"命令来设置。

下面通过几个例子来演示一下 VNC 图像显示主要参数的基本用法。首先，准备一个 Ubuntu 系统的宿主机 A，一个 Ubuntu 系统的客户机 B。

例 30　在启动客户机时，带有一个不需要设置密码，对任何主机都可以连接的 VNC 服务。在宿主机系统中，通过如下命令来启动服务。

```
#root@kvm-host:~# qemu-system-x86_64 -drive file=./IMG-HuiSen/ubuntu14.04.img -vnc :3
```

在宿主机系统中，通过如下两个命令的任意一个来连接到客户机。

```
#root@kvm-host:~# vncviewer localhost:3
#root@kvm-host:~# vncviewer :3


Connected to RFB server, using protocol version 3.8
No authentication needed
Authentication successful
Desktop name "QEMU"
<!--省略其余内容-->
```

在客户机 B 系统中，可以通过如下命令连接到 A 主机中对客户机开启的 VNC 服务。

```
#root@kvm-guest:~# vncviewer  主机名或者 IP 地址:3
```

例 31　在启动客户机时，带有一个需要密码，并且仅能通过本机连接的 VNC 服务。在宿主机系统中，通过如下命令来启动服务。

```
#root@kvm-host:~#   qemu-system-x86_64   -drive   file=./IMG-HuiSen/ubuntu14.04.img   -vnc localhost:3 -monitor stdio
```

由于 VNC 的密码需要在 QEMU monitor 里面设置，因此加了参数"-monitor stdio"使 monitor 指向目前的标准输出，这样可以通过"change vnc password"命令来设置密码。如果不加具体密码，QEMU monitor 会交互式地提示用户输入密码。

```
QEMU 2.0.0 monitor - type 'help' for more information
(qemu) change vnc password
Password: *********
(qemu)
```

用户也可以直接通过命令来设置 VNC 密码。

```
QEMU 2.0.0 monitor - type 'help' for more information
```

(qemu) change vnc password "password1"

(qemu)

在宿主机系统中，通过如下命令来连接到客户机。

#root@kvm-host:~# vncviewer :3

Connected to RFB server, using protocol version 3.8

Performing standard VNC authentication

此时，如果其他电脑想要连接客户机，则无法正确连接。因为 QEMU 在启动时，设置了主机名。

例 32 启动客户机时，虽然初始化了 VNC，但是并不在开始时启动它。当真正需要启动时，可以通过 QEMU monitor 中的"change"命令来启动，并修改 VNC 参数。具体操作如下：

#root@kvm-host:~# qemu-system-x86_64 -drive file=./IMG-HuiSen/ubuntu14.04.img -vnc none -monitor stdio

QEMU 2.0.0 monitor - type 'help' for more information

(qemu) change vnc :3

(qemu) change vnc password "password1"

(qemu)

本 章 小 结

本章主要介绍了 QEMU 中关于处理器、内存、磁盘、网络和图形显示等核心模块的基本原理和详细配置，同时还介绍了一些命令行工具(例如，ps、brctl 等)和几个配置脚本(建立网络连接的 qemu-ifup 和中断网络连接的 qemu-ifdown 等)。希望通过本章的学习，读者可以根据需求自己动手创建一个客户机，并成功配置核心模块。从下一章开始，将会对 KVM 中重要的内核模块进行逐步解析，使得读者对 KVM 内核有进一步的了解。

第五章　KVM 内核模块解析

KVM(Kernel-based Virtual Machine，基于内核的虚拟机)，是一种用于 Linux 内核中的虚拟化基础设施，可以将 Linux 内核转化为一个 Hypervisor。KVM 在 2007 年 2 月被导入 Linux 2.6.20 核心中，以可加载内核模块的方式被移植到 FreeBSD 和 illumos 上。

KVM 作为开源虚拟化软件，与其他虚拟化技术相比有其独有的特性。

(1) 它是基于 x86 架构且硬件支持虚拟化技术(如 Intel VT 或 AMD-V)的 Linux 全虚拟化解决方案。

(2) KVM 包含一个为处理器提供底层虚拟化的可加载的核心模块 kvm.ko(kvm-intel.ko 或 kvm-amd.ko)。

(3) KVM 需要一个经过修改的 QEMU 软件作为虚拟机的上层控制和应用界面。

(4) KVM 能在不改变 Linux 或 Windows 镜像的情况下同时运行多个虚拟机，即多个虚拟机使用同一镜像，并为每一个虚拟机配置个性化硬件环境(网卡、磁盘、图形适配器、处理器等)。

5.1　KVM 内核模块组成概述

5.1.1　Makefile 文件分析

KVM 内核模块从 Linux 2.6.20 版本开始已经被收入到内核树中，在源码中涉及 KVM 的主要有两个目录，virt 和 arch/x86/kvm。virt 目录主要包含内核中非硬件体系架构相关的部分如 IOMMU、中断控制等，其他的主要部分都包含在后者。因为 KVM 除了支持 x86 架构以外，还支持 PowerPC、MIPS、ARM 等架构。

按照分析 Linux Kernel 代码的惯例，Makefile 和 Kconfig 是理解源代码结构最好的地图。打开 Kconfig 可以看到，里面提供了三个主要的菜单选项：KVM、KVM-INTEL、KVM-AMD，看到这三个就应该很熟悉了，KVM 选项是 KVM 的开关，而 KVM-XXXX 则是对应目前两大家 CPU 厂商的牌子。

在 KVM 的 Makefile 文件中，可以查看到 KVM 的代码文件组织结构。KVM 的 Makefile 文件列举如下：

```
EXTRA_CFLAGS += -Ivirt/kvm -Iarch/x86/kvm
CFLAGS_x86.o := -I.
CFLAGS_svm.o := -I.
CFLAGS_vmx.o := -I.
kvm-y       += $(addprefix ../../../virt/kvm/, kvm_main.o ioapic.o \
```

```
        coalesced_mmio.o irq_comm.o eventfd.o \
        assigned-dev.o)
kvm-$(CONFIG_IOMMU_API) += $(addprefix ../../../virt/kvm/, iommu.o)
kvm-y    += x86.o mmu.o emulate.o i8259.o irq.o lapic.o \
        i8254.o timer.o
kvm-intel-y    += vmx.o
kvm-amd-y      += svm.o
obj-$(CONFIG_KVM)    += kvm.o
obj-$(CONFIG_KVM_INTEL) += kvm-intel.o
obj-$(CONFIG_KVM_AMD)   += kvm-amd.o
```

内核代码中$(CONFIG_KVM)等部分是预编译条件,如果在 Linux 内核的配置中配置了该选项,则$CONFIG_KVM 会通过预编译替换成 y,实际上 obj-$(CONFIG_KVM) += kvm.o就成为了 obj-y+= kvm.o。

在最后三行,可以看到该 Makefile 主要由三个模块生成:kvm.ko、kvm-intel.ko 和 kvm-amd.ko,前者是 KVM 的核心模块,后两者是 KVM 的平台架构独立模块。

在 KVM 的核心模块中,包含了 IOMMU(Input/Output Memory Management Unit)、中断控制、kvm arch、设备管理等部分的代码,这些代码形成了虚拟机管理的核心功能。从这些功能中可以看到,KVM 并没有尝试实现一个完整的 PC 系统虚拟化,而是将最重要的 CPU 虚拟化、I/O 虚拟化和内存虚拟化部分针对硬件辅助的能力进行了有效的抽象和对接,并且暴露出 API 供上层应用使用。

5.1.2　KVM 的内核源码结构

想要理解 KVM 的内核源码结构,首先要了解 KVM 的基本工作原理:用户模式的 QEMU 利用接口 libkvm 通过 ioctl 系统调用进入内核模式。KVM Driver 为虚拟机创建虚拟内存和虚拟 CPU 后执行 VMLAUNCH 指令进入客户模式,装载 Guest OS 且执行。如果 Guest OS 发生外部中断或者影子页表缺页之类的情况,暂停 Guest OS 的执行,退出客户模式进行一些必要的处理。处理完毕后重新进入客户模式,执行客户代码。如果发生 I/O 事件或者信号队列中有信号到达,就会进入用户模式处理。KVM 采用全虚拟化技术,客户机不用修改就可以运行,KVM 工作原理图如图 5-1 所示。

KVM 内核模块的实现主要包括三大部分:虚拟机的调度执行、内存管理、设备管理。以下分别对这三个部分的工作原理进行剖析。

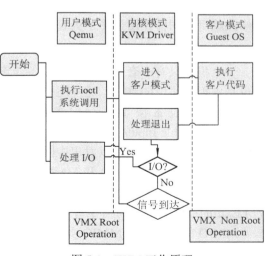

图 5-1　KVM 工作原理

1. KVM 中的 Guest OS 的调度执行

VMM 调度 Guest OS 执行时,QEMU 通过 ioctl 系统调用进入内核模式,在 KVM Driver 中通过 get_cpu 获得当前物理 CPU 的引用。之后将 Guest OS 状态从 VMCS(Virtual Machine Control Structure)中读出,并装入物理 CPU 中。执行 VMLAUNCH 指令使得物理处理器进入非内核态,然后运行客户代码。

当 Guest OS 执行一些特权指令或者外部事件时,比如 I/O 访问、对控制寄存器的操作、MSR(Microsoft Reserved Partition)的读写数据包到达等,都会导致物理 CPU 发生 VM Exit,停止运行 Guest OS 代码。将 Guest OS 保存到 VMCS 中,Host 状态装入物理处理器中,处理器进入内核态,KVM 取得控制权,通过读取 VMCS 中 VM_EXIT_REASON 字段得到引起 VM Exit 的原因,从而调用 kvm_exit_handler 处理函数。如果由于 I/O 获得信号到达,则退出到用户模式的 QEMU 进行处理。处理完毕后,重新进入客户模式运行虚拟 CPU。如果是因为外部中断,则在 libkvm 中做一些必要的处理,重新进入客户模式执行客户代码。

2. KVM 中的内存管理

KVM 使用影子页表实现客户物理地址到主机物理地址的转换。初始为空,随着虚拟页访问实效的增加,影子页表被逐渐建立起来,并随着客户机页表的更新而更新。在 KVM 中提供了一个哈希列表和哈希函数,以客户机页表项中的虚拟页号和该页表项所在页表的级别作为键值,通过该键值查询,如不为空,则表示该对应的影子页表项中的物理页号已经存在并且所指向的影子页表已经生成。如为空,则需新生成一张影子页表,KVM 将获取指向该影子页表的主机物理页号填充到相应的影子页表项的内容中,同时以客户机页表虚拟页号和表所在的级别生成键值,在代表该键值的哈希表中填入主机物理页号,以备查询。但是一旦 Guest OS 中出现进程切换,就会把整个影子页表全部删除重建,而刚被删掉的页表可能很快又被客户机使用,如果只更新相应的影子页表的表项,旧的影子页表就可以重用。因此在 KVM 中采用将影子页表中对应主机物理页的客户虚拟页写保护并且维护一张影子页表的逆向映射表,即从主机物理地址到客户虚拟地址之间的转换表,这样 VM 对页表或页目录的修改就可以触发一个缺页异常,从而被 KVM 捕获,对客户页表或页目录项的修改就可以同样作用于影子页表,通过这种方式可使影子页表与客户机页表保持同步。

3. KVM 的设备管理

一个机器只有一套 I/O 地址和设备。设备的管理和访问是操作系统中的突出问题,同样也是虚拟机实现的难题,另外还要提供虚拟设备供各个 VM 使用。在 KVM 中通过移植 QEMU 中的设备模型进行设备的管理和访问。操作系统中,软件使用可编程 I/O(Programmable Input/Output,PIO)和内存映射 I/O(Memory Mapping Input/Output,MMIO)与硬件交互。而且硬件可以发出中断请求,由操作系统处理。在有虚拟机的情况下,虚拟机必须要捕获并且模拟 PIO 和 MMIO 的请求,模拟虚拟硬件中断。

PIO 的捕获:由硬件直接提供。当 VM 发出 PIO 指令时,导致 VM Exit 然后硬件会将 VM Exit 的原因及对应的指令写入 VMCS 控制结构中,这样 KVM 就会模拟 PIO 指令。

MMIO 的捕获:对 MMIO 页的访问导致缺页异常,被 KVM 捕获,通过 x86 模拟器模拟执行 MMIO 指令。KVM 中的 I/O 虚拟化都是通过用户空间的 QEMU 实现的,而所有 PIO 和 MMIO 的访问也都是被转发到 QEMU 的,QEMU 模拟硬件设备提供给虚拟机使用。KVM

通过异步通知机制以及 I/O 指令的模拟来完成设备访问，这些通知包括：虚拟中断请求，信号驱动机制以及 VM 间的通信。KVM 的 I/O 模型如图 5-2 所示。

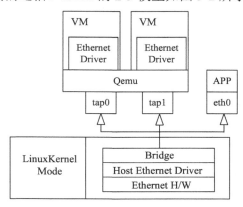

图 5-2　KVM I/O 模型

下面以虚拟机接收数据包为例来说明虚拟机和设备的交互。

(1) 当数据包到达主机的物理网卡后，调用物理网卡的驱动程序，在其中利用 Linux 内核中的软件网桥，实现数据的转发。

(2) 在软件网桥这一层，会判断数据包是发往哪个设备的，同时调用网桥的发送函数，向对应的端口发送数据包。

(3) 若数据包是发往虚拟机的，则要通过 tap 设备进行转发。tap 设备由两部分组成，网络设备和字符设备。网络设备负责接收和发送数据包，字符设备负责将数据包往内核空间和用户空间进行转发。tap 网络设备收到数据包后，将 tap 设备文件符置位，同时向正在运行 VM 的进程发出 I/O 可用信号，引起 VM Exit，停止 VM 运行，进入内核态。KVM 根据 KVM_EXIT_REASON 判断原因，模拟 I/O 指令的执行，将中断注入 VM 的中断向量表中。

(4) 返回用户模式的 QEMU 中，执行设备模型。返回到 KVM main_loop 中，执行 KVM main_loop_wait，之后进入 main_loop_wait 中，在这个函数里收集对应设备的设备文件描述符的状态，此时 tap 设备文件描述符的状态同样被收集到 fd_set。

(5) KVM 中的 main_loop 不停地循环，通过 select 系统调用判断哪个文件描述符的状态发生变化，相应地调用对应的处理函数。对于 tap 来说，就会通过 QEMU 中的 send_packet 将数据发往 RTL8139，执行 do_receiver 函数，在这个函数中完成相当于硬件 RTL8139 网卡的逻辑操作。KVM 通过模拟 I/O 指令操作虚拟 RTL8139 将数据拷贝到用户地址空间，放在相应的 I/O 地址。用户模式处理完毕后返回内核模式，而后进入客户模式，VM 被再次执行，继续收发数据包。

5.2　KVM API

5.2.1　KVM API 简介

KVM API 是一组 ioctls 指令的集合，主要功能是为了控制虚拟机的整个生命周期。KVM

所提供的用户空间 API 从功能上划分，可以分为三种类型，如表 5-1 所示。

表 5-1　KVM API 的三种类型

API 类型	功 能 说 明
System 指令	主要是针对虚拟机的全局性参数进行查询和设置以及用于虚拟机创建等操作的控制
VM 指令	主要是针对可以影响具体 VM 虚拟机的属性进行查询和设置，比如内存大小设置、创建 VCPU 等。注意：VM 指令不是进程安全的
vCPU 指令	主要针对具体的 vCPU 进行参数设置，比如 MRU 寄存器读写、中断控制等

KVM API 是围绕着一个字符设备进行访问的。这个字符设备在 Linux 系统的 dev 目录下，设备名是 kvm，在 dev 目录下敲入 ls –l kvm 可以看到关于 kvm 字符设备的一些详细信息，如图 5-3 所示。

```
root@ubuntu:/dev# ls -l kvm
crw------- 1 root root 10, 232 Jan 26 02:37 kvm
```

图 5-3　KVM API 访问接口

/dev/kvm 作为 Linux 系统的一个标准字符型设备，可以使用常见的系统调用如 open、close、ioctl 等指令进行操作。因为/dev/kvm 字符设备的实现函数中，没有包含 write、read 等操作，所以对 kvm 字符设备的所有操作都是通过 ioctl 指令发送对应的控制指令字来实现的。其中 ioctl 函数是设备驱动程序中对设备的 I/O 通道进行管理的函数。所谓对 I/O 通道进行管理，就是对设备的一些特性进行控制。

一般情况下，用户态程序对 KVM API 的操作是从打开 kvm 设备文件开始的，通过调用 open 函数会获得针对 kvm 模块的一个句柄，这个句柄其实是文件描述符。在系统调用 ioctl 执行的时候，文件描述符指定当前设备为/dev/kvm。ioctl 配合特定的控制命令告诉 kvm 字符设备进行特定的操作，比如，KVM_CREATE_VM 指令字表示创建一个虚拟机同时会返回此虚拟机对应的 fd 文件描述符，利用此 fd 文件描述符可以执行 VM 指令，对具体的虚拟机进行控制。例如 KVM_CREATE_VCPU 指令字表示创建一个虚拟 CPU 并且返回此 vCPU 对应的 fd 文件描述符。而针对 vCPU 的文件描述符来说，又可以执行 vCPU 指令，设置具体 vCPU 的各项参数。

5.2.2　KVM API 中的结构体

用户空间的程序与 KVM 的交互中关于 KVM Hypervisor 和 Guest OS 的查询与管理，是通过使用 ioctl 函数与一个特殊的设备/dev/kvm 之间的交互来实现的。KVM API 就是一些可以用于控制虚拟机各个方面的 ioctl 的集合。用户空间的程序可以通过 KVM API 获得 KVM 的版本信息、创建虚拟机、创建 VCPU、查询 KVM 的特性支持和性能容量，而 KVM API 是通过符合 Linux 标准的一系列结构体进行支撑，主要是 kvm_device_fops、kvm_vm_fops、kvm_vcpu_fops，分别对应字符型设备、VM 文件描述符和 vCPU 文件描述符的三种操作，结构体都是标准 file_operations 结构体。

结构体 file_operations 在头文件 linux/fs.h 中定义，用来存储驱动内核模块提供的对设备进行各种操作的函数指针。该结构体的每个域都对应着驱动内核模块用来处理某个被请求的事务的函数地址，file_operations 结构体的定义代码如下：

```
struct file_operations {
    struct module *owner;
    loff_t (*llseek) (struct file *, loff_t, int);
    ssize_t (*read) (struct file *, char __user *, size_t, loff_t *);
    ssize_t (*write) (struct file *, const char __user *, size_t, loff_t *);
    ssize_t (*aio_read) (struct kiocb *, const struct iovec *, unsigned long, loff_t);
    ssize_t (*aio_write) (struct kiocb *, const struct iovec *, unsigned long, loff_t);
    int (*iterate) (struct file *, struct dir_context *);
    unsigned int (*poll) (struct file *, struct poll_table_struct *);
    long (*unlocked_ioctl) (struct file *, unsigned int, unsigned long);
    long (*compat_ioctl) (struct file *, unsigned int, unsigned long);
    int (*mmap) (struct file *, struct vm_area_struct *);
    int (*open) (struct inode *, struct file *);
    int (*flush) (struct file *, fl_owner_t id);
    int (*release) (struct inode *, struct file *);
    int (*fsync) (struct file *, loff_t, loff_t, int datasync);
    int (*aio_fsync) (struct kiocb *, int datasync);
    int (*fasync) (int, struct file *, int);
    int (*lock) (struct file *, int, struct file_lock *);
    ssize_t (*sendpage) (struct file *, struct page *, int, size_t, loff_t *, int);
    unsigned long (*get_unmapped_area)(struct file *, unsigned long, unsigned long, unsigned long, unsigned long);
    int (*check_flags)(int);
    int (*flock) (struct file *, int, struct file_lock *);
    ssize_t (*splice_write)(struct pipe_inode_info *, struct file *, loff_t *, size_t, unsigned int);
    ssize_t (*splice_read)(struct file *, loff_t *, struct pipe_inode_info *, size_t, unsigned int);
    int (*setlease)(struct file *, long , struct file_lock **);
    long (*fallocate)(struct file *file, int mode, loff_t offset, loff_t len);
    int (*show_fdinfo)(struct seq_file *m, struct file *f);
};
```

KVM 提供的接口中，总的接口是 /dev 目录下的 kvm 设备文件。该接口提供了 KVM 最基本的功能，如查询 API 版本、创建虚拟机等，对应的设备文件 fop 结构为 kvm_device_fops，其定义在 virt/kvm/kvm_main.c 中，代码如下所示：

```
static const struct file_operations kvm_device_fops = {
    .unlocked_ioctl = kvm_device_ioctl,
#ifdef CONFIG_COMPAT
    .ioctl = kvm_device_ioctl,
```

```
#endif
        .release = kvm_device_release,
};
```

kvm_device_fops 为一个标准的 file_operations 结构体，但是只包含了 ioctl 函数，read、open、write 等常见的系统调用均采用默认实现。因此，就只能在用户态通过 ioctl 函数进行操作。

KVM 在创建虚拟机的过程中，首先通过上述接口创建一个 VM，调用函数 kvm_dev_ioctl_create_vm，代码实现在 virt/kvm/kvm_main.c 中，函数 kvm_dev_ioctl_create_vm 的核心代码如下所示：

```
static int kvm_dev_ioctl_create_vm(unsigned long type)
{
…
        kvm = kvm_create_vm(type);
…
        r = kvm_coalesced_mmio_init(kvm);
…
};
```

在调用了 kvm_create_vm 之后，创建了一个匿名 inode，对应的 fop 为 kvm_vm_fops 的结构体。在 QEMU 中，则是通过 ioctl 调用/dev/kvm 的接口，返回该 inode 的文件描述符，之后对该 VM 的操作全部通过该文件描述符进行，对应的 fop 结构定义在 virt/kvm/kvm_main.c 中，代码如下所示：

```
static struct file_operations kvm_vm_fops = {
        .release = kvm_vm_release,
        .unlocked_ioctl = kvm_vm_ioctl,
#ifdef CONFIG_COMPAT
        .compat_ioctl = kvm_vm_compat_ioctl,
#endif
        .llseek= noop_llseek,
};
```

创建完 VM，对于虚拟机的每个 vCPU，QEMU 都会为其创建一个线程，在其中调用 kvm_vm_ioctl 中的 KVM_CREATE_VCPU 操作来创建 vCPU，该操作通过调用 kvm_vm_ioctl => kvm_vm_ioctl_create_vcpu => create_vcpu_fd 创建一个名为 "kvm-vcpu" 的匿名 inode 并返回其描述符。之后对每个 vCPU 的操作都通过该文件描述符进行的，该匿名 inode 的 fop 定义在 virt/kvm/kvm_main 中，代码如下所示：

```
static struct file_operations kvm_vcpu_fops = {
        .release = kvm_vcpu_release,
        .unlocked_ioctl = kvm_vcpu_ioctl,
#ifdef CONFIG_COMPAT
        .compat_ioctl = kvm_vcpu_compat_ioctl,
```

```
#endif
        .mmap = kvm_vcpu_mmap,
        .llseek= noop_llseek,
};
```

5.2.3　System ioctl 调用

ioctl 是设备驱动程序中对设备的 I/O 通道进行管理的函数。所谓对 I/O 通道进行管理，就是对设备的一些特性进行控制，例如串口的传输波特率、电动机的转速，等等。它的调用参数如下：

        int ioctl(int fd, ind cmd, …);

其中，fd 是用户程序打开设备时使用 open 函数返回的文件标示符，cmd 是用户程序对设备的控制命令，至于后面的省略号，那是一些补充参数，一般最多一个，这个参数的有无和 cmd 的意义相关。

ioctl 函数是文件结构中的一个属性分量，就是说如果你的驱动程序提供了对 ioctl 的支持，用户就可以在用户程序中使用 ioctl 函数来控制设备的 I/O 通道。

KVM API 提供的 sytem ioctl 系统调用是用于控制 KVM 运行环节的参数，包括全局性的参数设置和虚拟机创建等工作，主要的指令字包括：

(1) KVM_CREATE_VM 创建 KVM 虚拟机。

(2) KVM_GET_API_VERSION 查询当前 KVM API 版本。

(3) KVM_GET_MSR_INDEX_LIST 获得 MSR 索引列表。

(4) KVM_CHECK_EXTENSION 检查扩展支持情况。

(5) KVM_GET_VCPU_MMAP_SIZE 运行虚拟机及获得用户态空间共享的一片内存区域的大小。

(6) KVM_CREATE_VM 是其中比较重要的指令字。通过该参数，KVM 将返回虚拟机对应的一个文件描述符，文件描述符指向内核空间中一个新的虚拟机。全新创建的虚拟机没有 vCPU，也没有内存，需要通过后续的 ioctl 指令进行配置。使用 mmap()系统调用，则会直接返回该虚拟机对应的虚拟内存空间，并且内存的偏移量为 0。如果 KVM 支持 KVM_CAP_USER_MEMORY 扩展特性，则应使用其他方法。

(7) KVM_GET_VCPU_MMAP_SIZE 也是其中比较重要的指令字，返回 vCPU mmap 区域的大小。

(8) KVM_RUN ioctl 通过共享的内存区域与用户空间进行通信。

(9) KVM_CHECK_EXTENSION 如果支持的话返回 1，不支持的话返回 0。KVM API 允许应用程序向核心 KVM API 查询扩展。用户空间传递一个扩展标示(一个整数)并且接受这个整数来描述扩展能力。通常情况下 0 表示不支持，1 表示支持。但是一些扩展可能报告附加的信息。

(10) KVM_GET_API_VERSION 返回常量 KVM_API_VERSION(= 12)，此指令字会将 API 版本作为稳定的 KVM API，并且这个版本号的数字不会发生变化。如果通过 KVM_GET_API_VERSION 得到的版本号不是 12，那么应用程序将拒绝运行，如果版本检测通过，所有被描述为 basic 的 ioctls 可以被用户程序所调用。

5.2.4 VM ioctl 调用

VM ioctl 指令实现对虚拟机的控制，大多需要从 KVM_CREATE_VM 中返回的 fd 来进行操作，具体操作包括：配置内存、配置 vCPU、运行虚拟机等，主要指令如下：

(1) KVM_CREATE_VCPU 为虚拟机创建 vCPU。

(2) KVM_RUN 根据 kvm_run 结构体信息，运行 VM 虚拟机。

(3) KVM_CREATE_IRQCHIP 创建虚拟 APIC，且随后创建的 vCPU 都关联到此 APIC。

(4) KVM_IRQ_LINE 对某虚拟 APIC 发出中断信号。

(5) KVM_GET_IRQCHIP 读取 APIC 的中断标志信息。

(6) KVM_SET_IRQCHIP 写入 APIC 的中断标志信息。

(7) KVM_GET_DIRTY_LOG 返回脏内存页的位图。

(8) KVM_CREATE_VCPU 和 KVM_RUN 是 VM ioctl 指令中两种重要的指令字，通过 KVM_CREATE_VCPU 为虚拟机创建 vCPU，并获得对应的 fd 描述符后，可以对其调用 KVM_RUN，以启动该虚拟机(或称为调度 vCPU)。

KVM_CREATE_VCPU 属于 VM ioctl 调用，接收一个 vCPU 标示符(在 x86 架构上的 apic 标示符)，如果成功的话返回 vcpu fd，失败的话返回 −1。

KVM_RUN 指令字虽然没有任何参数，但是在调用 KVM_RUN 启动了虚拟机之后，可以通过 mmap()系统调用函数映射 vCPU 的 fd 所在的内存空间来获得 kvm_run 结构体信息息。该结构体位于内存偏移量 0 中，结束位置在 KVM_GET_VCPU_MMAP_SIZE 指令所返回的大小中。

kvm_run 结构体定义在 include/linux/kvm.h 中，可以通过该结构体了解 KVM 的内部运行状态，其中主要的字段及说明如表 5-2 所示。

表 5-2　kvm_run 结构体字段的说明

字段名	功 能 说 明
request_interrupt_window	向 vCPU 中发出一个中断插入请求，让 vCPU 做好相关的准备工作
ready_for_interrupt_injection	响应 request_interrupt_windows 中的中断请求，当此位有效时，说明可以进行中断
if_flag	中断标识，如果使用了 APIC，则不起作用
hardware_exit_reason	当 vCPU 因为各种不明原因退出时，该字段保存了失败的描述信息(硬件失效)
io	该字段为一个结构体，当 KVM 产生硬件出错的原因是因为 I/O 输出时(KVM_EXIT_IO)，该结构体将保存导致出错的 I/O 请求的数据
mmio	该字段为一个结构体。当 KVM 产生出错的原因是因为内存 I/O 映射导致时(KVM_EXIT_MMIO)，该结构体中将保存导致出错的内存 I/O 映射请求的数据

5.2.5　vCPU ioctl 调用

vCPU ioctl 系统调用主要针对具体的每一个虚拟机的 vCPU 进行配置，包括寄存器读/写、中断设置、内存设置、开关调试、时钟管理等功能，能够精确地对 KVM 的虚拟机进行运行时的配置。

对于一个 VM 的 CPU 来说，寄存器控制是最重要的一个环节，vCPU ioctl 系统调用在寄存器控制方面提供了丰富的指令字，如表 5-3 所示。

表 5-3　vCPU ioctl 指令字(中断和控制类)

指令字	功能说明
KVM_GET_REGS	获取通用寄存器信息
KVM_SET_REGS	设置通用寄存器信息
KVM_GET_SREGS	获取特殊寄存器信息
KVM_SET_SREGS	设置特殊寄存器信息
KVM_GET_MSRS	获取 MSR 寄存器信息
KVM_SET_MSRS	设置 MSR 寄存器信息
KVM_GET_FPU	获取浮点寄存器信息
KVM_SET_FPU	设置浮点寄存器信息
KVM_GET_XSAVE	获取 vCPU 的 xsave 寄存器信息
KVM_SET_XSAVE	设置 vCPU 的 xsave 寄存器信息
KVM_GET_XCRS	获取 vCPU 的 xcr 寄存器信息
KVM_SET_XCRS	设置 vCPU 的 xcr 寄存器信息

vCPU ioctl 指令字中的中断和控制类指令字相当重要，下面将对这些指令进行详细的介绍。

KVM_GET_REGS 属于基础执行指令字，适用于所有的架构，调用的 ioctl 接收结构体 kvm_regs，从 vCPU 中读取通用寄存器。如果执行成功返回 0，失败返回 −1。其中对应的 kvm_regs 结构体代码如下所示：

```
struct kvm_regs {
    /* out (KVM_GET_REGS) / in (KVM_SET_REGS) */
    __u64 rax, rbx, rcx, rdx;
    __u64 rsi, rdi, rsp, rbp;
    __u64 r8, r9, r10, r11;
    __u64 r12, r13, r14, r15;
    __u64 rip, rflags;
};
```

KVM_SET_REGS 属于基础执行指令字，适用于所有体系架构，同样接收结构体 kvm_regs，将通用寄存器的值写入到 vCPU 中，如果执行成功返回 0，否则返回 −1。

KVM_GET_SREGS 属于基础执行指令字，适用于 x86 体系架构，是 vCPU ioctl 指令字的一种，接收一个参数为结构体 kvm_sregs，从 vCPU 中读取特殊寄存器的数值，如果执行成功返回 0，否则返回 -1。

KVM_GET_MSRS 属于基础执行指令字，适用于 x86 体系架构，是 vCPU ioctl 指令字的一种，接收一个参数为结构体 kvm_msrs，从 vCPU 中读取 MSR 寄存器的数值，支持的 MSR 目录可以通过 KVM_GET_MSR_INDEX_LIST 指令查询。如果执行成功返回 0，否则返回 -1。对应的 kvm_msrs 结构体代码如下所示：

```
struct kvm_msrs {
    __u32 nmsrs; /* number of msrs in entries */
    __u32 pad;
    struct kvm_msr_entry entries[0];
};
```

其中，kvm_msr_entry 结构体代码如下所示：

```
struct kvm_msr_entry{
    __u32 index;
    __u32 reserved;
    __u64 data;
};
```

KVM_GET_FPU 属于基础执行指令字，适用于 x86 体系架构，是 vCPU ioctl 指令字的一种，接收一个参数为结构体 kvm_fpu，从 vCPU 中读取浮点数状态，如果执行成功返回 0，否则的话返回 -1，其中对应的 kvm_fpu 结构体代码如下：

```
struct kvm_fpu {
    __u8 fpr[8][16];
    __u16 fcw;
    __u16 fsw;
    __u8 ftwx;   /* in fxsave format */
    __u8 pad1;
    __u16 last_opcode;
    __u64 last_ip;
    __u64 last_dp;
    __u8 xmm[16][16];
    __u32 mxcsr;
    __u32 pad2;
};
```

KVM_GET_XSAVE 指令的 Capability 为 KVM_CAP_XSAVE，适用于 x86 体系架构，属于 vCPU ioctl 指令，接收一个参数为结构体 kvm_xsave，此 ioctl 指令拷贝当前 vCPU 的 xsave 状态到用户空间。如果执行成功返回 0，失败则返回 -1，对应结构体代码如下：

```
struct kvm_xsave {
    __u32 region[1024];
};
```

KVM_GET_XCRS 指令的 Capability 为 KVM_CAP_XSAVE，适用于 x86 体系架构，属于 vCPU ioctl 指令，接收一个参数为结构体 kvm_scrs，此 ioctl 拷贝当前 vCPU 的 xcr 寄存器信息到用户空间中去，如果执行成功返回 0，失败返回 −1。对应结构体代码如下：

```
struct kvm_xcr {
        __u32 xcr;
        __u32 reserved;
        __u64 value;
};
struct kvm_xcrs {
        __u32 nr_xcrs;
        __u32 flags;
        struct kvm_xcr xcrs[KVM_MAX_XCRS];
        __u64 padding[16];
};
```

5.3　KVM 内核模块重要的数据结构

5.3.1　kvm 结构体

KVM 虚拟机通过使用 /dev/kvm 字符设备的 ioctl 的 System 指令 KVM_CREATE_VM 来进行创建。对虚拟机来说，kvm 结构体是关键，一个虚拟机对应一个 kvm 结构体，虚拟机的创建过程实质为 kvm 结构体的创建和初始化过程。

kvm 结构体创建的大致流程如下：

用户态 ioctl(fd,KVM_CREATE_VM,…)---->内核态 kvm_dev_ioctl()
　　kvm_dev_ioctl_create_vm()
　　　kvm_create_vm() //实现虚拟机创建的主要函数
　　　　kvm_arch_alloc_vm() //为 kvm 结构体分配空间
　　　　kvm_arch_init_vm() //初始化 kvm 结构中的架构相关部分，比如中断等
　　　　hardware_enable_all() //开启硬件、架构的相关操作
　　　　　hardware_enable_nolock()
　　　　　　kvm_arch_hardware_enable()
　　　　　　　kvm_x86_ops->hardware_enable()
　　　　kzalloc() //分配 memslots 结构，并初始化为 0
　　　　kvm_init_memslots_id() //初始化内存槽位(slot)的 id 信息
　　　　kvm_eventfd_init() //初始化事件通道
　　　　kvm_init_mmu_notifier() //初始化 mmu 操作的通知链
　　　　list_add(&kvm->vm_list, &vm_list)
　　　//将新创建的虚拟机的 kvm 结构，加入到全局链表 vm_list 中

　　kvm 结构体在 KVM 的系统架构中代表一个具体的虚拟机。当通过 VM_CREATE_KVM 指令字创建一个新的 KVM 虚拟机之后，就会创建一个新的 kvm 结构体对象。

　　kvm 结构体对象中包含了 vCPU、内存、APIC、IRQ、MMU、EVENT 事件管理等信息。该结构体中的信息主要在 KVM 虚拟机内部使用，用于跟踪虚拟机的状态。

　　在定义 kvm 结构体的结构成员的过程中，集成了很多编译开关，这些开关对应了 KVM 体系中的不同功能点。在 KVM 中，连接了如下几个重要的结构体成员，它们对虚拟机的运行有重要的作用，其中包括的重要信息有如下几种：

　　struct kvm_memslots *memslots;

　　KVM 虚拟机所分配到的内存 slot，以数组形式存储这些 slot 的地址信息。

　　struct kvm_vcpu *vcpus[KVM_MAX_VCPUS];

　　KVM 虚拟机中包含的 vCPU 结构体，一个虚拟 CPU 对应一个 vCPU 结构体。

　　struct kvm_io_bus *buses[KVM_NR_BUSES];

　　KVM 虚拟机中的 I/O 总线，一条总线对应一个 kvm_io_bus 结构体，如 ISA 总线、PCI 总线。

　　struct kvm_vm_stat stat;

　　KVM 虚拟机中的页表、MMU 等运行时状态信息。

　　struct kvm_arch arch;

　　KVM 的软件架构方面所需要的一些参数，将在后文 5.4.1 小节初始化流程中详细叙述。

　　kvm 结构体的代码定义在 kvm_host.h 文件中，代码如下所示：

```
struct kvm {
        spinlock_t mmu_lock;
        struct mutex slots_lock;
        struct mm_struct *mm; /* userspace tied to this vm */
        struct kvm_memslots *memslots;
        struct srcu_struct srcu;
#ifdef CONFIG_KVM_APIC_ARCHITECTURE
        u32 bsp_vcpu_id;
#endif
        struct kvm_vcpu *vcpus[KVM_MAX_VCPUS];
        atomic_t online_vcpus;
        int last_boosted_vcpu;
        struct list_head vm_list;
        struct mutex lock;
        struct kvm_io_bus *buses[KVM_NR_BUSES];
#ifdef CONFIG_HAVE_KVM_EVENTFD
        struct {
                spinlock_t        lock;
                struct list_head  items;
                struct list_head  resampler_list;
```

```
        struct mutex        resampler_lock;
    } irqfds;
    struct list_head ioeventfds;
#endif
    struct kvm_vm_stat stat;
    struct kvm_arch arch;
    atomic_t users_count;
#ifdef KVM_COALESCED_MMIO_PAGE_OFFSET
    struct kvm_coalesced_mmio_ring *coalesced_mmio_ring;
    spinlock_t ring_lock;
    struct list_head coalesced_zones;
#endif
    struct mutex irq_lock;
#ifdef CONFIG_HAVE_KVM_IRQCHIP
    /*
     * Update side is protected by irq_lock and,
     * if configured, irqfds.lock.
     */
    struct kvm_irq_routing_table __rcu *irq_routing;
    struct hlist_head mask_notifier_list;
    struct hlist_head irq_ack_notifier_list;
#endif
#if defined(CONFIG_MMU_NOTIFIER)&&defined(KVM_ARCH_WANT_MMU_NOTIFIER)
    struct mmu_notifier mmu_notifier;
    unsigned long mmu_notifier_seq;
    long mmu_notifier_count;
#endif
    long tlbs_dirty;
    struct list_head devices;
};
```

5.3.2 kvm_vcpu 结构体

在用户通过 KVM_CREATE_VCPU 系统调用请求创建 vCPU 之后，KVM 子模块将创建 kvm_vcpu 结构体并进行相应的初始化操作，然后返回对应的 vcpu_fd 描述符。在 KVM 的内部虚拟机调度中，用 kvm_vcpu 和 KVM 中的相关数据进行操作。kvm_vcpu 结构体中的字段较多，其中重要的成员如下：

```
    int vcpu_id;
```
对应 vCPU 的 ID。

struct kvm_run *run;

vCPU 的运行时参数，其中保存了寄存器信息、内存信息、虚拟机状态等各种动态信息。

struct kvm_vcpu_arch arch;

存储有 KVM 虚拟机的运行时参数，如定时器、中断、内存槽等方面的信息。

另外，kvm_vcpu 中还包含了执行 iomem 所需要的数据结构，用于处理 iomem 方面的请求。其中结构体 kvm_run 的代码如下所示：

```
struct kvm_run {
//向 vCPU 注入一个中断，让 vCPU 做好相关准备工作
__u8 request_interrupt_window;
…
//响应 request_interrupt_window 中断请求，当设置时，说明 vCPU 可以接收中断。
__u8 ready_for_interrupt_injection;
__u8 if_flag; //中断标识，如果使用了 APIC，则无效
struct {
        __u64 hardware_exit_reason;
        //当发生 VM-Exit 时，该字段保存了由于硬件原因导致 VM-Exit 的相关信息。
  }hw;
    struct {
#define KVM_EXIT_IO_IN 0
#define KVM_EXIT_IO_OUT 1
            __u8 direction;
            __u8 size; /* bytes */
            __u16 port;
            __u32 count;
            __u64 data_offset; /* relative to kvm_run start */
    } io; //当由于 I/O 操作导致发生 VM-Exit 时，该结构体保存 I/O 相关信息。
    …
  };
```

在 KVM 虚拟化环境中，硬件虚拟化使用 vCPU 描述符来描述虚拟 CPU，vCPU 描述符与 OS 中进程描述符类似，本质是一个结构体 kvm_vcpu，其中包含如下信息：

vCPU 标识信息，如 vCPU 的 ID 号，vCPU 属于哪个 Guest 等。

虚拟寄存器信息，在 VT-x 的环境中，这些信息包含在 VMCS 中。

vCPU 状态信息，表示 vCPU 当前所处的状态(睡眠、运行等)，主要供调度器使用。

额外的寄存器/部件信息，主要指未包含在 VMCS 中的寄存器或 CPU 部件，比如：浮点寄存器和虚拟的 LAPIC 等。

其他信息，是用户对 VMM 进行优化或存储时额外的信息字段，如存放该 vCPU 私有数据的指针。

当 VMM 创建虚拟机时，首先要为虚拟机创建 vCPU，整个虚拟机的运行实际上可以看做是 VMM 调度不同的 vCPU 在运行。

虚拟机的 vCPU 通过 VM_ioctl 指令 KVM_CREATE_VCPU 实现，实质为创建 kvm_vcpu 结构体，并进行相关初始化。其相关创建过程如下所示：

```
kvm_vm_ioctl() //kvm ioctl vm 指令入口
kvm_vm_ioctl_create_vcpu() //为虚拟机创建 vCPU 的 ioctl 调用的入口函数
//创建 vcpu 架构，对于 intel x86 来说，最终调用 vmx_create_vcpu
kvm_arch_vcpu_create()
kvm_arch_vcpu_setup() //设置 vcpu 结构
//为新创建的 vcpu 创建对应的 fd，以便于后续通过该 fd 进行 ioctl 操作
create_vcpu_fd()
//架构相关的善后工作，比如再次调用 vcpu_load，以及 tsc 相关处理
kvm_arch_vcpu_postcreate()
```

结构体 kvm_vcpu 的代码定义在 kvm_host.h 文件中，其代码如下所示：

```
struct kvm_vcpu {
        struct kvm *kvm;
#ifdef CONFIG_PREEMPT_NOTIFIERS
        struct preempt_notifier preempt_notifier;
#endif
        int cpu;
        int vcpu_id;
        int srcu_idx;
        int mode;
        unsigned long requests;
        unsigned long guest_debug;
        struct mutex mutex;
        struct kvm_run *run;
        int fpu_active;
        int guest_fpu_loaded, guest_xcr0_loaded;
        wait_queue_head_t wq;
        struct pid *pid;
        int sigset_active;
        sigset_t sigset;
        struct kvm_vcpu_stat stat;
#ifdef CONFIG_HAS_IOMEM
        int mmio_needed;
        int mmio_read_completed;
        int mmio_is_write;
        int mmio_cur_fragment;
        int mmio_nr_fragments;
        struct kvm_mmio_fragment mmio_fragments[KVM_MAX_MMIO_FRAGMENTS];
```

```
#endif
#ifdef CONFIG_KVM_ASYNC_PF
    struct {
        u32 queued;
        struct list_head queue;
        struct list_head done;
        spinlock_t lock;
    } async_pf;
#endif
#ifdef CONFIG_HAVE_KVM_CPU_RELAX_INTERCEPT
    /*
     * Cpu relax intercept or pause loop exit optimization
     * in_spin_loop: set when a vcpu does a pause loop exit
     *    or cpu relax intercepted.
     * dy_eligible: indicates whether vcpu is eligible for directed yield.
     */
    struct {
        bool in_spin_loop;
        bool dy_eligible;
    } spin_loop;
#endif
    bool preempted;
    struct kvm_vcpu_arch arch;
};
```

5.3.3   kvm_x86_ops 结构体

kvm_x86_ops 结构体中包含了针对具体的 CPU 架构进行虚拟化时的函数指针的调用，其定义在 Linux 内核文件的 arch/x86/include/asm/kvm_host.h 中。该结构体主要包含以下几种类型的操作：

(1) CPU VMM 状态硬件初始化。

(2) vCPU 创建与管理。

(3) 中断管理。

(4) 寄存器管理。

(5) 时钟管理。

kvm_x86_ops 结构体中的所有成员都是函数指针，在 kvm-intel.ko 和 kvm-amd.ko 这两个不同的模块中，针对各自的体系提供了不同的函数。在 KVM 的初始化过程和后续的运行过程中，KVM 子系统的代码将通过该结构体的函数进行实际的硬件操作。

kvm_x86_ops 结构体通过静态初始化后针对 AMD 架构的初始化代码在 svm.c 中，针对

Intel 架构的初始化代码在 vmx.c 中。AMD 架构的 kvm_x86_ops 结构体部分代码如下所示：

```
static struct kvm_x86_ops svm_x86_ops = {
        .cpu_has_kvm_support = has_svm,
        .disabled_by_bios = is_disabled,
        .hardware_setup = svm_hardware_setup,
        .hardware_unsetup = svm_hardware_unsetup,
        .check_processor_compatibility = svm_check_processor_compat,
        .hardware_enable = svm_hardware_enable,
        .hardware_disable = svm_hardware_disable,
        .cpu_has_accelerated_tpr = svm_cpu_has_accelerated_tpr,
        ......
    }
```

需要注意的是，因为 KVM 架构要同时考虑到支持不同的架构体系。因此，kvm_x86_ops 结构体是在 KVM 架构的初始化过程中注册并导出成为全局变量的，也让 KVM 的各个子模块能够方便地调用。

在 arch/x86/kvm/x86.c 中，定义了名为 kvm_86_ops 的静态变量，通过 export_symbol 宏在全局范围内导出。在 kvm_init 的初始化过程中，通过调用 kvm_arch_init 函数给 kvm_x86_ops 赋值，代码如下所示：

```
kvm_init_msr_list();
kvm_x86_ops = ops;
kvm_mmu_set_nonpresent_ptes(null, null);
kvm_mmu_set_base_ptes(PT_PRESENT_MASK);
```

其中，ops 就是通过 svm.c 调用 kvm_init 函数时传入的 kvm_x86_ops 结构体。

5.4　KVM 内核模块重要流程的分析

作为 VMM，KVM 分为两部分，分别是运行于 Kernel 模式的 KVM 内核模块和运行于 User 模式的 QEMU 模块。这里的 Kernel 模式和 User 模式，实际上指的是 VMX(一种针对虚拟化的 CPU 指令集)根模式下的特权级 0 和特权级 3。另外，KVM 将虚拟机所在的运行模式称为 Guest 模式。所谓 Guest 模式，实际上指的是 VMX 的非根模式，其中内核模块的重要流程都在对应根模式下面，主要的执行流程图如图 5-4 所示。

有了 VT-x 技术的支持，KVM 中的每个虚拟机可具有多个虚拟处理器 vCPU，每个 vCPU 对应一个 QEMU 线程，vCPU 的创建、初始化、运行以及退出处理都是在 QEMU 线程上下文中进行的，需要 Kernel、User 和 Guest 三种模式相互配合。QEMU 线程与 KVM 内核模块间以 ioctl 的方式进行交互，而 KVM 内核模块与客户软件之间通过 VM Exit 和 VM entry 操作进行切换。

QEMU 线程以 ioctl 的方式指示 KVM 内核模块进行 vCPU 的创建和初始化等操作，主要指 VMM 创建 vCPU 运行所需的各种数据结构并初始化。其中很重要的一个数据结构就是 VMCS,需要进行初始化配置。

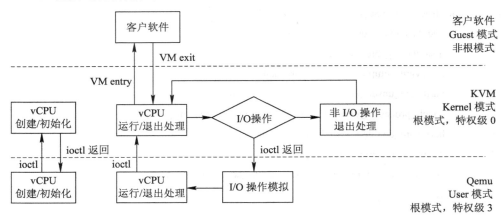

图 5-4　KVM 重要工作流程图

初始化工作完成之后,QEMU 线程以 ioctl 的方式向 KVM 内核模块发出运行 vCPU 的指示,后者执行 VM entry 操作,将处理器由 Kernel 模式切换到 Guest 模式,中止宿主机软件,转而运行客户软件。注意,宿主机软件被中止时,此操作正处于 QEMU 线程上下文,且正在执行 ioctl 系统调用的 Kernel 模式处理程序。客户软件在运行过程中,如发生异常或外部中断等事件,若执行 I/O 操作,可能导致 VM exit,将处理器状态由 Guest 模式切换回 Kernel 模式。KVM 内核模块检查发生 VM exit 的原因,如果 VM exit 由于 I/O 操作导致,则执行系统调用返回操作,将 I/O 操作交给处于 User 模式的 QEMU 线程来处理,QEMU 线程在处理完 I/O 操作后再次执行 ioctl,指示 KVM 切换处理器到 Guest 模式,恢复客户软件的运行;如果 VM exit 由于其它原因导致,则由 KVM 内核模块负责处理,并在处理后切换处理器到 Guest 模式,恢复客户机的运行。

5.4.1　初始化流程

KVM 模块分为三个主要模块:kvm.ko、kvm-intel.ko 和 kvm-amd.ko,这三个模块在初始化阶段的流程如图 5-5 所示。

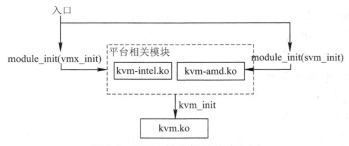

图 5-5　KVM 模块初始化流程图

KVM 模块可以编译进内核中,也可以作为内核模块在 Linux 系统启动完成之后加载。加载时,KVM 会根据主机所用的体系架构是 Intel 的 VMX 技术还是 AMD 的 SVM 技术,采用略微不同的加载流程。

Linux 的子模块入口通常通过 module_init 宏进行定义，由内核进行调用。KVM 的初始化流程如图 5-6 所示。

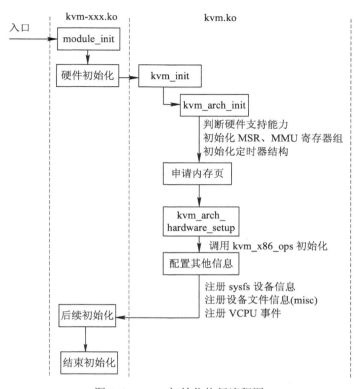

图 5-6　KVM 初始化执行流程图

KVM 的初始化步骤分为以下三步：

(1) 在平台相关的 KVM 模块中通过 module_init 宏正式进入 KVM 的初始化阶段，并且执行相关的硬件初始化准备。

(2) 进入 kvm_main.c 中的 kvm_init 函数进行正式的初始化工作，期间进行了一系列子操作。

通过 kvm_arch_init 函数初始化 KVM 内部的一些数据结构：注册全局变量 kvm_x86_ops、初始化 MMU 等数据结构、初始化 Timer 定时器架构；

分配 KVM 内部操作所需要的内存空间；

调用 kvm_x86_ops 的 hardware_setup 函数进行具体的硬件体系结构的初始化工作；

注册 sysfs 和 devfs 等 API 接口信息；

最后初始化 debugfs 的调试信息。

(3) 进行后续的硬件初始化准备操作。

对应 KVM 源码，分析 KVM 初始化执行流程。从 vl.c 代码的 main 函数开始。atexit(qemu_run_exit_notifiers)注册了 QEMU 的退出处理函数，后面再具体看 qemu_run_exit_notifiers 函数。module_call_init 则开始初始化 QEMU 的各个模块，有以下参数：

```
typedef enum {
    MODULE_INIT_BLOCK,
```

```
        MODULE_INIT_MACHINE,
        MODULE_INIT_QAPI,
        MODULE_INIT_QOM,
        MODULE_INIT_MAX
} module_init_type;
```

最开始初始化的 MODULE_INIT_QOM，QOM 全称 Qemu Object Model，它是 Qemu 最新设备相关的模型。module_call_init 实际上设计了一个函数链表 ModuleTypeList，链表关系如图 5-7 所示。

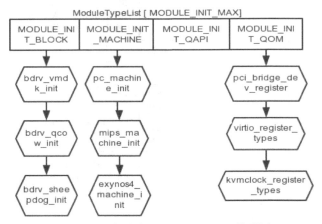

图 5-7　函数链表 ModuleTypeList 关系图

它把相关的函数注册到对应的数组链表上，通过执行 init 项目完成所有设备的初始化。module_call_init 通 过 执 行 e->init() 完 成 设 备 初 始 化 ， 而 e->init() 是 在 machine_init(pc_machine_init)函数注册时通过 register_module_init 注册到 ModuleTypeList 上的 ModuleEntry 中，pc_machine_init 则是针对 PC 的 qemu 虚拟化方案，module_call_init 针对 x86 架构时调用 machine_init，即 pc_machine_init()，完成了虚拟的机器类型注册，函数 pc_machine_init(void)代码如下：

```
static void pc_machine_init(void)
{
    qemu_register_machine(&pc_machine_v1_3);
    qemu_register_machine(&pc_machine_v1_2);
    qemu_register_machine(&pc_machine_v1_1);
    qemu_register_machine(&pc_machine_v1_0);
    qemu_register_machine(&pc_machine_v1_0_qemu_kvm);
    qemu_register_machine(&pc_machine_v0_15);
    qemu_register_machine(&pc_machine_v0_14);
    qemu_register_machine(&pc_machine_v0_13);
    qemu_register_machine(&pc_machine_v0_12);
    qemu_register_machine(&pc_machine_v0_11);
    qemu_register_machine(&pc_machine_v0_10);
```

```
    }
    machine_init(pc_machine_init);
```

QEMU 准备模拟的机器的类型从下面语句获得：

```
    current_machine = MACHINE(object_new(object_class_get_name(OBJECT_CLASS(machine_class))));
```

machine_class 则是通过参数传入的：

```
    case QEMU_OPTION_machine:
        olist = qemu_find_opts("machine");
        opts = qemu_opts_parse(olist, optarg, 1);
        if(!opts){
            exit(1);
        }
        optarg = qemu_opt_get(opts, "type");
        if(optarg){
            machine_class = machine_parse(optarg);
        }
        break;
```

通过 Linux 的"man qemu"命令查看 QEMU 的接收参数，其中-machine 参数如下：

```
    -machine [type=]name[,prop=value[,...]]
        Select the emulated machine by name.
        Use "-machine help" to list available machines
```

cpu_exec_init_all 中记录了 CPU 执行前的一些初始化工作。

qemu_set_log 设置日志输出，kvm 对外的日志是从这里配置的。

中间的代码忽略过，直接到 configure_accelerator 函数(vl.c)，进行虚拟机模拟器的配置，这是一个需要重点关注的函数，它调用了 accel_list[i].init()函数，accel_list 初始化如下：

```
    static struct {
        const char *opt_name;
        const char *name;
        int (*available)(void);
        int (*init)(QEMUMachine *);
        bool *allowed;
    } accel_list[] = {
        { "tcg", "tcg", tcg_available, tcg_init, &tcg_allowed },
        { "xen", "Xen", xen_available, xen_init, &xen_allowed },
        { "kvm", "KVM", kvm_available, kvm_init, &kvm_allowed },
        { "qtest", "QTest", qtest_available, qtest_init_accel, &qtest_allowed },
    };
```

本书针对 KVM 这种开源的、硬件辅助的虚拟化解决方案进行分析，其中 kvm_available 很简单，重点在 kvm_init 上，kvm_init 实际上调用 kvm_init 函数，kvm_init 通过 qemu_open("/dev/kvm")检查内核驱动插入情况，通过 kvm_ioctl(s，KVM_GET_API_

VERSION，0)获取 API 接口版本，最重要的是调用 kvm_ioctl(s，KVM_CREATE_VM，type) 函数创建了 KVM 虚拟机，获取了虚拟机句柄。现在假定 KVM_CREATE_VM 所代表的虚拟机创建成功，下面检查 kvm_check_extension 结果填充 KVMState，kvm_arch_init 初始化 KVMState，其中有 IDENTITY_MAP_ADDR、TSS_ADDR、NR_MMU_PAGES 等。cpu_register_phys_memory_client 注册 QEMU 对内存管理的函数集，kvm_create_irqchip 创建 KVM 中断管理内容，通过 kvm_vm_ioctl(s，KVM_CREATE_IRQCHIP)实现，具体内核态的工作内容后面将会分析。到此模拟器 init 的工作就完成了，最主要的工作就是成功创建了虚拟机。

5.4.2　虚拟机的创建

　　KVM 虚拟机创建和运行虚拟机分为用户态和核心态两个部分，用户态主要提供应用程序接口，为虚拟机创建上下文环境，在 libkvm 中提供访问内核字符设备/dev/kvm 的接口；内核态为添加到内核中的字符设备 /dev/kvm，模块加载进内核后即可进行用户空间的接口调用去创建虚拟机。在创建虚拟机过程中，kvm 字符设备主要为客户机创建 kvm 数据结构，创建该虚拟机的文件描述符及其相应的数据结构，以及创建虚拟处理器及其相应的数据结构。KVM 创建虚拟机的流程如图 5-8 所示。

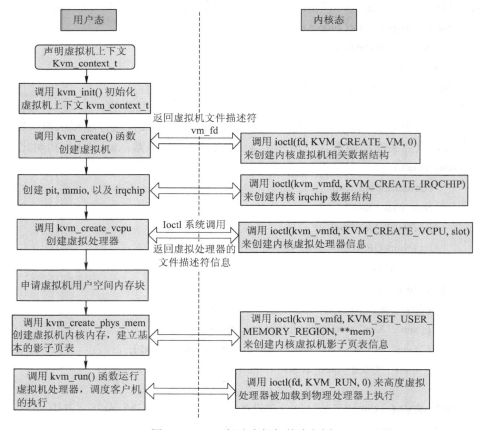

图 5-8　KVM 创建虚拟机的流程图

首先声明一个 kvm_context_t 变量用以描述用户态虚拟机上下文信息，然后调用 kvm_init()函数初始化虚拟机上下文信息；函数 kvm_create()创建虚拟机实例，该函数通过 ioctl 系统调用创建虚拟机相关的内核数据结构并且返回虚拟机文件描述符给用户态 kvm_context_t 数据结构；创建完内核虚拟机数据结构后，再创建内核 pit 以及 mmio 等基本外设模拟设备，然后调用 kvm_create_vcpu()函数来创建虚拟处理器。kvm_create_vcpu()函数通过 ioctl 系统调用向由 vm_fd 文件描述符指向的虚拟文件调用创建虚拟处理器，并将虚拟处理器的文件描述符返回给用户态程序，用以以后的调度使用；创建完虚拟处理器后，由用户态的 QEMU 程序申请客户机用户空间，用以加载和运行客户机代码；为了使得客户虚拟机正确执行，必须要在内核中为客户机建立正确的内存映射关系，即影子页表信息。因此，申请客户机内存地址空间后，调用函数 kvm_create_phys_mem()创建客户机内存映射关系，该函数主要通过 ioctl 系统调用向由 vm_fd 指向的虚拟文件调用设置内核数据结构中客户机内存域的相关信息，主要建立影子页表信息；当创建好虚拟处理器和影子页表后，即可读取客户机到指定分配的空间中，然后调度虚拟处理器运行。调度虚拟机的函数为 kvm_run()，该函数通过 ioctl 系统调用由虚拟处理器文件描述符指向的虚拟文件调度处理函数 kvm_run()调度虚拟处理器的执行，该系统调用将虚拟处理器 vCPU 信息加载到物理处理器中，通过执行 vm_entry 进入客户机的执行。在客户机正常运行期间 kvm_run()函数不返回，只有发生以下两种情况时函数返回：当发生了 I/O 事件，如客户机发出读写 I/O 的指令时函数返回 1；当产生了客户机和内核 KVM 都无法处理的异常时函数返回 2。I/O 事件处理完毕后，通过重新调用 kvm_run ()函数继续调度客户机的执行。

下面给出虚拟机创建过程涉及的相关函数。

(1) 函数 kvm_init()：该函数在用户态创建一个虚拟机上下文，用以在用户态保存基本的虚拟机信息，这个函数是创建虚拟机第一个需要调用的函数，函数返回一个 kvm_context_t 结构体。该函数原型为

kvm_context_t kvm_init(struct kvm_callbacks *callbacks,void *opaque);

参数：callbacks 为结构体 kvm_callbacks 变量，该结构体包含指向函数的一组指针，用于在客户机执行过程中由于 I/O 事件退出到用户态时处理的回调函数(后面会分析)。参数 opaque 一般不使用。

函数执行的基本过程：打开字符设备 dev/kvm，申请虚拟机上下文变量 kvm_context_t 空间，初始化上下文的基本信息：设置 fd 文件描述符指向/dev/kvm、禁用虚拟机文件描述符 vm_fd(−1)、设置 I/O 事件回调函数结构体、设置 IRQ 和 PIT 的标志位以及内存页面记录的标志位。

(2) 函数 kvm_create()：该函数主要用于创建一个虚拟机内核环境。该函数原型为

int kvm_create(kvm_context_t kvm, unsigned long phys_mem_bytes, void **phys_mem);

参数：kvm_context_t 表示传递的用户态虚拟机上下文环境，phys_mem_bytes 表示需要创建的物理内存的大小，phys_mem 表示创建虚拟机的首地址。

这个函数首先调用 kvm_create_vm()分配 IRQ 并且初始化为 0，设置 vcpu[0]的值为 −1，即不允许调度虚拟机执行。然后通过 ioctl 系统调用 ioctl(fd,KVM_CREATE_VM,0)来创建虚拟机内核数据结构 struct kvm。系统调用函数 ioctl(fd,KVM_CREATE_VM,0)，用于在内核

中创建和虚拟机相关的数据结构。该函数原型为：static long kvm_dev_ioctl(struct file *filp, unsigned int ioctl，unsigned long arg)。这个函数调用 kvm_dev_ioctl_create_vm()创建虚拟机实例内核相关数据结构。该函数首先通过内核中 kvm_create_vm()函数创建内核中 kvm 上下文 struct kvm，然后通过函数 Anno_inode_getfd("kvm_vm",&kvm_vm_fops,kvm,0)返回该虚拟机的文件描述符给用户调用函数，最后赋值给用户态虚拟机上下文变量中的虚拟机描述符 kvm_vm_fd。

(3) 内核创建虚拟机 kvm 对象后，接着调用 kvm_arch_create 函数用于创建一些体系结构相关的信息，主要包括 kvm_init_tss、kvm_create_pit 以及 kvm_init_coalsced_mmio 等信息。然后调用 kvm_create_phys_mem 创建物理内存，函数 kvm_create_irqchip 用于创建内核 irq 信息，通过系统调用 ioctl(kvm->vm_fd,KVM_CREATE_IRQCHIP)。

(4) 函数 kvm_create_vcpu()：用于创建虚拟处理器。该函数原型为

  int kvm_create_vcpu(kvm_context_t kvm, int slot);

参数：kvm 表示对应用户态虚拟机上下文，slot 表示需要创建的虚拟处理器的个数。

该函数通过 ioctl 系统调用 ioctl(kvm->vm_fd，KVM_CREATE_VCPU，slot)创建属于该虚拟机的虚拟处理器。该系统调用函数：

static init kvm_vm_ioctl_create_vcpu(struct *kvm, n) 参数 kvm 为内核虚拟机实例数据结构，n 为创建的虚拟 CPU 的数目。

(5) 函数 kvm_create_phys_mem()：用于创建虚拟机内存空间。该函数原型为

  void * kvm_create_phys_mem(kvm_context_t kvm, unsigned long phys_start, unsigned len, int log, int writable);

参数：kvm 表示用户态虚拟机上下文信息，phys_start 为分配给该虚拟机的物理起始地址，len 表示内存大小，log 表示是否记录脏页面，writable 表示该段内存对应的页表是否可写。

该函数首先申请一个结构体 kvm_userspace_memory_region 然后通过系统调用 KVM_SET_USER_MEMORY_REGION 来设置内核中对应的内存的属性。该系统调用函数原型为

  ioctl(int kvm->vm_fd，KVM_SET_USER_MEMORY_REGION，&memory);

参数：第一个参数 vm_fd 为指向内核虚拟机实例对象的文件描述符，第二个参数 KVM_SET_USER_MEMORY_REGION 为系统调用命令参数，表示该系统调用为创建内核客户机映射，即影子页表。第三个参数 memory 表示指向该虚拟机的内存空间地址。系统调用首先通过参数 memory 和函数 copy_from_user 从用户空间复制 struct_user_momory_region 变量，然后通过 kvm_vm_ioctl_set_memory_region 函数设置内核中对应的内存域。该函数原型为

  int kvm_vm_ioctl_set_memory_region(struct *kvm, struct kvm_usersapce_memory_region *mem, int user_alloc);

该函数再调用函数 kvm_set_memory_resgion()来设置影子页表。当以上都准备完毕后，调用 kvm_run()函数即可调度执行虚拟处理器。

(6) 函数 kvm_run()：用于调度运行虚拟处理器。该函数原型为

  int kvm_run(kvm_context_t kvm，int vcpu, void *env)

该函数首先得到 vcpu 的描述符,然后调用系统调用 ioctl(fd,kvm_run,0)调度运行虚拟处理器。kvm_run()函数在正常运行情况下并不返回,除非发生以下事件:一是发生了 I/O 事件,I/O 事件由用户态的 QEMU 处理;另一个是发生了客户机和 KVM 都无法处理的异常事件。kvm_run()中返回截获的事件,主要是 I/O 以及停机等事件。

5.4.3　KVM 客户机异常处理

KVM 保证客户机正确执行的基本手段就是当客户机执行 I/O 指令或者其他特权指令时,引发处理器异常,从而陷入到根操作模式,由 KVM Driver 模拟执行。可以说,虚拟化保证客户机正确执行的基本手段就是异常处理机制。由于 KVM 采取了硬件辅助虚拟化技术,因此,和异常处理机制相关的一个重要的数据结构就是虚拟机控制结构 VMCS。

VMCS 控制结构分为三个部分,一个是版本信息,一个是中止标识符,最后一个是 VMCS 数据域。VMCS 数据域包含了六类信息:客户机状态域,宿主机状态域,VM-Entry 控制域,VM-Execution 控制域,VM-Exit 控制域以及 VM-Exit 信息域。其中 VM-Execution 控制域可以设置一些可选的标志位使得客户机可以引发一定的异常的指令。宿主机状态域则保存了基本的寄存器信息。其中 CS:RIP 指向 KVM 中异常处理程序的地址,该地址是客户机异常处理的总入口,而异常处理程序则根据 VM-Exit 信息域来判断客户机异常的根本原因,选择正确的处理逻辑来进行处理。

vmx.c 文件是和 Intel VT-x 体系结构相关的代码文件,用于处理内核态相关的硬件逻辑代码。在 vCPU 初始化中(vmx_vcpu_create)将 KVM 中的对应的异常退出处理函数赋值于 CS:EIP 中,在客户机运行过程中,产生客户机异常时,CPU 根据 VMCS 中的客户机状态域装载 CS:EIP 的值,从而退出到内核执行异常处理。在 KVM 内核中,异常处理函数的总入口为

static int vmx_handle_exit(struct kvm_run *kvm_run, struct kvm_vcpu *vcpu);

参数:kvm_run 表示当前虚拟机实例的运行状态信息,vcpu 表示对应的虚拟 CPU。

这个函数首先从客户机 VM-Exit 信息域中读取 exit_reason 字段信息,然后进行一些必要的处理后,调用对应于函数指针数组中对应退出原因字段的处理函数进行处理。函数指针数组定义信息为

```
static int (*kvm_vmx_exit_handlers[])(struct kvm_vcpu *vcpu, struct kvm_run *kvm_run) = {
    [EXIT_REASON_EXCEPTION_NMI]          = handle_exception,
    [EXIT_REASON_EXTERNAL_INTERRUPT]     = handle_external_interrupt,
    [EXIT_REASON_TRIPLE_FAULT]           = handle_triple_fault,
    [EXIT_REASON_NMI_WINDOW]             = handle_nmi_window,
    [EXIT_REASON_IO_INSTRUCTION]         = handle_io,
    [EXIT_REASON_CR_ACCESS]              = handle_cr,
    [EXIT_REASON_DR_ACCESS]              = handle_dr,
    [EXIT_REASON_CPUID]                  = handle_cpuid,
    [EXIT_REASON_MSR_READ]               = handle_rdmsr,
    [EXIT_REASON_MSR_WRITE]              = handle_wrmsr,
```

```
    [EXIT_REASON_PENDING_INTERRUPT]              = handle_interrupt_window,
    [EXIT_REASON_HLT]                            = handle_halt,
    [EXIT_REASON_INVLPG]                         = handle_invlpg,
    [EXIT_REASON_VMCALL]                         = handle_vmcall,
    [EXIT_REASON_TPR_BELOW_THRESHOLD]            = handle_tpr_below_threshold,
    [EXIT_REASON_APIC_ACCESS]                    = handle_apic_access,
    [EXIT_REASON_WBINVD]                         = handle_wbinvd,
    [EXIT_REASON_TASK_SWITCH]                    = handle_task_switch,
    [EXIT_REASON_EPT_VIOLATION]                  = handle_ept_violation,
};
```

以上是一组指针数组，用于处理客户机引发异常时，根据对应的退出字段选择处理函数进行处理。例如 EXIT_REASON_EXCEPTION_NMI 对应的 handle_exception 处理函数用于处理 NMI 引脚异常，而 EXIT_REASON_EPT_VIOLATION 对应的 handle_ept_violation 处理函数用于处理缺页异常。

本 章 小 结

本章主要介绍了 KVM 内核模块的组成、KVM API、KVM 内核模块中重要的数据结构以及 KVM 内核模块中重要的流程。

首先，本章从源码的角度分析了 KVM 内核模块的整体结构。从 Makefile 文件的分析中，可以清晰地了解 KVM 模块对应内核代码的代码组织结构。

其次，对于 KVM API 进行了详细介绍，并针对 API 中的三种调用 System ioctl、VM ioctl、vCPU ioctl 所涉及的核心代码给出了分析，让读者对 KVM 内核模块所包含的功能有一个整体的了解。

最后，对 KVM 的核心业务代码进行了详细的分析，主要从数据结构和执行流程两个方面入手，剖析了 KVM 内部实现的原理，对涉及的关键代码给出详细的注解和分析，从而让读者对 KVM 的具体实现模式有一个具体的认识。

第六章　QEMU 软件架构分析

6.1　QEMU 概述

QEMU 是一个开源的模拟器项目，能够模拟整个系统的硬件，在 GNU/Linux 平台上使用广泛，并不像 VMware 那样仅仅针对 x86 体系架构。QEMU 可以运行于多种操作系统和不同的 CPU 体系架构中，允许在虚拟机运行时保存虚拟机的状态，进行实时迁移与操作系统级别的调试。QEMU 的安装包中提供了 qemu-img 这个强大的工具来创建、转换或者加密虚拟机映像，且支持从其他虚拟机格式中启动。qemu-nbd 能够将 QEMU 的映像文件通过 NDB 协议共享给其他机器。Linux 系统中，QEMU 支持用户态模拟，即允许某一个应用程序的 API 调用其他版本的动态链接库。在 QEMU 0.9.1 版本之前，可以通过 kqemu 这个闭源的加速器进行加速，而在 QEMU 1.0 之后的版本，无法使用 kqemu 而主要利用 qemu-kvm 进行加速，但加速效果以及稳定性明显好于 kqemu。

6.1.1　QEMU 实现原理

QEMU 采用动态翻译的技术，先将目标代码翻译成一系列等价的被称为"微操作"(Micro-Operations)的指令，然后再对这些指令进行拷贝、修改、链接，最后产生一块本地代码。这些微操作排列复杂，从简单的寄存器转换模拟到整数/浮点数学函数模拟再到 load/store 操作模拟，其中 load/store 操作的模拟需要目标操作系统分页机制的支持。

QEMU 对客户代码的翻译是按块进行的，并且翻译后的代码被缓存起来以便将来重用。在没有中断的情况下，翻译后的代码仅仅是被链接到一个全局的链表上，目的是保证整个控制流保持在目标代码中。当异步的中断产生时，中断处理函数就会遍历翻译后的代码所处的全局链表来在主机上执行翻译后的代码，这就保证了控制流从目标代码跳转到 QEMU 代码。简单概括就是指定某个中断来控制翻译代码的执行，即每当产生这个中断时才会去执行翻译后的代码，没有中断时仅仅只是个翻译过程而已。这样做的好处就是，代码是按块翻译，按块执行的，不像 Bochs 翻译一条指令，马上就执行一条指令。Bochs 是一个 x86 硬件平台的开源模拟器。它可以模拟各种硬件的配置。Bochs 模拟的是整个 PC 平台，包括 I/O 设备、内存和 BIOS 等。

6.1.2　QEMU 支持模拟的硬件

QEMU 从非常低的层次对硬件进行模拟，对于像总线和外围设备如显卡、网卡、磁盘控制器等都有相对应的软件表示，但是仅对有限的硬件集合进行精确的模拟，比如对中断控制器，总线驱动，磁盘驱动，键盘，鼠标，显卡以及网卡的模拟。随着时间的推移，可模拟的硬件集合将会扩展到客户操作系统所能够支持的尽可能多的设备。QEMU 利用运行在模拟机中的 BIOS 来初始化硬件的某些部分，这种设计思想使得对设备的仿真忠于原始的硬件。

除了模拟之外，设备驱动也可利用主机的功能来提供模拟和达到用户要求，举例如下：

(1) 帧缓冲区通过用户可选择的接口被暴露出来，对于 QEMU 来说，帧缓冲有 SDL window，VNC Server 和无图形界面的输出三个可供选择的选项。

(2) QEMU 中的网络可以是被禁止的，可以是被桥接到主机的，可以是使用虚拟以太网协议创建的 Unix 套接字，还可以是 QEMU 完全模拟出来的。

在 x86 架构下，QEMU 支持模拟的硬件设备如表 6-1 所示。

表 6-1　QEMU 支持 x86 架构下的硬件设备

支持的设备	Qemu 的执行参数
单个或多个 CPU	使用 -smp 参数设置
硬盘和光驱设备	使用 -hda 和 -cdrom 参数模拟
软盘	使用 -fda 参数模拟
内存	使用 -m 参数模拟指定容量的内存
多种显卡和声卡	使用 -vga 和 -soundhw 参数
多种并口设备	使用 -parallel 参数
多种串口设备	使用 -serial 参数
多种 USB 设备	使用 -usb 和 -usbdevice 参数
PC 喇叭	使用 -soundhw pcspk 参数
蓝牙设备	使用 -bt 参数
多种网络控制器	使用 -net nic, model=参数
内建 DHCP 服务器	使用 -net user 参数
内建 DNS 服务器	使用 -net user 参数
内建 SMB 服务器	使用 -net user, smb=参数
内建 TFTP 服务器	使用 -net user, tftp= 参数

6.1.3　QEMU 特性

QEMU 是一种快速的多体系结构仿真器，通过动态翻译的技术达到了优异的仿真速度。目前，QEMU 支持两种操作模式：

(1) 全系统仿真模式。在这种模式下，QEMU 完整地仿真目标平台，此时，QEMU 就相当于一台完整的 PC 机，包括了一个或多个处理器以及各种外围设备。这种模式可以用来运行不同的操作系统或调试操作系统的代码。

(2) 用户态仿真模式。在这种模式下，QEMU 能够运行不同于主机平台的其他平台的程序(比如，在 x86 平台上运行为 ARM 平台编译的程序)，其中典型的代表 Wine Windows API Emulator。另外，在这种模式下能够进行方便的交叉编译和调试。

对于全系统仿真模式，QEMU 目前可以支持的硬件列表有：

① x86 or x86_64 体系结构处理器。

② ISA PC(没有 PCI 总线的 PC)。

③ PowerPC 处理器。

④ 32/64 bit 的 SPARC 处理器。

⑤ 32/64 bit 的 MIPS 处理器。

⑥ ARM 体系结构的处理器。

⑦ PXA 270、PXA 255。

⑧ OMAP 310、OMAP 2420、OMAP 310。

对于用户态仿真模式，QEMU 支持的硬件列表如下：x86 (32 and 64 bit)、PowerPC (32 and 64 bit)、ARMMIPS (32 bit only)、Sparc (32 and 64 bit)、Alpha、ColdFire(m68k)、CRISv32 和 MicroBlaze CPU。

QEMU 不需要宿主机内核驱动就可以运行，所以它非常安全并且易于使用。QEMU 的通用特性有：

① 用户态空间或者全系统模拟。

② 在合理的时间内动态翻译成本地代码。

③ 可以在 x86、x86_64 和 PowerPC 32/64 等架构的宿主机上运行。之前的版本还可以支持 Alpha 和 S390 架构的宿主机，只是 TCG 还不支持。

④ 支持代码的自动修改。

⑤ 支持精确的异常提示。

⑥ 支持浮点数运算库(完全软件模拟和本地宿主机 FPU 指令)。

QEMU 全系统仿真特性有：

① 为了保证最大的可移植性，QEMU 使用了一个全软件的 MMU。

② QEMU 可以选择性地使用一个内核级的加速器，比如 KVM。加速器本地执行一些客户机代码，同时继续仿真机器中的其他部分。

③ 可以仿真不同的硬件设备，在一些情况下，宿主机的设备(比如串口、并口、USB 设备等)能够被客户机操作系统所使用。宿主机设备可以被用来和外部外围设备进行通信。

单个 CPU 的宿主机可以实现 SMP 功能。在 SMP 宿主机系统环境下，由于在实现原子内存访问的方面存在差异性，QEMU 只能使用一个物理 CPU。

QEMU 用户态仿真的特性有：

① 通用 Linux 系统调用转换，包括大部分的 ioctls 系统函数。

② 函数 clone()仿真使用本地 CPU 克隆函数来调用 Linux 的线程调度。

③ 通过宿主信号到目标信号的重映射从而保证信号的精确处理。

QEMU 采用了模块化的设计思想，仿真器中与目标平台相关的部分被分离到它们自己的文件和目录中。对于核心部分，驱动部分和动态翻译器来说，所有目标平台都声明相同的接口，在整个 QEMU 的 111000 行代码中，目标平台相关的组件代码大约占了 1/3，特别地，属于 x86 目标平台的大约不超过 8000 行。与 Bochs 不同的是，QEMU 对目标平台的描述非常的紧凑，因此，可以模拟大量的目标平台。

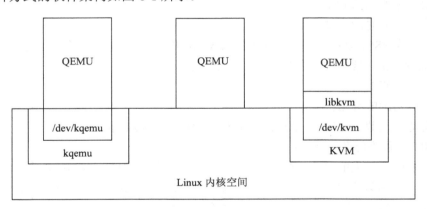

QEMU 要求公开有关编译执行的信息以便动态翻译器使用，幸运的是，这些信息中的绝大部分对于调试器，动态连接器和单独编译来说都是非常必要的。另外，QEMU 完全由 C 语言编写，在主机和目标平台环境之间创建了一个隔离层。值得一提的是，动态翻译器使用了带 GNU 扩展的 C 语言编写，这种结构化的可移植性，再加上 GCC 对大量系统的支持，使得 QEMU 在主机系统之间的可移植性大大增加。

6.2　QEMU 三种运行模式

QEMU 作为一个开源的硬件模拟器项目，除了支持 x86 体系架构之外，还支持 ARM、MIPS、PowerPC、IA64 等多种 CPU 硬件架构，由于 QEMU 采用模块化的设计方法，因此可以很方便地支持各种外设硬件，同时底层可以集成不同的虚拟化加速模块提升硬件模拟的性能。

对于 QEMU 来说，除了支持 KVM 之外，还支持全虚拟机和 kqemu 加速模块等方式，针对这三种方式的软件架构如图 6-1 所示。

图 6-1　QEMU 的三种模块架构

如图 6-1 中所示，第一种模式是通过 kqemu 加速模块来实现内核态的加速，在系统内核中打入 kqemu 的相关模块，而在用户态的 QEMU 就可以通过访问 /dev/kqemu 设备文件来实现设备模拟的加速，这种情况主要适用于虚拟机和宿主机都运行于同一架构的情况下进行虚拟化。

第二种模式是在不借用任何底层加速模块的情况下直接在用户态运行 QEMU，由 QEMU 对目标虚拟机中的所有指令进行翻译后执行，相当于全虚拟化。在这种模式下，QEMU 虚拟的 CPU 硬件设备是不受限制的，所以可以运行不同形态的体系结构，比如 Android 应用开发环境中就是采用 QEMU 来模拟 ARM 架构下的操作系统。这种模式的缺点是每一条目标机的执行指令都需要翻译成宿主机指令，这样会耗费少则数个，多则成千上万个宿主机的指令周期来模拟实现，所以虚拟性能不是很理想。

第三种模式利用 Linux 内核中集成的 KVM 加速模块。KVM 加速模块通过 /dev/kvm 字符设备文件向用户态程序提供操作接口，其实现的核心是 libkvm 库，将 /dev/kvm 的 ioctl

类型的 API 转化成传统意义上的函数 API 调用，最终提供给 QEMU 的适配层，由 QEMU 来完成整个虚拟化的工作。测试表明，三种模式中通过 KVM 加速模块进行虚拟化的性能最优。

6.3　QEMU 软件构成

6.3.1　QEMU 源码架构

1. 代码结构

QEMU 是一个模拟器，它能够动态模拟特定架构的 CPU 指令，如 x86、PowerPC、ARM 等等。QEMU 模拟的架构叫客户机架构，运行 QEMU 的系统架构叫宿主机架构，QEMU 中有一个模块叫做微型代码生成器(TCG)，它用来将客户机代码翻译成宿主机代码，如图 6-2 所示。

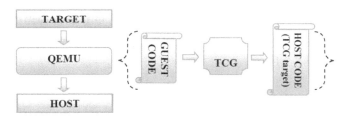

图 6-2　QEMU 指令动态翻译过程图

将运行在虚拟 CPU 上的代码叫做客户机代码，QEMU 的主要功能就是不断提取客户机代码并且转化成宿主机指定架构的代码。整个翻译任务分为两个部分：第一部分将客户机代码转化成 TCG 中间代码，第二部分将中间代码转化成宿主机代码。

QEMU 的代码结构非常清晰，但是内容非常复杂，下面对总体结构进行分析。

开始执行：主要比较重要的 c 文件有：vl.c、cpus.c、exec-all.c、exec.c 和 cpu-exec.c。

QEMU 的 main 函数定义在 vl.c 中，它也是执行的起点，这个函数的功能主要是建立一个虚拟的硬件环境。它通过参数的解析，将初始化内存，需要的模拟的设备初始化，CPU 参数，初始化 KVM，等等。接着程序就跳转到其他的执行分支文件如：cpus.c、exec-all.c、exec.c 和 cpu-exec.c。

硬件模拟：所有的硬件设备都在 /hw/ 目录下面，所有的设备都有独自的文件，包括总线、串口、网卡、鼠标，等等。它们通过设备模块串在一起，在 vl.c 中的 machine_init 中初始化。

目标机器：现在 QEMU 模拟的 CPU 架构有 Alpha、ARM、Cris、i386、M68K、PPC、Sparc、Mips、MicroBlaze、S390X 和 SH4。

QEMU 使用./configure 可以配置运行的架构，这个脚本会自动读取本机真实机器的 CPU 架构，并且在编译时就编译对应架构的代码.对于不同的架构 QEMU 做的事情都不同，所以不同架构下的代码在不同的目录下面。/target-arch/ 目录就对应了相应架构的代码，如

/target-i386/ 就对应了 x86 系列的代码部分。虽然不同架构做法不同，但是都是为了实现将对应客户机 CPU 架构的代码转化成 TCG 的中间代码。这个就是 TCG 实现的前半部分。

主机：这个部分就是使用 TCG 代码生成主机的代码，这部分代码在 /tcg/ 里面，在这个目录里面也对应了不同的架构，分别在不同的子目录里面，如 i386 就在 /tcg/i386 中。整个生成宿主机代码的过程就是 TCG 实现的后半部分。

文件总结和补充：

/vl.c 包含最主要的模拟循环，虚拟机机器环境初始化和 CPU 的执行。

/target-arch/translate.c 将客户机代码转化成不同架构的 TCG 操作码。

/tcg/tcg.c 包含主要的 TCG 代码。

/tcg/arch/tcg-target.c 将 TCG 代码转化生成主机代码。

/cpu-exec.c 其中的 cpu-exec() 函数主要寻找下一个 TB(翻译代码块)，如果没找到就请求得到下一个 TB，并且操作生成的代码块。

2. TCG 动态翻译

QEMU 在 0.9.1 版本之前使用 DynGen 翻译 C 代码，当我们需要的时候 TCG 会动态的转变代码，其目的是用更多的时间去执行生成的代码。当新的代码从 TB 中生成以后，将会被保存到一个 CACHE 中，因为很多相同的 TB 会被反复的进行操作，所以这样类似于内存的 CACHE，能够提高使用效率。而 CACHE 的刷新使用 LRU(Least Recently Used) 算法，代码转换过程如图 6-3 所示。

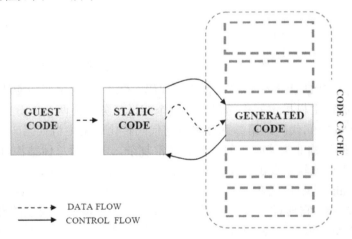

图 6-3　TCG 代码转换过程图

编译器在执行时会从源代码中产生目标代码，像 GCC 这种编译器，它会产生一些特殊的汇编目标代码，这些汇编目标代码能够让编译器知道何时需要调用函数，需要调用什么函数，以及函数调用以后需要返回什么，这些特殊的汇编代码产生过程就叫做函数的 Prologue 和 Epilogue，这里就叫前端和后端。

函数的后端会恢复前端的状态，主要执行以下两个过程：

(1) 恢复堆栈的指针，包括栈顶和基地址。

(2) 修改 cs(代码段寄存器)和 ip(指令指针寄存器)，程序回到之前的前端记录点。

　　TCG 就如编译器一样可以产生目标代码，代码会保存在缓冲区中，当进入前端和后端的时候就会将 TCG 生成的缓冲代码插入到目标代码中，接下来分析代码动态翻译的过程。动态翻译的基本思想就是把每一条 Target 指令切分成为若干条微操作，每条微操作由一段简单的 C 代码来实现，运行时通过一个动态代码生成器把这些微操作组合成一个函数，最后执行这个函数，就相当于执行了一条 Target 指令。这种思想的基础是因为 CPU 指令都是很规则的，每条指令的长度、操作码、操作数都有固定格式，根据前面就可推导出后面，所以只需通过反汇编引擎分析出指令的操作码、输入参数、输出参数等，剩下的工作就是编码为 Host 指令了。

　　那么现在的 CPU 指令这么多，分为哪些微操作呢？其实 CPU 指令看似名目繁多，异常复杂，实际上多数指令不外乎以下几大类：数据传送、算术运算、逻辑运算、程序控制。例如，数据传送包括：传送指令(如 MOV)、堆栈操作(PUSH、POP)等，程序控制包括：函数调用(CALL)、转移指令(JMP)等。

　　基于此，TCG 就把微操作按以上几大类定义(见 tcg/i386/tcg-target.c)，例如其中一个最简单的函数 tcg_out_movi 如下：

```
// tcg/tcg.c
static inline void tcg_out8(TCGContext *s, uint8_t v)
{
    *s->code_ptr++ = v;
}
static inline void tcg_out32(TCGContext *s, uint32_t v)
{
    *(uint32_t *)s->code_ptr = v;
    s->code_ptr += 4;
}
// tcg/i386/tcg-target.c
static inline void tcg_out_movi(TCGContext *s, TCGType type,
                    int ret, int32_t arg)
{
    if (arg == 0)
    {
        /* xor r0,r0 */
        tcg_out_modrm(s, 0x01 | (ARITH_XOR << 3), ret, ret);
    } else
    {
        tcg_out8(s, 0xb8 + ret);   //输出操作码, ret 是寄存器索引
        tcg_out32(s, arg);         //输出操作数
    }
}
```

0xb8 - 0xbf 正是 x86 指令中的 mov 系列操作的十六进制码，所以，tcg_out_movi 的功

能就是输出 mov 操作的指令码到缓冲区中。可以看出，TCG 在生成目标指令的过程中是采用硬编码的，因此，要让 TCG 运行在不同的 Host 平台上，就必须为不同的平台编写微指令函数。

3. TB 链

在 QEMU 中，从代码 CACHE 到静态代码再回到代码 CACHE，这个过程比较耗时，所以在 QEMU 中涉及了一个 TB 链将所有 TB 连在一起，可以让一个 TB 执行完以后直接跳到下一个 TB，而不用每次都返回到静态代码部分。具体过程如图 6-4 所示。

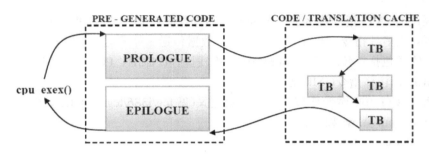

图 6-4　TB 链的执行流程图

4. QEMU 的 TCG 代码分析

接下来介绍 QEMU 代码中到底怎么来执行这个 TCG 以及它是如何生成宿主机代码的。

main_loop(...){/vl.c}：

函数 main_loop 初始化 qemu_main_loop_start()然后进入无限循环 cpu_exec_all()，这个是 QEMU 的一个主要循环，它会不断地判断一些条件，如虚拟机的关机断电之类的。

qemu_main_loop_start(...){/cpus.c}：

函数设置系统变量 qemu_system_ready = 1 然后重启所有的线程并且等待一个条件变量。

cpu_exec_all(...){/cpus.c}：

它是 CPU 循环，QEMU 能够启动 256 个 CPU 核，但是这些核将会分时运行，然后执行 qemu_cpu_exec()。

struct CPUState{/target-xyz/cpu.h}：

它是 CPU 状态结构体，关于 CPU 的各种状态，不同架构还有所不同。

cpu_exec(...){/cpu-exec.c}：

这个函数是主要的执行循环，这里第一次翻译之前说到的 TB，TB 被初始化为 (TranslationBlock *tb)，然后不停地执行异常处理。其中嵌套了两个无限循环 find tb_find_fast() 和 tcg_qemu_tb_exec()。findtb_find_fast()为客户机初始化查询下一个 TB，并且生成主机代码，tcg_qemu_tb_exec()执行生成的主机代码。

struct TranslationBlock {/exec-all.h}：

结构体 TranslationBlock 包含下面的成员：PC，CS_BASE，Flags (表明 TB)，tc_ptr (指向这个 TB 翻译代码的指针)，tb_next_offset[2]，tb_jmp_offset[2] (接下去的 Tb)，*jmp_next[2]，*jmp_first (之前的 TB)。

tb_find_fast(...){/cpu-exec.c}：

函数通过调用获得程序指针计数器，然后传到一个哈希函数从 tb_jmp_cache[](一个哈希表)得到 TB 的索引，所以使用 tb_jmp_cache 可以找到下一个 TB。如果没有找到下一个 TB，则使用 tb_find_slow。

tb_find_slow(...){/cpu-exec.c}：

这个是在快速查找失败以后试图去访问物理内存，寻找 TB。

tb_gen_code(...){/exec.c}：

开始分配一个新的 TB，TB 的 PC 是刚刚从 CPUstate 里面通过 using get_page_addr_code() 找到的 phys_pc=get_page_addr_code(env,pc);tb=tb_alloc(pc)。

phys_pc 当调用 cpu_gen_code() 以后，接着会调用 tb_link_page()，它将增加一个新的 TB，并且指向它的物理页表。

cpu_gen_code(...){translate-all.c}：

函数初始化真正的代码生成，在这个函数里面有下面的函数调用：

gen_intermediate_code(){/target-arch/translate.c}->gen_intermediate_code_internal(){/target-arch/translate.c }->disas_insn(){/target-arch/translate.c}。

disas_insn(){/target-arch/translate.c}

函数 disas_insn() 真正的实现将客户机代码翻译成 TCG 代码，它通过一长串的 switch case，对不同的指令做不同的翻译，最后调用 tcg_gen_code。

tcg_gen_code(...){/tcg/tcg.c}：

这个函数将 TCG 的代码转化成主机代码，过程和前面类似。

#define tcg_qemu_tb_exec(...){/tcg/tcg.g}：

通过上面的步骤，当 TB 生成以后就通过这个函数进行执行。

next_tb = tcg_qemu_tb_exec(tc_ptr);

extern uint8_t code_gen_prologue[];

#define tcg_qemu_tb_exec(tb_ptr) ((long REGPARM(*)(void *))code_gen_prologue) (tb_ptr)

上面的步骤解析了 QEMU 是如何将客户机代码翻译成主机代码。了解了 TCG 的工作原理，接下来将介绍 QEMU 与 KVM 之间是如何联系的。

5. QEMU 中的 ioctl

在 QEMU 中，用户空间的 QEMU 是通过 ioctl 与内核空间的 KVM 模块进行通信的。

1) 创建 KVM

在 /vl.c 中通过 kvm_init() 将会创建各种 KVM 的结构体变量，并且通过 ioctl 与已经初始化好的 KVM 模块进行通讯，创建虚拟机，然后创建 vCPU 等。

2) KVM_RUN

ioctl 是使用最频繁的，整个 KVM 运行就是在不停地执行 ioctl，当 KVM 需要 QEMU 处理一些指令和 I/O 的时候就会退出，通过 ioctl 退回到 QEMU 进行处理，否则会一直在 KVM 中执行。

它的初始化过程：

vl.c 中调用 machine->init 初始化硬件设备接着调用 pc_init_pci，然后再调用 pc_init1。

接着通过下面的调用初始化 KVM 的主循环，以及 CPU 循环。在 CPU 循环的过程中不断地执行 KVM_RUN 与 KVM 进行交互。

pc_init1->pc_cpus_init->pc_new_cpu->cpu_x86_init->qemu_init_vcpu->kvm_init_vcpu->ap_main_loop->kvm_main_loop_cpu->kvm_cpu_exec->kvm_run

3) KVM_IRQ_LINE

ioctl 和 KVM_RUN 是不同步的，它的调用频率也非常高，它就是一般中断设备的中断注入入口。当设备有中断就通过 ioctl 最终调用 KVM 里面的 kvm_set_irq 将中断注入到虚拟的中断控制器。在 KVM 中会进一步判断属于什么中断类型，然后在合适的时机写入 VMCS。当然在 KVM_RUN 中会不断地同步虚拟中断控制器，来获取需要注入的中断，这些中断包括 QEMU 和 KVM 本身的，并在重新进入客户机之前注入中断。

6.3.2 QEMU 线程事件模型

1. QEMU 的事件驱动核心

一个事件驱动的架构是以一个派发事件到处理函数的循环为核心的。QEMU 的主事件循环是 main_loop_wait()，它主要完成以下工作：

(1) 等待文件描述符变成可读或可写。文件描述符是一个关键角色，因为 files、sockets、pipes 以及其他各种各样的资源都是文件描述符(file descriptors)。文件描述符的增加方式：qemu_set_fd_handler()。

(2) 处理到期的定时器(timer)。定时器的添加方式：qemu_mod_timer()。

(3) 执行 bottom-halves(BHs)，它和定时器类似会立即过期。BHs 用来放置回调函数的重入和溢出。BHs 的添加方式：qemu_bh_schedule()。

当一个文件描述符准备完毕、一个定时器过期或者是一个 BHs 被调度时，事件循环就会调用一个回调函数来回应这些事件。

回调函数对于它们的环境有两条规则：

① 程序中没有其他核心代码同时在执行，所以不需要考虑同步问题。对于核心代码来说，回调函数是线性和原子执行的。在任意给定的时间里只有一个线程控制执行核心代码。

② 不应该执行可阻断系统调用或是长运行计算(Long-running Computations)。由于事件循环在继续其他事件时会等待当前回调函数返回，所以如果违反这条规定会导致 guest 暂停并且使管理器变得无响应。

第二条规定有时候很难遵守，在 QEMU 中会有代码会被阻塞。事实上，qemu_aio_wait() 里面还有嵌套循环，它会等待正在处理的那些顶层事件循环的子集。庆幸的是，这些违反规则的部分会在未来重新架构代码时被移除。新代码几乎没有合理的理由被阻塞，而解决方法之一就是使用专属的工作线程来卸下(offload)这些长执行或者会被阻塞的代码。

2. QEMU 中的线程分类

主线程：主线程执行循环，主要做三件事情。

(1) 执行 select 操作，查询文件描述符有无读写操作。

(2) 执行定时器回调函数。

(3) 执行下半部(BHs)回调函数。采用 BHs 的原因主要是避免可重入性和调用栈溢出。

执行客户机代码的线程：只讨论 KVM 执行客户机代码情况(不考虑 TCG，TCG 采用动态翻译技术)，如果有多个 vCPU，就意味着存在多个线程。

异步 I/O 文件操作线程：提交 I/O 操作请求到队列中，该线程从队列取请求，并进行处理。

主线程与执行客户机代码线程同步：主线程与执行客户机代码线程不能同时运行，主要通过一个全局互斥锁实现。

3. QEMU 线程代码分析

1) 主线程

函数 main_loop_wait 是主线程主要执行函数，当文件描述符、定时器或下半部触发相应事件后，将执行相应的回调函数。

```
void main_loop_wait(int timeout)
{
    ret = select(nfds + 1, &rfds, &wfds, &xfds, &tv);
    if (ret > 0)
    {
        IOHandlerRecord *pioh;
        QLIST_FOREACH(ioh, &io_handlers, next)
        {
            if (!ioh->deleted && ioh->fd_read && FD_ISSET(ioh->fd, &rfds))
            {
                ioh->fd_read(ioh->opaque);
                if (!(ioh->fd_read_poll && ioh->fd_read_poll(ioh->opaque)))
                    FD_CLR(ioh->fd, &rfds);
            }
            if (!ioh->deleted && ioh->fd_write && FD_ISSET(ioh->fd, &wfds))
            {
                ioh->fd_write(ioh->opaque);
            }
        }
    }
    qemu_run_timers(&active_timers[QEMU_CLOCK_HOST],qemu_get_clock(host_clock));
    /* Check bottom-halves last in case any of the earlier events triggeredthem. */
    qemu_bh_poll();
}
```

对于 select 函数轮循文件描述符，以及对于该描述执行操作函数，主要通过 qemu_set_fd_handler()和 qemu_set_fd_handler2 函数添加完成的。

```
    int qemu_set_fd_handler(int fd,
```

```
        IOHandler *fd_read,

        IOHandler *fd_write,

        void *opaque);

    int qemu_set_fd_handler2(int fd,

        IOCanRWHandler *fd_read_poll,

        IOHandler *fd_read,

        IOHandler *fd_write,

        void *opaque)
```

对于到期执行的定时器函数，回调函数是由 qemu_new_time 函数添加的，触发是由 qemu_mod_timer 函数修改的。

```
    EMUTimer *qemu_new_timer(QEMUClock *clock, QEMUTimerCB *cb, void *opaque)

    void qemu_mod_timer(QEMUTimer *ts, int64_t expire_time)
```

下半部要添加调度函数是由函数 qemu_bh_new 和 qemu_bh_schedule 完成的。

```
    EMUBH *qemu_bh_new(QEMUBHFunc *cb, void *opaque)

    void qemu_bh_schedule(QEMUBH *bh)
```

2) 执行客户机代码的线程

当初始化客户机硬件时，对于每个 CPU 创建一个线程，每个线程执行 ap_main_loop 函数，该函数运行 kvm_run 函数和客户机代码。

```
    /* PC hardware initialisation */

    static void pc_init1(ram_addr_t ram_size,

        const char *boot_device,

        const char *kernel_filename,

        const char *kernel_cmdline,

        const char *initrd_filename,

        const char *cpu_model,

        int pci_enabled)

    {

        for (i = 0; i < smp_cpus; i++)

        {

            env = pc_new_cpu(cpu_model);

        }

    }

    void kvm_init_vcpu(CPUState *env)

    {

        pthread_create(&env->kvm_cpu_state.thread, NULL, ap_main_loop, env);

        while (env->created == 0)

            qemu_cond_wait(&qemu_vcpu_cond);

    }
```

执行客户机线程调用函数 ap_main_loop，该函数最终调用函数 kvm_main_loop_cpu，其工作过程如下：

注入中断，执行客户机代码，解决客户机退出原因，例如 KVM_EXIT_MMIO，KVM_EXIT_IO。如果解决成功，继续运行。失败则进入步骤 2。

该步骤中如果 vCPU 存在，已传递但是还有没有处理的信号 SIG_IPI、SIGBUS，则该线程阻塞，也就意味着暂停处理客户机代码，直到处理完相应信号。

如果上述过程完成后，继续执行客户机代码。

```
static int kvm_main_loop_cpu(CPUState *env)
{
    while (1)
    {
        int run_cpu = !is_cpu_stopped(env);
        if (run_cpu && !kvm_irqchip_in_kernel())
        {
            process_irqchip_events(env);
            run_cpu = !env->halted;
        }
        if (run_cpu)
        {
            kvm_cpu_exec(env);
            kvm_main_loop_wait(env, 0);
        } else
        {
            kvm_main_loop_wait(env, 1000);
        }
    }
    pthread_mutex_unlock(&qemu_mutex);
    return 0;
}

static void kvm_main_loop_wait(CPUState *env, int timeout)
{
    struct timespec ts;
    int r, e;
    siginfo_t siginfo;
    sigset_t waitset;
    sigset_t chkset;
    ts.tv_sec = timeout / 1000;
```

```
ts.tv_nsec = (timeout % 1000) * 1000000;
sigemptyset(&waitset);
sigaddset(&waitset, SIG_IPI);
sigaddset(&waitset, SIGBUS);
do {
    pthread_mutex_unlock(&qemu_mutex);
    r = sigtimedwait(&waitset, &siginfo, &ts);
    e = errno;
    pthread_mutex_lock(&qemu_mutex);
    if (r == -1 && !(e == EAGAIN || e == EINTR))
    {
        printf("sigtimedwait: %s\n", strerror(e));
        exit(1);
    }
    switch (r) {
        case SIGBUS:
        kvm_on_sigbus(env, &siginfo);
        break;
        default:
        break;
    }
    r = sigpending(&chkset);
    if (r == -1)
    {
        printf("sigpending: %s\n", strerror(e));
        exit(1);
    }
} while (sigismember(&chkset, SIG_IPI) || sigismember(&chkset, SIGBUS));
cpu_single_env = env;
flush_queued_work(env);
if (env->stop)
{
    env->stop = 0;
    env->stopped = 1;
    pthread_cond_signal(&qemu_pause_cond);
}
env->kvm_cpu_state.signalled = 0;
}
```

3) 异步 I/O 文件操作线程

创建 I/O 操作线程，进行读写操作。可以通过 gdb 跟踪，验证查看 I/O 线程。

```
static void spawn_thread(void)
{
    sigset_t set, oldset;
    cur_threads++;
    idle_threads++;
    /* block all signals */
    if (sigfillset(&set)) die("sigfillset");
    if (sigprocmask(SIG_SETMASK, &set, &oldset))
        die("sigprocmask");
        thread_create(&thread_id, &attr, aio_thread, NULL);
    if (sigprocmask(SIG_SETMASK, &oldset, NULL))
        die("sigprocmask restore");
}
static void qemu_paio_submit(struct qemu_paiocb *aiocb)
{
    aiocb->ret = -EINPROGRESS;
    aiocb->active = 0;
    mutex_lock(&lock);
    if (idle_threads == 0 && cur_threads < max_threads)
        spawn_thread();
    QTAILQ_INSERT_TAIL(&request_list, aiocb, node);
    mutex_unlock(&lock);
    cond_signal(&cond);
}
```

可见启动一次 bdrv_aio_readv 或者 raw_aio_writev 操作，创建一个 aio_thread 线程。

```
static BlockDriverAIOCB *raw_aio_readv(BlockDriverState *bs,
        int64_t sector_num, QEMUIOVector *qiov, int nb_sectors,
        BlockDriverCompletionFunc *cb, void *opaque)
{
    return raw_aio_submit(bs, sector_num, qiov, nb_sectors,
                    cb, opaque, QEMU_AIO_READ);
}
```

4) 主线程与执行客户机代码线程

主线程与异步 I/O 文件操作线程同步用到了 qemu_global_mutex 锁，select 阻塞(主线程)和执行客户机代码(客户机线程)不需要同步锁，这在 QEMU 运行过程中占用的时间比例较大。但是执行异步 I/O 文件操作时，会占用 qemu_global_mutex 锁。select 阻塞这里，实际不需要锁定。

```
void main_loop_wait(int timeout)
{
    qemu_mutex_unlock_iothread();//开锁
    ret = select(nfds + 1, &rfds, &wfds, &xfds, &tv);
    qemu_mutex_lock_iothread(); //锁住
}
```

执行客户机代码时不需要锁定。

```
int kvm_cpu_exec(CPUState *env)
{
    qemu_mutex_unlock_iothread();//开锁
    ret = kvm_vcpu_ioctl(env, KVM_RUN, 0);
    qemu_mutex_lock_iothread(); //锁住
}
```

6.3.3　libkvm 模块

libkvm 模块是 QEMU 和 KVM 内核模块中间的通信模块，虽然 KVM 的应用程序编程接口比较稳定，同时也提供了 /dev/kvm 设备文件作为 KVM 的 API 接口。但是考虑到未来的扩展性，KVM 开发小组提供了 libkvm 模块，此模块包装了针对设备文件 /dev/kvm 的具体的 ioctl 操作，同时还提供了关于 KVM 的相关初始化函数，这样就使 libkvm 模块成为了一个可重复使用的用户空间的控制模块，供其他程序开发包所使用，比如 libvirt 等。

6.3.4　Virtio 组件

Virtio 是半虚拟化 Hypervisor 中位于设备上的抽象层。Virtio 由 Rusty Russell 开发，他当时的目的是支持自己的虚拟化解决方案 lguest。Linux 是 Hypervisor 的展台，Linux 提供各种 Hypervisor 解决方案，这些解决方案都有自己的优缺点。这些解决方案包括 KVM、lguest 和 User-mode Linux 等。在 Linux 上配备这些不同的 Hypervisor 解决方案会给操作系统带来负担，负担的大小取决于各个解决方案的需求。其中的一项需求是设备的虚拟化。Virtio 并没有提供多种设备模拟机制(针对网络、块设备和其他驱动程序)，而是为这些设备模拟提供一个通用的前端，从而实现标准化接口和增加代码的跨平台重用。

在开始学习 Virtio 组件的内容之前，需要先了解半虚拟化和模拟设备的相关内容。

完全虚拟化和半虚拟化是两种完全不同类型的虚拟化模式。在完全虚拟化中，客户操作系统在物理机器上的 Hypervisor 上运行。客户操作系统并不知道它已被虚拟化，并且不需要任何更改就可以在该配置下工作。相反，在半虚拟化中，客户操作系统不仅知道它在 Hypervisor 上运行，还包含让客户操作系统更高效地过渡到 Hypervisor 的代码。

在完全虚拟化模式中，Hypervisor 必须模拟设备硬件，它是在会话的最底层进行模拟的，例如，网络驱动程序。尽管在该模式中设备模拟很全面，但它同时也是最低效、最复杂的，完全虚拟化环境下的设备模拟的分层结构如图 6-5 所示。在半虚拟化模式中，客户操作系统和 Hypervisor 能够共同合作，让模拟更加高效。半虚拟化方法的缺点是操作系统知道它被虚拟化，并且需要修改才能工作，半虚拟化环境下的设备模拟分层结构如图 6-6 所示。

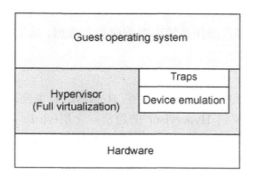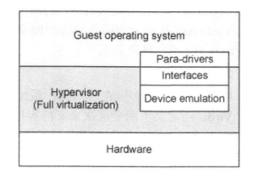

图 6-5　完全虚拟化环境下的设备模拟　　　　图 6-6　半虚拟化环境下的设备模拟

硬件随着虚拟化技术而不断改变。新的处理器通过纳入高级指令来让客户操作系统到 Hypervisor 的过渡更加高效。此外，硬件也随着输入/输出(I/O)虚拟化而不断改变。但是在传统的完全虚拟化环境中，Hypervisor 必须捕捉这些请求，然后模拟物理硬件的行为。尽管这样做提供了很大的灵活性(即运行未更改的操作系统)，但它的效率比较低。图 6-6 所示为半虚拟化示例。在这里，客户操作系统知道它在 Hypervisor 上运行，并包含了充当前端的驱动程序。Hypervisor 为特定的设备模拟实现后端驱动程序。通过在这些前端和后端驱动程序中的 Virtio，为开发模拟设备提供标准化接口，从而增加代码的跨平台重用率并提高效率。

1. Virtio 组件是针对 Linux 的抽象

Virtio 是对半虚拟化 Hypervisor 中的一组通用模拟设备的抽象。该设置还允许 Hypervisor 导出一组通用的模拟设备，并通过一个通用的应用编程接口(API)让它们变得可用。图 6-7 展示了 Virtio 组件的重要性。有了半虚拟化 Hypervisor 之后，客户操作系统能够实现一组通用的接口，在一组后端驱动程序之后采用特定的设备模拟。后端驱动程序不需要是通用的，因为它们只实现前端所需的行为。

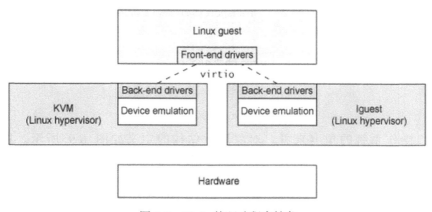

图 6-7　Virtio 的驱动程序抽象

注意，在现实中，设备模拟发生在使用 QEMU 的用户空间，因此后端驱动程序与 Hypervisor 的用户空间交互，通过 QEMU 为 I/O 提供便利。QEMU 是一个系统模拟器，它不仅提供客户操作系统虚拟化平台，还提供整个系统(PCI 主机控制器、磁盘、网络、视频硬件、USB 控制器和其他硬件设备)的模拟。

Virtio API 依赖一个简单的缓冲抽象来封装客户操作系统需要的命令和数据。接下来介绍 Virtio API 的内部及其组件。

2. Virtio 架构

除了前端驱动程序(在客户操作系统中实现)和后端驱动程序(在 Hypervisor 中实现)之外，Virtio 还定义了两个层次来支持客户操作系统到 Hypervisor 的通信。上层(virtio 层)是虚拟队列接口，它在概念上将前端驱动程序附加到后端驱动程序。驱动程序可以使用 0 个或多个队列，具体数量取决于需求。例如，Virtio 网络驱动程序使用两个虚拟队列(一个用于接收，另一个用于发送)，而 Virtio 块驱动程序仅使用一个虚拟队列。虚拟队列实际上被视为跨越客户操作系统和 Hypervisor 的衔接点。但这可以通过任意方式实现，前提是客户操作系统和 Hypervisor 以相同的方式实现它。下层是 transport 层，利用 virtio_ring 基础架构，实现对前端驱动的具体功能的配置，负责 virtio 层和后端驱动进而到 Hypervisor 的交互(数据的接收和发送)，具体实现位于 driver/virtio/virtio_ring.c。

如图 6-8 所示，列出了 5 个前端驱动程序，分别为块设备(比如磁盘)、网络设备、PCI 模拟、balloon 驱动程序和 console 驱动程序。每个前端驱动程序在 Hypervisor 中有一个对应的后端驱动程序。

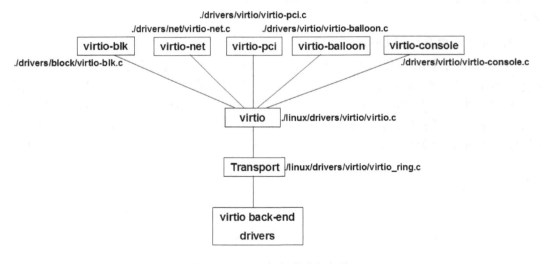

图 6-8　Virtio 框架的高级架构

从客户操作系统的角度来看，对象层次结构的定义如图 6-9 所示。在顶级的是 virtio_driver，它在客户操作系统中表示前端驱动程序。与该驱动程序匹配的设备由 virtio_device(设备在客户操作系统中的表示)封装。这引用 virtio_config_ops 结构(它定义了配置 virtio 设备的操作)。virtio_device 由 virtqueue 引用(它包含一个到它服务的 virtio_device 的引用)。最后，每个 virtqueue 对象引用 virtqueue_ops 对象，后者定义处理 Hypervisor 的驱动程序的底层队列操作。队列操作是 virtio API 的核心，接下来详细介绍 virtqueue_ops 的操作。

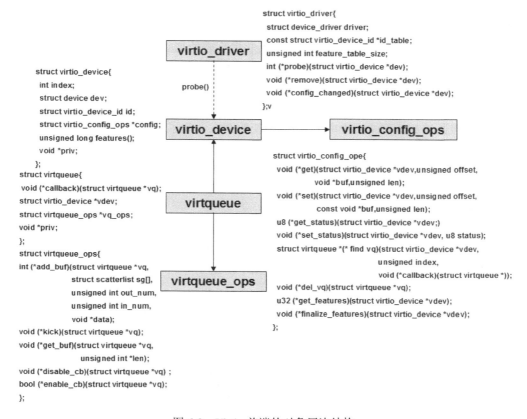

图 6-9　Virtio 前端的对象层次结构

该流程以创建 virtio_driver 并通过 register_virtio_driver 进行注册开始。virtio_driver 结构定义上层设备驱动程序、驱动程序支持的设备 ID 的列表、一个特性表单(取决于设备类型)和一个回调函数列表。当 Hypervisor 识别到与设备列表中的设备 ID 相匹配的新设备时，将调用 probe 函数(由 virtio_driver 对象提供)来传入 virtio_device 对象。将这个对象和设备的管理数据缓存起来(以独立于驱动程序的方式缓存)。可能要调用 virtio_config_ops 函数来获取或设置特定于设备的选项，例如，为 virtio_blk 设备获取磁盘的 Read/Write 状态或设置块设备的块大小，具体情况取决于启动器的类型。

注意，virtio_device 不包含到 virtqueue 的引用(但 virtqueue 确实引用了 virtio_device)。要识别与该 virtio_device 相关联的 virtqueue，需要结合使用 virtio_config_ops 对象和 find_vq 函数。该对象返回与这个 virtio_device 实例相关联的虚拟队列。find_vq 函数还允许为 virtqueue 指定一个回调函数(查看图 6-9 中的 virtqueue 结构)。

virtqueue 是一个简单的结构，它识别一个可选的回调函数(在 Hypervisor 使用缓冲池时调用)、一个到 virtio_device 的引用、一个到 virtqueue 操作的引用，以及一个引用要使用底层实现的特殊 priv 引用。虽然 callback 是可选的，但是它能够动态地启用或禁用回调。

该层次结构的核心是 virtqueue_ops，它定义了客户操作系统和 Hypervisor 之间移动命令和数据的方式。

3. 核心 API

通过 virtio_device 和 virtqueue 将客户操作系统驱动程序与 Hypervisor 的驱动程序链接起来。virtqueue 支持它自己的由 5 个函数组成的 API。可以使用第一个函数 add_buf 来向 Hypervisor 提供请求。如前面所述，该请求以散集列表的形式存在。对于 add_buf，客户操作系统提供用于将请求添加到队列的 virtqueue、散集列表(地址和长度数组)、用作输出条目(目标是底层 Hypervisor)的缓冲池数量，以及用作输入条目(Hypervisor 将为它们储存数据并返回到客户操作系统)的缓冲池数量。当通过 add_buf 向 Hypervisor 发出请求时，客户操作系统能够通过 kick 函数通知 Hypervisor 新的请求。为了获得最佳的性能，客户操作系统应该在通过 kick 发出通知之前将尽可能多的缓冲池装载到 virtqueue 中。

通过 get_buf 函数触发来自 Hypervisor 的响应。客户操作系统仅需调用该函数或通过提供的 virtqueue callback 函数等待通知就可以实现轮询。当客户操作系统知道缓冲区可用时，调用 get_buf 返回完成的缓冲区。

virtqueue API 的最后两个函数是 enable_cb 和 disable_cb。可以使用这两个函数来启用或禁用回调进程(通过在 virtqueue 中由 virtqueue 初始化的 callback 函数)。注意，该回调函数和 Hypervisor 位于独立的地址空间中，因此调用通过一个间接的 Hypervisor 来触发(比如 kvm_hypercall)。

缓冲区的格式、顺序和内容仅对前端和后端驱动程序有意义。内部传输(当前实现中的连接点)仅移动缓冲区，并且不知道它们的内部表示。

6.4　QEMU 内存模型

QEMU 内存 API 仿真了 QEMU 的内存，I/O 总线以及对应的控制器，主要包括以下部分的仿真：

(1) 常规内存。

(2) I/O 映射内存(MMIO)。

(3) 内存控制器(将物理内存动态地映射到不同的虚拟地址空间)。

QEMU 内存模型主要包括以下功能：

(1) 跟踪目标机内存的变化。

(2) 为 KVM 建立共享内存(Coalesced Memory)。

(3) 为 KVM 建立 ioeventfd regions。

QEMU 的内存以 MemoryRegion 对象为单位被组织成无环的树型结构，树的根是从 CPU 的角度(the system bus)可见的内存(system memory)，树中的节点表示其他总线，内存控制器以及被重新映射过的内存区域，叶子节点表示真正的 RAM Regions 和 MMIO Regions。QEMU 中包含四种类型的 Memory Regions，通过 C 数据结构 struct Memory Region 来表示。

(1) RAM Region：目标机可用的主机上的一段虚拟地址空间。

(2) MMIO Region：注册了 read 和 write 回调函数(callbacks functions)的一段目标机地

址空间，对这段空间的读写操作将会调用主机上的回调函数。

(3) Container：多个 Memory Regions 的集合，每个 MR 在 Container 中有不同的 offset。

(4) Alias：某个 MR 的 subsection，Alias 类型的 MR 可以指向任何其他类型的 MR。

Memory Regions 的 name 通过每个 MR 的构造函数进行赋值，对于大多数的 MR 来说，其 name 仅仅用作调试使用，但有时也用来定位在线迁移的内存。每个 MR 通过构造函数 memory_region_init*() 来创建，并通过析构函数 memory_region_destroy() 来销毁，然后通过 memory_region_add_subregion() 将其添加到目标系统的地址空间中，并通过 memory_region_del_subregion() 从地址空间中删除，另外，每个 MR 的属性在任何地方都可以被改变。通常来说，不同的 MR 不会重叠，但是有时候，MR 的重叠是很有用的，目标系统可用通过 memory_region_add_subregion_overlap() 允许同一个 container 中的两个 MR 的地址空间重叠，重叠的 MR 具有优先级的属性(priority)，用来标识当前哪个 MR 是可见的。

当目标系统访问某个地址空间时，QEMU 内存管理系统按照如下规则选择一个 MR：

(1) 从根节点按照降序的优先级进行匹配。

(2) 如果当前的 MR 是叶子节点，搜索过程终止。

(3) 如果当前 MR 是 Container，相同的算法在 Container 中搜索。

(4) 如果当前 MR 是 Alias，搜索从 Alias 指向的 MR 继续进行。

图 6-10 是简单的 PC 内存映射图，4 G 的 RAM 地址空间通过两个 Alias MR 被映射到目标系统的地址空间中。其中 lomem 采用一一映射的方式共映射了 4 G 地址空间的前 3.5 G，himem 映射剩下的 0.5 G 的地址空间(图 6-10 中被称为 pci-hole)。内存控制器将 640 k～768 k 的 RAM 地址重新映射到 PCI 地址空间，命名为 vga-window，并且比原来 RAM 中的这段地址空间有更高的优先级，保证了访问这段地址空间是访问 PCI 地址空间中的这段地址空间。

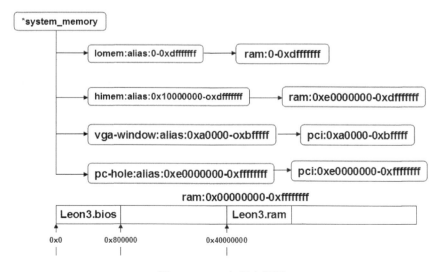

图 6-10　PC 内存映射图

在系统中，只有 system memory 管理的地址空间是 CPU 可见的，PCI 地址空间并不是

system memory 的孩子节点，通过创建 vga-window 和 pci-hole 两个 PCI 地址空间中两个子空间的别名的方式，使得 PCI 地址空间中的部分 Region 对 CPU 是可见的。Memory Region 的属性包括 read-only、dirty logging、coalesced mmio、ioeventfd 等，MMIO 类型的 MR 提供了 read() 和 write() 两个回调函数，另外还附加了一些限制条件用来控制对两个回调函数的调用。

6.5 QEMU 的 PCI 总线与设备

6.5.1 PCI 结构简介

每一个 PCI 设备都对应一段内存空间，里面按照地址位置放置 PCI 设备的信息，如表 6-2 所示，包括厂家信息、bar 信息、中断等，也可以理解成一个数组，一些设备一出厂，相关的信息已经写在里面，这里的模拟设备的所有信息都要进行动态的读和写，在这里只列出了相关的数据。

表 6-2 PCI 设备信息表

PCI 设备内存低地址 \\ PCI 设备内存高地址	0x00	0x04	0x08	0x0C
0x00	Vendor ID Dev ID	command		
0x10	bar0 addr	bar1 addr	bar2 addr	bar3 addr
0x20	bar4 addr	bar5 addr		
0x30			interrupt line	

6.5.2 QEMU 的 PCI 总线

QEMU 在初始化硬件的时候，最开始的函数是 pc_init1。在这个函数里会相继地初始化 CPU，中断控制器，ISA 总线，然后就要判断是否需要支持 PCI，如果支持则调用 i440fx_init 初始化 PCI 总线。

i440fx_init 函数主要参数是之前初始化好的 ISA 总线以及中断控制器，返回值是 PCI 总线，之后就可以将设备统统挂载在 PCI 总线上面，下面来简单分析一下这个函数：

```
dev = qdev_create(NULL, "i440FX-pcihost");
s = FROM_SYSBUS(I440FXState, sysbus_from_qdev(dev));
b = pci_bus_new(&s->busdev.qdev, NULL, 0);
s->bus = b;
qdev_init_nofail(dev);
d = pci_create_simple(b, 0, "i440FX");
*pi440fx_state = DO_UPCAST(PCII440FXState, dev, d);
```

```
piix3 = DO_UPCAST(PIIX3State,dev,pci_create_simple_multifunction(b, -1,true,"PIIX3"));
piix3->pic = pic;
pci_bus_irqs(b, piix3_set_irq, pci_slot_get_pirq, piix3, 4);
(*pi440fx_state)->piix3 = piix3;
```

经过上面的初始化可得到系统的主 PCI 总线，接着挂载设备。另外，在 Linux 里面可以使用命令 lspci -t 来查看 PCI 总线的结构图。

6.5.3　QEMU 的 PCI-PCI 桥

在 QEMU 中，所有的设备包括总线、桥、一般设备都对应一个设备结构，通过 register 函数将所有的设备链接起来，就像 Linux 的模块一样，在 QEMU 启动时会初始化所有的 QEMU 设备，而对于 PCI 设备来说，QEMU 在初始化以后还会进行一次 RESET，将所有的 PCI bar 上的地址清空，然后进行统一分配。

QEMU(x86)里面的 PCI 的默认设备都是挂载在主总线上的，PCI-PCI 桥的作用一般是连接两个总线，然后进行终端和 I/O 的映射。为了方便，我们把 Power PC 架构里面的 DEC 桥拿来使用，关键就是包含一下头文件，修改 x86 下面的配置文件，将 DEC 桥配置好，这种 i440FX 加 DEC 的组合在真实设备上并不常见。

有了现成的桥使用起来就很简单了，代码如下，参数是之前的主 PCI 总线，返回子总线。

```
sub_bus= pci_dec_21154_init(pci_bus,-1);
```
DEC 桥的初始化过程：
```
PCIBus *pci_dec_21154_init(PCIBus *parent_bus, int devfn)
{
    PCIDevice *dev;
    PCIBridge *br;
    dev = pci_create_multifunction(parent_bus, devfn, false, "dec-21154-p2p-bridge");
    br = DO_UPCAST(PCIBridge, dev, dev);
    pci_bridge_map_irq(br, "DEC 21154 PCI-PCI bridge", dec_map_irq);
    qdev_init_nofail(&dev->qdev);
    return pci_bridge_get_sec_bus(br);
}
static int dec_21154_initfn(PCIDevice *dev)
{
    int rc;
    rc = pci_bridge_initfn(dev);
    if (rc < 0)
    {
        return rc;
    }
```

```
pci_config_set_vendor_id(dev->config, PCI_VENDOR_ID_DEC);
pci_config_set_device_id(dev->config, PCI_DEVICE_ID_DEC_21154);
return 0;
}
```

通过上面的几个关键步骤就能初始化一个我们自己的 PCI 桥设备。使用 lspci -t 能够看到我们自己初始化桥的结构图。

6.5.4　QEMU 的 PCI 设备

一般的 PCI 设备其实和桥很像，甚至更简单，关键区分桥和一般设备的地方就是 class 属性和 bar 地址。下面看一下一个标准的 PCI 设备结构是怎么样的。

```
static PCIDeviceInfo fpga_info={
    .qdev.name = "fpga",
    .qdev.size = sizeof(FPGAState),
    .init = pci_fpga_init,
};
    static void fpga_register_devices(void)
    {
        pci_qdev_register(&fpga_info);
    }
    device_init(fpga_register_devices) ;
```

在上面的过程中，pci_fpga_init 函数在之前的内容中已描述过，在此就不展开了，然而其中主要的一条就是给 bar 分配 I/O 地址，调用函数如下：

```
pci_register_bar(&s->dev,0,0x800,PCI_BASE_ADDRESS_SPACE_IO,fpga_ioport_map);
```

其中第一个参数是设备，第二个参数是 bar 的编号，每个 PCI 设备有 6 个 bar，对应 0～5，可在表 6-2 中的 PCI 基本信息中看到这 6 个 bar，这个也是后文中提到的 6 个 region，我们这里设置第一个也就是 0，第三个参数是分配的 I/O 地址空间范围，第四个参数表示 I/O 类型是 PIO 而不是 MMIO，最后一个参数是 I/O 读写映射函数。

在这里会发现一个问题，这里并没有给设备分配 I/O 空间的基地址，只有一个空间长度而已，这也进一步说明 PCI 设备在 QEMU 中一般是随机动态分配空间的，通过不断的 updatemapping 来不断更新 I/O 空间的映射。

当 PCI 设备结构都构造好以后，就可以通过 pci_create_simple_multifunction(sub_bus, -1,true,"fpga"))来挂载设备了，这里的 sub_bus 就是我们之前通过创建桥得到的子总线。通过上文我们了解了 QEMU 基本的 PCI 设备，并且能成功地添加一个 PCI 桥和一个设备，但是遗留了一个问题就是如何给一个 PCI 设备的 bar 动态分配一个 IO 基地址呢？接下来的内容将进一步讨论。

上文中，在 QEMU 中已经成功地虚拟了一个 PCI 桥和一个 PCI 设备，接下来就来给它们分配固定的 I/O 基地址。

要给 PCI 设备分配固定的 I/O 基地址，那么就需要先了解 PCI 设备是如何刷新和分配

I/O 基地址的。

1. PCI 设备的重置与刷新

PCI 在需要的时候，比如第一次启动，I/O 重叠等就需要重置 PCI 设备，并且清空 PCI bar 上面的地址信息，主要调用函数为 pci_device_reset。

```
void pci_device_reset(PCIDevice *dev)
{
    int r;
        ... ...
        ... ...
        dev->config[PCI_CACHE_LINE_SIZE] = 0x0;
    dev->config[PCI_INTERRUPT_LINE] = 0x0;
    for (r = 0; r < PCI_NUM_REGIONS; ++r)
    {
        PCIIORegion *region = &dev->io_regions[r];
        if (!region->size)
        {
            continue;
        }
        if (!(region->type & PCI_BASE_ADDRESS_SPACE_IO) &&
            region->type & PCI_BASE_ADDRESS_MEM_TYPE_64)
        {
            pci_set_quad(dev->config + pci_bar(dev, r), region->type);
        } else
        {
            pci_set_long(dev->config + pci_bar(dev, r), region->type);
            pci_update_mappings(dev);
        }
    }
    pci_update_mappings(dev);
}
```

刷新 I/O 地址函数展开如下：

```
static void pci_update_mappings(PCIDevice *d)
{
    PCIIORegion *r;
    int i;
    pcibus_t new_addr, filtered_size;
    for(i = 0; i < PCI_NUM_REGIONS; i++)
    {
```

```
            r = &d->io_regions[i];
            if (!r->size)
                    continue;
            new_addr = pci_bar_address(d, i, r->type, r->size);
            filtered_size = r->size;
            if (new_addr != PCI_BAR_UNMAPPED)
            {
                    pci_bridge_filter(d, &new_addr, &filtered_size, r->type);
            }
            if (new_addr == r->addr && filtered_size == r->filtered_size)
                    continue;
                    ... ...
                    ... ...
            }
    }
```

得到设备 bar 上存储的基地址的函数展开如下：

```
        static pcibus_t pci_bar_address(PCIDevice *d, int reg, uint8_t type, pcibus_t size)
        {
        pcibus_t new_addr, last_addr;
        int bar = pci_bar(d, reg);
        uint16_t cmd = pci_get_word(d->config + PCI_COMMAND);
        if (type & PCI_BASE_ADDRESS_SPACE_IO)
        {
            if (!(cmd & PCI_COMMAND_IO))
            {
                return PCI_BAR_UNMAPPED;
            }
            new_addr = pci_get_long(d->config + bar) & ~(size - 1);
            last_addr = new_addr + size - 1;
            if (last_addr <= new_addr || new_addr == 0 || last_addr > UINT16_MAX)
            {
                return PCI_BAR_UNMAPPED;
            }
            return new_addr;
        }
        ... ...
        ... ...
    }
```

从这里可以看出，要保证地址不被清空，只要保证之前有基地址，而且合法即可。所以，只要 reset 不清空地址，那么在这里只要地址合法，就不会清空映射好的地址。

当刷新得到新地址以后就进行与父桥的地址匹配，函数展开如下：

```
static void pci_bridge_filter(PCIDevice *d, pcibus_t *addr, pcibus_t *size, uint8_t type)
{
    ... ...
    ... ...
    base = MAX(base, pci_bridge_get_base(br, type));
    limit = MIN(limit, pci_bridge_get_limit(br, type));
    if (base > limit)
    {
        goto no_map;
    }
    *addr = base;
    *size = limit - base + 1;
    return;
    no_map:
    *addr = PCI_BAR_UNMAPPED;
    *size = 0;
}
```

从这个函数可以看出，设备的地址分配是受桥的地址分配约束的，只要桥的地址分配了，设备的地址就只能分配在桥的范围内，否则就会被置为无效，然后重新分配，一直到分配在桥的范围内为止。所以只要固定了桥的地址，自然就固定了设备的地址。因此只需要初始化桥的地址，并且在 reset 的时候跳过桥的基地址重置，就能实现设备和桥地址的固定。添加的函数和代码如下：

添加桥的初始地址，因为桥的地址固定写在 bar3 上，通过写 20 可以将基地址固定在 0x2000 上，同时还需要写命令位，设置为 1。

```
static int dec_21154_initfn(PCIDevice *dev)
{
    ... ...
    ... ...
    pci_set_word(dev->config + PCI_BASE_ADDRESS_3,0x2020);
    pci_set_word(dev->config + PCI_COMMAND,0x1);
    void pci_device_reset(PCIDevice *dev);
    return 1;
}
```

在重置桥里面过滤我们的桥，通过 dev 的名字可以识别我们自己定义的设备，如果是我们的设备就不重置，直接进行更新 I/O 映射。

```
void pci_device_reset(PCIDevice *dev)
{
```

```
if(strcmp(dev->name,"dec_name")==0)
{
        pci_update_mappings(dev);
        return;
}
... ...
... ...
}
```

通过上面的步骤就能实现一般的 I/O 基地址固定，我们可以在 Linux 中使用 cat /proc/ioports 命令来查看当前 PCI 设备的 I/O 映射地址关系。

2. 直接重写 config_write 函数

用这种方法测试过几种操作系统，不同系统的 PCI 设备初始化可能会有区别，有些不能够自适应分配 I/O 基地址设备的，那么就需要强行 overide PCI 配置读写函数。

在 QEMU 中，每一个 PCI 设备都要注册一个读写配置函数，用来提供给操作系统读写 PCI 设备的内存信息，通过读写这两个函数，就能实现对 PCI 设备 I/O 基地址进行设置，而我们的 I/O 基地址之所以会动态地变化，是因为这个函数将新的 I/O 基地址写到了我们虚拟的 PCI 设备的 bar 里面，造成我们自己设置的基地址被覆盖。如果我们不重写它，就使用系统默认的配置函数，不改变重写的数值，如果我们有些特殊的需求，如强行给 PCI 内存赋值，就可以重写这个函数。

这样做我们需要修改之前定义的设备结构体。在结构体里面增添 .config_write 和 .config_read。并且在 write 里面强行地把基地址写成我们想固定的地址。

```
static PCIDeviceInfo fpga_info={
        .qdev.name = "fpga",
        .qdev.size = sizeof(FPGAState),
        .init  = pci_fpga_init,
        .config_write = fpga_config_write,
        .config_read = fpga_config_read,
};
void fpga_write_config(PCIDevice *d, uint32_t addr, uint32_t val, int l)
{
        if(addr = 0x10)
                pci_default_write_config(d,addr,0x20,l);
        else
                pci_default_write_config(d,addr,val,l);
}
```

同样的方法我们也可以用在桥里面，将桥的 I/O 基地址固定，然而桥的 PCI 桥地址的基地址是放在 bar3 上的，所以需要判断 1d，如：

```
if(addr==1d)
```

```
        pci_bridge_write_config(d,addr,0x20,l);
    else
        pci_bridge_write_config(d,addr,val,l);
```

这样就强行地将两者的 I/O 基地址固定了，这个在操作系统上测试已通过，并且 KVM I/O 拦截运行正常。

通过上面两种改写就能够确保模拟出来的 PCI 总线设备和桥固定在我们想要的 I/O 空间段，不用系统随机地分配。这样做可以满足我们一些特殊化的需求，如某些板子的某些设备是固定 I/O 地址的，而相应的操作系统不是通过 class、subclass、vendor、device ID 这些来读取设备，而是通过固定 I/O 来访问设备的。对一些固定的操作系统有更强的兼容性。另外也在一定程度上帮助我们更深入地理解 PCI 设备，理解硬件与操作系统的 I/O 交互。

本 章 小 结

本章首先从整体上介绍了 QEMU 的基本实现原理、支持模拟的硬件设备以及所具有的特性，然后进一步分析了 QEMU 的三种运行模型，对于后面从源码的层面理解 QEMU 有一定的指导作用。接下来深入剖析 QEMU 的源码结构，同时针对 QEMU 最核心的三部分线程事件模型、libkvm 模块以及 Virtio 组件给出了详细的注释和分析。最后，QEMU 作为虚拟设备的模拟器，重点是模拟内存和 PCI 设备，因此本章对 QEMU 内存模型和 PCI 设备的模拟给出了具体的介绍和分析。通过本章的学习读者可以对 QEMU 从整体架构到具体实现有一个系统的认识和掌握。

第七章 KVM 虚拟机管理应用实践

7.1 libvirt

7.1.1 libvirt 简介

提到 KVM 的管理工具，就不得不介绍大名鼎鼎的 libvirt。libvirt 是为了更方便地管理平台虚拟化技术而设计的开放源代码的应用程序接口。libvirt 包含一个守护进程和一个管理工具，不仅能提供对虚拟化客户机的管理，也提供了对虚拟化网络和存储的管理。可以说，libvirt 是一个软件集合，便于使用者管理虚拟机和使用其他虚拟化功能，比如存储和网络接口管理等等。

libvirt 的主要目标是提供一种单一的方式，管理多种不同的虚拟化提供方式和 Hypervisor。当前主流 Linux 平台上常用的虚拟化管理工具 virt-manager、virsh、virt-install 等都是基于 libvirt 开发而成的。

libvirt 可以支持多种不同的 Hypervisor，针对不同的 Hypervisor，libvirt 提供了不同的驱动，有对 Xen 的驱动，有对 QEMU 的驱动，有对 VMware 的驱动。libvirt 屏蔽了底层各种 Hypervisor 的细节，对上层管理工具提供了一个统一的、稳定的 API。因此，通过 libvirt 这个中间适配层，用户空间的管理工具可以管理多种不同的 Hypervisor 及其上运行的虚拟客户机。

在 libvirt 中有几个重要的概念，一个是节点，一个是 Hypervisor，一个是域。各概念解释如下：

(1) 节点(Node)：通常指一个物理机器，在这个物理机器上通常运行着多个虚拟客户机。Hypervisor 和域都运行在节点之上。

(2) Hypervisor：通常指 VMM，例如 KVM、Xen、VMware、Hyper-V 等。Hypervisor 可以控制一个节点，让其能够运行多个虚拟机。

(3) 域(Domain)：指在 Hypervisor 上运行的一个虚拟机操作系统实例。域在不同的虚拟化技术中可能名字不同。例如在亚马逊的 AWS 云计算服务中被叫做实例(instance)，而有时域也叫做客户机、虚拟机、客户操作系统等。

节点、Hypervisor 和域之间的关系如图 7-1 所示。

libvirt 的主要功能如下：

(1) 虚拟机管理。包括对节点上的各虚拟机

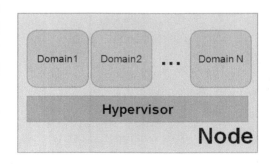

图 7-1　节点、Hypervisor 和域之间的关系图

的生命周期的管理，比如启动、停止、暂停、保存、恢复和迁移；也包括支持对多种设备类型的热插拔操作，例如磁盘、网卡、内存和 CPU 等。

（2）远程节点的管理。只要物理节点上运行了 libvirt daemon，那么，远程节点上的管理程序就可以连接到该节点，然后进行管理操作，所有的 libvirt 功能就都可以访问和使用；libvirt 支持多种网络远程传输，例如使用最简单的 SSH 时不需要额外配置工作。若 example.com 节点上运行了 libvirt，而且允许 SSH 访问，下面的命令行就可以在远程的主机上使用 virsh 连接到 example.com 节点，从而管理 example.com 节点上的虚拟机：

　　　　　virsh --connect qemu+ssh://root@example.com/system

（3）存储管理：任何运行了 libvirt daemon 的主机，都可以通过 libvirt 管理不同类型的存储，包括创建不同格式的文件映像(qcow2、vmdk、raw 等)，挂接 NFS 共享，列出现有的 LVM 卷组，创建新的 LVM 卷组和逻辑卷，对未处理过的磁盘设备分区，挂接 iSCSI 共享，等等。因为 libvirt 可以远程工作，所以这些都可以通过远程主机进行管理。

（4）网络接口管理：任何运行了 libvirt daemon 的主机，都可以通过 libvirt 管理物理和逻辑的网络接口。可以列出现有的网络接口卡、配置网络接口、创建虚拟网络接口，以及桥接、vlan 管理和关联设备等。

（5）虚拟 NAT 和基于路由的网络：任何运行了 libvirt daemon 的主机都可以通过 libvirt 管理和创建虚拟网络。libvirt 虚拟网络使用防火墙规则作为路由器，让虚拟机可以透明访问主机的网络。

libvirt 概括起来包括一个应用程序编程接口库(API 库)、一个 daemon(守护进程, libvirtd)和一个命令行工具(virsh)。API 库为其他的虚拟机管理工具提供编程的程序接口库。libvirtd 负责对节点上的域进行监管，在使用其他工具管理节点上的域时，libvirtd 需要一直在运行状态。virsh 是 libvirt 默认给定的一个对虚拟机进行管理的命令行工具。

有了对 libvirt 的大致理解，可以将 libvirt 分为三个层次结构，如图 7-2 所示。

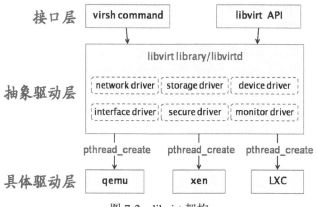

图 7-2　libvirt 架构

在图 7-2 中将 libvirt 分为三层，最底层为驱动层，中间层为 libvirt 的抽象驱动层，顶层为 libvirt 提供的接口层。参照图 7-2 给出通过 virsh 命令或接口创建虚拟机实例的执行步骤如下：

（1）在接口层，virsh 命令或 API 接口创建虚拟机。

（2）在抽象驱动层，调用 libvirt 提供的统一接口。

(3) 在具体驱动层，调用底层的相应虚拟化技术的接口，如果 driver=qemu，那么此处调用的 qemu 注册到抽象驱动层上的函数为 qemuDomainCreateXML()。

(4) 最后，拼装 shell 命令并执行。以 QEMU 为例，函数 qemuDomainCreateXML() 首先会拼装一条创建虚拟机的命令，比如"qemu -hda disk.img"，然后创建一个新的线程来执行。

通过上面的四个步骤可以发现，libvirt 通过 4 步将最底层的直接在 shell 中输入命令来完成的操作进行了抽象封装，给应用程序开发人员提供了统一的、易用的接口。

7.1.2　libvirt 的编译和安装

可以通过多种方式安装 libvirt。普通用户如果只是使用 libvirt，可以直接通过 apt-get 安装，以 apt-get 的方式安装 libvirt 时，只需执行"apt-get install libvirt-dev"命令即可。如果作为开发者，想要对 libvirt 多一些深入的了解，可以从 libvirt 的源码进行安装。本书以源码安装方式为例，其他方式不再赘述。

1. 下载 libvirt 源代码

libvirt 的官方网站是 http://libvirt.org/，可以从 libvirt 的官方网站下载 libvirt 的源代码的 tar.gz 压缩包。另外，也可以使用 git 工具将开发中的 libvirt 源代码克隆到本地。

在图 7-3 中点击"Downloads"可以进入 libvirt 的下载页面，如图 7-4 所示。

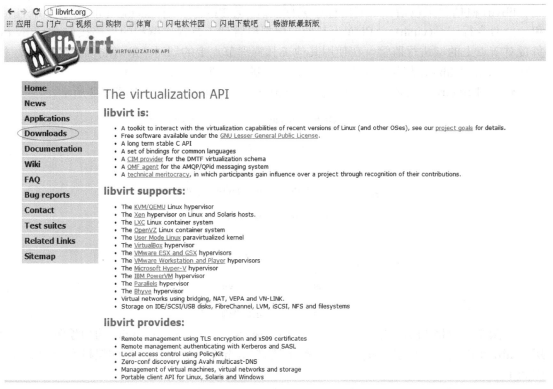

图 7-3　libvirt 官网

Downloads

- Official Releases
- Hourly development snapshots
- Maintenance releases
- GIT source repository
- Application Development Guide PDF
- Application Development Guide source GIT repository

Official Releases

The latest versions of the libvirt C library can be downloaded from:

- libvirt.org FTP server
- libvirt.org HTTP server

Hourly development snapshots

Once an hour, an automated snapshot is made from the git server source tree. These snapshots should be usable, but we make no guarant considered formal releases, and they may have transient security problems that will not be assigned a CVE.

- libvirt.org FTP server
- libvirt.org HTTP server

Maintenance releases

In the git repository are several stable maintenance branches, matching the pattern *major.minor.micro-maint*; these branches are forked off th have further releases of the form *major.minor.micro.rel*. These maintenance branches should only contain bug fixes, and no new features, ba as at least one downstream distribution expresses interest in a given branch. These maintenance branches are considered during CVE analys

For more details about contents of maintenance releases, see the wiki page.

GIT source repository

Libvirt code source is now maintained in a git repository available on libvirt.org:

Home
News
Applications
Downloads
  Windows
  Language
  bindings
Documentation
Wiki
FAQ
Bug reports
Contact
Test suites
Related Links
Sitemap

图 7-4　libvirt 下载页面

从图 7-4 中可以看出，在 libvirt 官网给出了几种下载 libvirt 的方式，Hourly development snapshots 表示每小时的开发快照，Maintenance release 表示维护性发布版本。GIT source repository 表示使用 git 源码仓库进行下载，通过页面上给出的链接"git clone git://libvirt.org/libvirt.git"下载安装即可，本书不再赘述。

通常使用官方正式发布的版本(Official releases)，点击页面上的"Official Releases"下面的任意一个链接(一个是 FTP 服务器，一个是 HTTP 服务器)，即可看见 libvirt 的各个版本的文件，选择合适的版本下载安装。本书以 libvirt 1.2.0 版本举例说明。

可以通过"wget"命令下载"libvirt-1.2.0.tar.gz"源码包，下载后将其解压缩。wget 命令可以从互联网下载文件，支持 HTTP 和 FTP 传输协议。具体操作如下：

root@kvm-host:~/xjy/test# wget http://libvirt.org/sources/libvirt-1.2.0.tar.gz

--2015-01-06 17:06:59--　http://libvirt.org/sources/libvirt-1.2.0.tar.gz

Resolving libvirt.org (libvirt.org)... 91.121.203.120

Connecting to libvirt.org (libvirt.org)|91.121.203.120|:80... connected.

HTTP request sent, awaiting response... 200 OK

Length: 26916717 (26M) [application/x-gzip]

Saving to: libvirt-1.2.0.tar.gz

100%[===>] 26,916,717　　863KB/s　　in 56s

2015-01-06 17:07:56 (467 KB/s) - libvirt-1.2.0.tar.gz   saved [26916717/26916717]

```
root@kvm-host:~/xjy/test# ls
libvirt-1.2.0.tar.gz
root@kvm-host:~/xjy/test# tar -zxf libvirt-1.2.0.tar.gz
root@kvm-host:~/xjy/test# ls
libvirt-1.2.0   libvirt-1.2.0.tar.gz
root@kvm-host:~/xjy/test# cd libvirt-1.2.0
root@kvm-host:~/xjy/test/libvirt-1.2.0# ls
ABOUT-NLS       ChangeLog       daemon          libvirt.spec          NEWS
aclocal.m4      ChangeLog-old   docs            libvirt.spec.in       po
AUTHORS         config.h.in     examples        m4                    README
AUTHORS.in      config-post.h   gnulib          maint.mk              run.in
autobuild.sh    configure       GNUmakefile     Makefile.am           src
autogen.sh      configure.ac    include         Makefile.in           tests
build-aux       COPYING         INSTALL         Makefile.nonreentrant TODO
cfg.mk          COPYING.LESSER  libvirt.pc.in   mingw-libvirt.spec.in tools
```

进入 libvirt-1.2.0 目录后，下一步就是配置和编译 libvirt。

2. 配置 libvirt

配置 libvirt 时，需运行 libvirt 安装目录下的 configure 脚本文件。查看有哪些配置选项时使用命令："./configure --help"，操作如下所示：

```
root@kvm-host:~/xjy/libvirt# cd libvirt-1.2.0/
root@kvm-host:~/xjy/libvirt/libvirt-1.2.0# ./configure --help
`configure' configures libvirt 1.2.0 to adapt to many kinds of systems.

Usage: ./configure [OPTION]... [VAR=VALUE]...

To assign environment variables (e.g., CC, CFLAGS...), specify them as
VAR=VALUE.   See below for descriptions of some of the useful variables.

Defaults for the options are specified in brackets.

Configuration:
  -h, --help              display this help and exit
      --help=short         display options specific to this package
      --help=recursive    display the short help of all the included packages
  -V, --version           display version information and exit
  -q, --quiet, --silent    do not print `checking ...' messages
```

```
    --cache-file=FILE        cache test results in FILE [disabled]
-C, --config-cache           alias for `--cache-file=config.cache'
-n, --no-create              do not create output files
    --srcdir=DIR             find the sources in DIR [configure dir or `..']


Installation directories:
  --prefix=PREFIX              install architecture-independent files in PREFIX
                               [/usr/local]
  --exec-prefix=EPREFIX        install architecture-dependent files in EPREFIX
                               [PREFIX]


By default, `make install' will install all the files in
`/usr/local/bin', `/usr/local/lib' etc.    You can specify
an installation prefix other than `/usr/local' using `--prefix',
for instance `--prefix=$HOME'.
<!--省略其余内容-->
```

从上面的配置帮助信息可以看出，"--prefix"参数指定自定义的安装路径，如果不使用"--prefix"参数，那么运行"make install"命令安装时默认将 libvirt 的相关文件安装到"/usr/local/bin"、"/usr/local/lib"等目录中。如果想更改安装目录，可以给"./configure"添加"--prefix"参数，也可在"./configure"命令成功后修改 Makefile 文件中的"prefix = /usr/local"的指定路径为自定义路径。

配置 libvirt 编译环境的命令为"./configure"，具体操作如下所示：

```
root@kvm-host:~/xjy/libvirt# cd libvirt-1.2.0/
root@kvm-host:~/xjy/libvirt/libvirt-1.2.0# ./configure
checking for a BSD-compatible install... /usr/bin/install -c
checking whether build environment is sane... yes
checking for a thread-safe mkdir -p... /bin/mkdir -p
checking for gawk... gawk
checking whether make sets $(MAKE)... yes
checking whether make supports nested variables... yes
checking whether UID '0' is supported by ustar format... yes
checking whether GID '0' is supported by ustar format... yes
checking how to create a ustar tar archive... gnutar
checking whether make supports nested variables... (cached) yes
checking build system type... x86_64-unknown-linux-gnu
checking host system type... x86_64-unknown-linux-gnu
checking for gcc... gcc
checking whether the C compiler works... yes
<!--省略其余内容-->
```

在配置过程中，经常会因为缺少编译所需的包而导致配置失败。在配置失败时，按照错误提示安装相应的软件包即可，在相应的软件包安装完成后继续执行"./configure"命令进行配置，直到配置成功。

例如，如果./configure 出现以下错误：

```
checking for libdevmapper.h... no

configure: error: You must install device-mapper-devel/libdevmapper >= 1.0.0 to compile libvirt
```

那么，执行命令"apt-cache search libdevmapper"，在"apt-cache"软件仓库中查找是否有 libdevmapper 相关的包，然后使用"apt-get install"命令进行安装即可。具体操作如下所示：

```
root@kvm-host:~/xjy/libvirt/libvirt-1.2.0# apt-cache search libdevmapper

libdevmapper-dev - Linux Kernel Device Mapper header files

libdevmapper-event1.02.1 - Linux Kernel Device Mapper event support library

libdevmapper1.02.1 - Linux Kernel Device Mapper userspace library

root@kvm-host:~/xjy/libvirt/libvirt-1.2.0# apt-get install libdevmapper-dev

<!--省略其余内容-->
```

有时，安装相应的软件包时，又会因为缺少其他的包而引起错误，那么就需关联寻找所需的包依次进行安装。

在默认情况下，libvirt 会配置 QEMU 的驱动支持，也会配置 libvirtd 和 virsh，还会配置 libvirt 对 Python 的绑定。配置完成后就可以进行 libvirt 的编译和安装了。

3. 编译 libvirt

配置./configure 成功后，在 libvirt 安装目录下执行"make"命令编译。命令操作如下：

```
root@kvm-host:~/xjy/libvirt/libvirt-1.2.0# make

make    all-recursive

make[1]: Entering directory `/root/xjy/libvirt/libvirt-1.2.0'

Making all in .

make[2]: Entering directory `/root/xjy/libvirt/libvirt-1.2.0'

make[2]: Leaving directory `/root/xjy/libvirt/libvirt-1.2.0'

Making all in gnulib/lib

make[2]: Entering directory `/root/xjy/libvirt/libvirt-1.2.0/gnulib/lib'

make    all-am

make[3]: Entering directory `/root/xjy/libvirt/libvirt-1.2.0/gnulib/lib'

make[3]: Nothing to be done for `all-am'.

make[3]: Leaving directory `/root/xjy/libvirt/libvirt-1.2.0/gnulib/lib'

make[2]: Leaving directory `/root/xjy/libvirt/libvirt-1.2.0/gnulib/lib'

Making all in include

<!--省略其余内容-->
```

在使用 make 命令时，可以使用 make 的"-j"参数进行多进程编译以提高编译速度。例如："make -j 4"。

4. 安装 libvirt

编译成功后执行"make install"命令进行 libvirt 的安装。在配置和编译 libvirt 时都不需要超级用户(root)权限，但是在安装时需要超级用户(root)权限，如果不是 root 用户登录，需切换用户或使用 sudo 命令。具体操作如下：

```
root@kvm-host:~/xjy/libvirt/libvirt-1.2.0# make install
Making install in .
make[1]: Entering directory `/root/xjy/libvirt/libvirt-1.2.0'
make[2]: Entering directory `/root/xjy/libvirt/libvirt-1.2.0'
make[2]: Nothing to be done for `install-exec-am'.
 /bin/mkdir -p '/usr/local/lib/pkgconfig'
 /usr/bin/install -c -m 644 libvirt.pc '/usr/local/lib/pkgconfig'
make[2]: Leaving directory `/root/xjy/libvirt/libvirt-1.2.0'
make[1]: Leaving directory `/root/xjy/libvirt/libvirt-1.2.0'
Making install in gnulib/lib
make[1]: Entering directory `/root/xjy/libvirt/libvirt-1.2.0/gnulib/lib'
make    install-am
<!--省略其余内容-->
```

libvirt 安装时会默认安装 libvirtd 和 virsh 等可执行程序。可通过以下操作来查看所安装的 libvirt 的安装位置和版本号。

查看 libvirtd 命令位置：

```
root@kvm-host:~/xjy/libvirt/libvirt-1.2.0# which libvirtd
/usr/local/sbin/libvirtd
```

查看 libvirtd 的版本号：

```
root@kvm-host:~/xjy/libvirt/libvirt-1.2.0# libvirtd --version
libvirtd (libvirt) 1.2.0
```

查看 virsh 命令位置：

```
root@kvm-host:~/xjy/libvirt/libvirt-1.2.0# which virsh
/usr/local/bin/virsh
```

查看 virsh 的版本号：

```
root@kvm-host:~/xjy/libvirt/libvirt-1.2.0# virsh --version
1.2.0
```

查看 libvirt 的头文件和库文件：

```
root@kvm-host:~/xjy/libvirt/libvirt-1.2.0# ls /usr/local/include/libvirt
libvirt.h    libvirt-lxc.h    libvirt-qemu.h    virterror.h
root@kvm-host:~/xjy/libvirt/libvirt-1.2.0# ls /usr/local/lib/libvirt*
/usr/local/lib/libvirt.la                /usr/local/lib/libvirt-qemu.so
/usr/local/lib/libvirt-lxc.la            /usr/local/lib/libvirt-qemu.so.0
/usr/local/lib/libvirt-lxc.so            /usr/local/lib/libvirt-qemu.so.0.1002.0
/usr/local/lib/libvirt-lxc.so.0          /usr/local/lib/libvirt.so
```

/usr/local/lib/libvirt-lxc.so.0.1002.0   /usr/local/lib/libvirt.so.0

/usr/local/lib/libvirt-qemu.la   /usr/local/lib/libvirt.so.0.1002.0

/usr/local/lib/libvirt:

connection-driver   lock-driver

5. 查看已经安装的 libvirt

在使用 libvirt 时如果出现以下问题：

error: failed to connect to the hypervisor

error: no valid connection

error: Failed to connect socket to '/usr/local/var/run/libvirt/libvirt-sock': No such file or directory

需查看 libvirt 是否启动，实质是查看 libvirt 的 libvirtd 这个守护进程是否启动。使用以下命令查看 libvirtd 进程是否启动：

ps -le | grep libvirtd

如果没有启动，那么上面的错误就是因此引起的。

启动 libvirtd 进程，可以执行命令"libvirtd -d"，也可以使用命令"service libvirt-bin start"启动。libvirt-bin 是一个服务也是一个 shell 脚本，在该脚本文件中放置着对 libvirtd 的使用方式。

具体操作如下：

root@kvm-host:/etc/init.d# ps –el | grep libvirt

root@kvm-host:/etc/init.d# service libvirt-bin start

libvirt-bin start/running, process 4299

root@kvm-host:/etc/init.d# ps –el | grep libvirt

5 S   0   4299   1 9 80   0 - 94289 poll_s ?   00:00:00 libvirtd

由上述可知，libvirtd 进程已经启动，进程号是 4299。

7.1.3 libvirtd

libvirtd 是 libvirt 虚拟化管理工具的服务器端的守护程序。如果要让某个节点能够用 libvirt 进行管理(无论是本地还是远程管理)，都需要在这个节点上运行着 libvirtd 这个守护进程，以便让其他上层管理工具可以连接到该节点，libvirtd 负责执行其他管理工具发送给它的虚拟化管理操作指令。而 libvirt 的客户端工具(包括 virsh、virt-manager 等)可以连接到本地或远程的 libvirtd 进程，以便管理节点上的客户机(启动、关闭、重启、迁移等)、收集节点上的宿主机和客户机的配置和资源使用状态。

在 Ubuntu 14.04 中 libvirtd 作为一个配置在系统中的服务(service)，可以通过"service"命令来对其进行操作(实际是通过/etc/init.d/libvirt-bin 服务脚本来实现的)。查看该脚本文件的操作如下：

root@kvm-host:~/xjy/libvirt/libvirt-1.2.0# cat /etc/init.d/libvirt-bin

#! /bin/sh

#

```
# Init script for libvirtd
#
# (c) 2007 Guido Guenther <agx@sigxcpu.org>
# based on the skeletons that comes with dh_make
#
### BEGIN INIT INFO
# Provides:              libvirt-bin libvirtd
# Required-Start:        $network $local_fs $remote_fs $syslog
# Required-Stop:         $local_fs $remote_fs $syslog
# Should-Start:          hal avahi cgconfig
# Should-Stop:           hal avahi cgconfig
# Default-Start:         2 3 4 5
# Default-Stop:          0 1 6
# Short-Description: libvirt management daemon
### END INIT INFO


PATH=/usr/local/sbin:/usr/local/bin:/sbin:/bin:/usr/sbin:/usr/bin
DAEMON=/usr/sbin/libvirtd
NAME=libvirtd
DESC="libvirt management daemon"
export PATH
<!--省略其余内容-->
```

在 /etc/init.d/libvirt-bin 文件中的"DAEMON=/usr/sbin/libvirtd"这一行即表示 libvirt-bin
的守护程序指向"/usr/sbin/libvirtd"。在"/usr/sbin"目录下可查看到 libvirtd 文件，操作
如下：

```
root@kvm-host:~/xjy/libvirt/libvirt-1.2.0# ls -l /usr/sbin/libvirtd
-rwxr-xr-x 1 root root 1720777   1 月  7 14:43 /usr/sbin/libvirtd
```

对 libvirt-bin 服务(或者叫 libvirtd 服务)常用的操作方式有"{start|stop|restart|reload
|force-reload|status|force-stop}"，其中"start"命令表示启动 libvirtd，"restart"表示重启 libvirtd，
"reload"表示不重启该服务但需重新加载配置文件(即/etc/libvirt/libvirtd.conf 配置文件)。
对 libvirtd 服务进行操作的命令行示例如下：

```
root@kvm-host:~/xjy/libvirt/libvirt-1.2.0# service libvirt-bin
Usage: /etc/init.d/libvirt-bin {start|stop|restart|reload|force-reload|status|force-stop}
root@kvm-host:~/xjy/libvirt/libvirt-1.2.0# service libvirt-bin start
libvirt-bin start/running, process 7090
root@kvm-host:~/xjy/libvirt/libvirt-1.2.0# service libvirt-bin restart
libvirt-bin stop/waiting
libvirt-bin start/running, process 7272
root@kvm-host:~/xjy/libvirt/libvirt-1.2.0# service libvirt-bin reload
```

```
root@kvm-host:~/xjy/libvirt/libvirt-1.2.0# service libvirt-bin stop
libvirt-bin stop/waiting
root@kvm-host:~/xjy/libvirt/libvirt-1.2.0# service libvirt-bin status
libvirt-bin start/running, process 7272
```

默认情况下，libvirtd 监听在一个本地的 Unix domain socket 上，而没有监听基于网络的 TCP/IP socket，需要使用"-l"或"-listen"的命令行参数来开启对 libvirtd.conf 配置文件中对 TCP/IP socket 的配置。另外，libvirtd 守护进程的启动或停止并不会直接影响到正在运行中的客户机。libvirtd 在启动或重新启动完成时，只要客户机的 XML 配置文件是存在的，libvirtd 就会自动加载这些客户机的配置，以获取它们的信息；当然，如果客户机没有基于 libvirt 格式的 XML 文件在运行，libvirtd 则不能发现它。

libvirtd 是一个可执行程序，不仅可以使用"service"命令调用它作为服务来运行，而且可以单独地运行 libvirtd 命令来使用它。libvirtd 命令行主要有如下几个参数：

    -d，或 --daemon

表示让 libvirtd 作为守护进程(daemon)在后台运行。

    -f，或 --config   <file>

指定 libvirtd 的配置文件为 FILE，而不是使用默认值(通常是/etc/libvirt/libvirtd.conf)。

    -l，或 --listen

开启配置文件中配置的 TCP/IP 连接。

    -p，或 --pid-file <file>

将 libvirtd 进程的 PID 写入到<file>文件中，而不是使用默认值(通常是 /var/run/libvirtd.pid)。

    -t，或 --timeout <secs>

设置对 libvirtd 连接的超时时间为<secs>秒。

    -v，或 --verbose

让命令输出详细的输出信息。特别是运行出错时，详细的输出信息便于用户查找原因。

    --version

显示 libvirtd 程序的版本信息。

7.1.4   virsh

libvirt 在安装时会自动安装一个 shell 工具 virsh。virsh 是一个虚拟化管理工具，是一个用于管理虚拟化环境中的客户机和 Hypervison 的命令行工具，与本章中的 virt-manager 工具类似。

virsh 通过调用 libvirt API 来实现虚拟化的管理，是一个完全在命令行文本模式下运行的工具，系统管理员可以通过脚本程序方便地进行虚拟化的自动部署和管理。在使用时，直接执行 virsh 程序即可获得一个特殊的 shell---virsh，在这个 shell 里面可以直接执行 virsh 的常用命令实现与本地的 libvirt 交互，还可以通过 connect 命令连接远程的 libvirt 与之交互。

virsh 使用 C 语言编写，virsh 程序的源代码在 libvirt 项目源代码的 tools 目录下。实现 virsh 工具最核心的一个源代码文件是 virsh.c 文件。

virsh 管理虚拟化操作时可以使用两种工作模式：一种是交互模式，直接连接到相应的

Hypervisor 上，在命令行输入 virsh 命令执行操作并查看返回结果，可以使用"quit"命令退出连接；另外一种是非交互模式，在终端输入一个 virsh 命令，建立到指定的一个 URI 的连接，执行完成后将结果返回到当前的终端并同时断开连接。

virsh 通过使用 libvirt API 实现了管理 Hypervisor 中节点和域的操作。virsh 实现了对多种 Hypervisor 的管理，除了 QEMU 还包括对 Xen、VMware 等其他 Hypervisor 的支持，因此，virsh 工具中的有些功能可能是 QEMU 不支持的。

查看 virsh 工具的帮助信息，可以使用"virsh -help"命令，也可以使用"man virsh"命令，表 7-1 给出了 virsh 的常用命令。

表 7-1　virsh 常用命令表

命令	说　　明
help	显示该命令的帮助
quit	结束 virsh，回到 shell 终端
connect	连接到指定的虚拟机服务器
create	定义并启动一个新的虚拟机
destroy	删除一个虚拟机
start	开启(已定义过的)的虚拟机(不是启动)
define	从 xml 文件定义一个虚拟机
undefine	取消定义的虚拟机
dumpxml	转储虚拟机的设置值
list	列出虚拟机
reboot	重新启动虚拟机
save	保存虚拟机的状态
restore	恢复虚拟机的状态
suspend	暂停虚拟机的执行
resume	继续执行虚拟机
dump	将虚拟机的内核转储到指定的文件，以便进行分析和排错
shutdown	关闭虚拟机
setmem	修改内存的大小
setmaxmem	设置内存的最大值
setvcpus	修改虚拟处理器的个数

virsh 命令的具体使用方式在后面 7.2 节中举例说明。

7.1.5　libvirt API

libvirt API 提供了一套管理虚拟机的应用程序接口，它使用 C 语言实现。以 libvirt-1.2.0 为例，打开"libvirt-1.2.0.tar.gz"源码包内的"docs"目录，其中放置着 libvirt API 的官方文档。

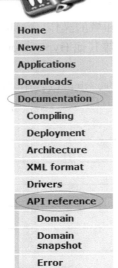

图 7-5　libvirt API

打开"docs"目录下的 index.html 文件，依次点开左边栏"Documentation"下的"API reference"链接，如图 7-5 所示，右边给出了 libvirt API 的各模块的说明。

以下是对常用的 libvirt API 的大致介绍。

(1) libvirt-domain：管理 libvirt 域的 API，其中提供了一系列以 virDomain 开头的函数。

(2) libvirt-event：管理事件的 API，其中提供了一系列以 virEvent 开头的函数。

(3) libvirt-host：管理宿主机的 API。

(4) libvirt-network：管理网络的 API，其中提供了一系列以 virConnect 和 virNetwork 开头的函数。

(5) libvirt-nodedev：管理节点的 API，其中提供了一系列以 virNode 开头的函数。

(6) libvirt-storage：管理存储池和卷的 API，其中提供了一系列以 virStorage 开头的函数。

(7) libvirt-stream：管理数据流的 API，其中提供了一系列以 virStream 开头的函数。

(8) virterror：处理 libvirt 库的错误处理接口。

libvirt API 的具体使用方式在 7.2 节中会举例说明。

7.2　基于 libvirt 的配置与开发

7.2.1　libvirt 的配置文件

在 Ubuntu 中安装好 libvirt 后，libvirt 的配置文件默认放置在/etc/libvirt 目录下。具体操作如下：

```
root@kvm-host:/etc/libvirt# pwd
/etc/libvirt
root@kvm-host:/etc/libvirt# ls
hooks          lxc.conf  qemu.conf        virtlockd.conf
libvirt.conf   nwfilter  qemu-lockd.conf  virt-login-shell.conf
libvirtd.conf  qemu      storage
```

在该目录下，放置着常用的 libvirt 的配置文件，包括 libvirt.conf，libvirtd.conf，qemu.conf 等。

1) libvirt.conf 配置文件

libvirt.conf 配置文件用于配置常用 libvirt 远程连接的别名。文件中以“#”号开头的行为注释内容。libvirt.conf 文件内容如下：

```
root@kvm-host:/etc/libvirt# cat libvirt.conf
#
# This can be used to setup URI aliases for frequently
# used connection URIs. Aliases may contain only the
# characters    a-Z, 0-9, _, -.
#
# Following the '=' may be any valid libvirt connection
# URI, including arbitrary parameters

#uri_aliases = [
#    "hail=qemu+ssh://root@hail.cloud.example.com/system",
#    "sleet=qemu+ssh://root@sleet.cloud.example.com/system",
#]


#
# This can be used to prevent probing of the hypervisor
# driver when no URI is supplied by the application.

#uri_default = "qemu:///system"
```

在该配置文件中，“hail=qemu+ssh://root@hail.cloud.example.com/system”表示使用“hail”这个别名指代“qemu+ssh://root@hail.cloud.example.com/system”这个远程的 libvirt 连接。使用“hail”这个别名，可以在 virsh 工具中或调用 libvirt API 时使用这个别名来代替冗长的“qemu+ssh://root@hail.cloud.example.com/system”字符串。

2) libvirtd.conf 配置文件

libvirtd.conf 配置文件是 libvirtd 守护进程的配置文件，该文件修改后 libvirtd 需要重新加载才能生效。同样，文件中以“#”号开头的行为注释内容。libvirtd.conf 配置文件中配置了许多 libvirtd 的启动设置，在每个配置参数上方都有该参数的注释说明。

3）qemu.conf 配置文件

qemu.conf 是 libvirt 对 QEMU 驱动的配置文件，包括 VNC、SPICE 等和连接它们时采用的权限认证方式的配置，也包括内存大页、SELinux、Cgroups 等相关配置。

4）qemu 目录

libvirt 使用 xml 文件对虚拟机进行配置，其中包括虚拟机名称、分配内存、vCPU 等多种信息。定义、创建虚拟机等操作都需要 xml 配置文件的参与。如果底层虚拟化使用 QEMU，那么这个 xml 配置文件通常放置在 libvirt 特定的"qemu"目录下。

"/etc/libvirt/qemu"目录下存放的是使用 QEMU 驱动的域的配置文件，查看该目录的命令操作如下：

```
root@kvm-host:/etc/libvirt# ls
libvirt.conf    lxc.conf    qemu        qemu-lockd.conf    virtlockd.conf
libvirtd.conf   nwfilter    qemu.conf   storage            virt-login-shell.conf
root@kvm-host:/etc/libvirt# cd qemu
root@kvm-host:/etc/libvirt/qemu# ls
demo.xml    networks
```

其中，demo.xml 是笔者示例使用的一个域配置文件，networks 目录中保存的是创建一个域时默认使用的网络配置。

7.2.2　libvirt 中域的 XML 配置文件格式

运行虚拟机有多种方式，例如可以使用"qemu-system-x86"命令来运行虚拟机。另外，还可以使用 libvirt 的"virsh"命令从 XML 文件定义来运行虚拟机，可以将 qemu-system-x86 命令的参数使用 XML 直接定义出来，然后 libvirt 加载并解析该 XML 配置文件，产生相应的 QEMU 命令，运行虚拟机。

libvirt 在对虚拟化操作进行管理时采用 XML 格式的配置文件，其中最主要的就是对虚拟机(即域)的配置管理。下面以 demo.xml 配置文件为例，逐步介绍该配置文件的含义。demo.xml 文件内容如下：

```
<!--
WARNING: THIS IS AN AUTO-GENERATED FILE. CHANGES TO IT ARE LIKELY TO BE
OVERWRITTEN AND LOST. Changes to this xml configuration should be made using:
    virsh edit demo
or other application using the libvirt API.
-->

<domain type='kvm'>
  <name>demo</name>
  <uuid>160ec4c8-407f-4428-bdc2-8a9851d51225</uuid>
  <memory unit='KiB'>1048576</memory>
```

```xml
<currentMemory unit='KiB'>1048576</currentMemory>
<vcpu placement='static'>2</vcpu>
<os>
    <type arch='x86_64' machine='pc-i440fx-trusty'>hvm</type>
    <boot dev='cdrom'/>
    <boot dev='hd'/>
</os>
<features>
    <acpi/>
    <apic/>
    <pae/>
</features>
<clock offset='localtime'/>
<on_poweroff>destroy</on_poweroff>
<on_reboot>restart</on_reboot>
<on_crash>destroy</on_crash>
<devices>
    <emulator>/usr/bin/kvm</emulator>
    <disk type='file' device='disk'>
        <driver name='qemu' type='raw'/>
        <source file='/var/lib/libvirt/images/winxp-huisen.img'/>
        <target dev='hda' bus='ide'/>
        <address type='drive' controller='0' bus='0' target='0' unit='0'/>
    </disk>
    <controller type='usb' index='0'>
        <address type='pci' domain='0x0000' bus='0x00' slot='0x01' function='0x2'/>
    </controller>
    <controller type='pci' index='0' model='pci-root'/>
    <controller type='ide' index='0'>
        <address type='pci' domain='0x0000' bus='0x00' slot='0x01' function='0x1'/>
    </controller>
    <interface type='bridge'>
        <mac address='52:54:00:4f:0b:8f'/>
        <source bridge='br0'/>
        <model type='rtl8139'/>
        <address type='pci' domain='0x0000' bus='0x00' slot='0x03' function='0x0'/>
    </interface>
    <input type='tablet' bus='usb'/>
    <input type='mouse' bus='ps2'/>
```

```
<graphics type='vnc' port='-1' autoport='yes' listen='0.0.0.0' keymap='en-us'>
    <listen type='address' address='0.0.0.0'/>
</graphics>
<video>
    <model type='cirrus' vram='9216' heads='1'/>
    <address type='pci' domain='0x0000' bus='0x00' slot='0x02' function='0x0'/>
</video>
<memballoon model='virtio'>
    <address type='pci' domain='0x0000' bus='0x00' slot='0x04' function='0x0'/>
</memballoon>
    </devices>
</domain>
```

该配置文件含义如下。

1. 域的配置

在该配置文件中，<!-- -->中间的内容为注释部分，最外层是<domain>标签。所有其他的标签都在<domain>和</domain>之间，表明该配置文件是一个域的配置文件。

<domain>标签有两个属性，一个是"type"属性，一个是"id"属性。"type"属性指定运行该虚拟机的 Hypervisor，值是具体的驱动名称，例如"xen"，"kvm"，"qemu"等。第二个属性"id"是一个唯一标识虚拟机的唯一整数标识符，如果不设置该值，libvirt 会按顺序分配一个最小的可用 id。

在<domain>标签内，有一些通用的域的元数据，表明当前的域的配置信息。

<name></name>标签内为虚拟机的简称，只能由数字、字母组成，并且在一台主机内名称要唯一。name 属性定义的虚拟机的名字在使用 virsh 进行管理时使用。

<uuid></uuid>标签内为虚拟机的全局唯一标识符，在同一个宿主机上，各个客户机的名称和 uuid 都必须是唯一的。uuid 值的格式符合 RFC4122 标准，例如 160ec4c8-407f-4428-bdc2-8a9851d51225，如果在定义或创建虚拟机时忘记设置 uuid，libvirt 会随机生成一个 uuid 值。

<name></name>标签和<uuid></uuid>标签都属于<domain></domain>的元数据。除此之外，还有其他的元数据标签，例如<title>、<description>和<metadata>等。

2. 内存，CPU，启动顺序等配置

<memory unit='KiB'></memory>标签内内容表示客户机最大可使用的内容，"unit"属性表示使用的单位是"KiB"，即 KB，因此，内存大小为 1048576 KB，即 1 GB。

<currentMemory ></currentMemory>标签内内容表示启动时分配给客户机使用的内存，这里，大小也是 1 GB。在使用 QEMU 时，一般将两者设置为相同的值。

<vcpu></vcpu>标签内表示客户机中 vCPU 的个数，这里为两个。

<os></os>标签内定义客户机系统类型及客户机硬盘和光盘的启动顺序。其中<type>标签的配置表示客户机类型是"hvm"类型。在 KVM 中，客户机类型总是"hvm"。"hvm"表示 Hardware Virtual Machine，硬件虚拟机，表示在硬件辅助虚拟化技术(Inte VT 或者

AMD-V)等的支持下不需要更改客户机操作系统就可以启动客户机的概念。"arch"属性表示系统架构是"x86_64",机器类型是"pc-i440fx-trusty"。<boot>标签用于设置客户机启动时的设备顺序,设备有"cdrom"(光盘)、"hd"(硬盘)两种,按照在配置文件中的先后顺序进行启动,即先启动光盘后启动硬盘。

<features></features>标签内定义 Hypervisor 对客户机特定的 CPU 或者是其他硬件的特性的打开和关闭。这里打开了 ACPI、APIC、PAE 等特性。

<clock></clock>标签定义时钟设置,客户机的时钟通常由宿主机的时钟进行初始化。大多数的操作系统中系统硬件时钟和 UTC 保持一致,这也是默认的。"offset"属性的值为"localtime"时表示在客户机启动时,时钟和宿主机时区保持同步。

<on_poweroff>destroy</on_poweroff>,<on_reboot>restart</on_reboot>和<on_crash>destroy</on_crash>都是 libvirt 配置文件中对事件的配置。并不是所有的 Hypervisor 都支持全部的事件或者动作。当用户请求一个"poweroff"事件时触发<on_poweroff>标签内的动作发生。同样,当用户请求"reboot"事件时触发<on_reboot>标签内容的动作发生,依次类推。每一个标签内的动作都有四种:destroy、restart、preserve 和 rename-restart。其中 destroy 表示该域将完全终止并释放所有的资源。restart 表示该域将终止但使用同样的配置重新启动。

3. 设备配置

<devices></device>标签内放置着客户机所有的设备配置。最外层是<device>标签,标签内放置该设备的具体信息。<name>标签指明该设备的名字,由字母、数字和下划线组成。<capability>标签定义节点所具有的能力,它的"type"属性指明设备类型,设备的类型决定了该标签的子标签。

<emulator> </emulator>标签内容放置使用的设备模型模拟器的绝对路径。本例中的绝对路径为"/usr/bin/kvm"。

<disk>标签表示对域的存储配置,示例中是对客户机的磁盘的配置。

```
<disk type='file' device='disk'>
    <driver name='qemu' type='raw'/>
    <source file='/var/lib/libvirt/images/winxp-huisen.img'/>
    <target dev='hda' bus='ide'/>
    <address type='drive' controller='0' bus='0' target='0' unit='0'/>
</disk>
```

上面的配置表示使用"raw"格式的存放在"/var/lib/libvirt/images/winxp-huisen.img"路径下的镜像文件作为客户机的磁盘,该磁盘在客户机中使用"ide"总线,设备名称为"hda"。<disk>标签是客户机磁盘配置的主标签,"type"属性表示磁盘使用哪种类型作为磁盘的来源,取值可以是 file、block、dir 或 network 中的一个,分别表示使用文件、块设备、目录或者网络作为客户机磁盘的来源;"device"属性表示客户机如何使用该磁盘设备,取值为 disk 表示硬盘。<disk>标签中有许多的子标签,<driver>标签定义了 Hypervisor 如何为磁盘提供驱动,"name"属性指定宿主机使用的驱动名称,QEMU 仅支持"name='qemu'","type"属性表示支持的类型,包括 raw、bochs、qcow2、qed。<source>子标签表示磁盘的来源。如果<disk>标签的"type"属性为"file"时，<source>子标签由"file"属性来指定该磁盘使用的镜像文件的存放路径。<target>子标签指示客户机的总线类型和设备名称。<address>子标签表示该磁盘设备在客户机中的驱动地址。

在示例的 XML 配置文件中，使用桥接的方式配置网络。

```
<interface type='bridge'>
    <mac address='52:54:00:4f:0b:8f'/>
    <source bridge='br0'/>
    <model type='rtl8139'/>
    <address type='pci' domain='0x0000' bus='0x00' slot='0x03' function='0x0'/>
</interface>
```

在上面的配置信息中，<interface type='bridge'></interface>标签内是对域的网络接口配置，type='bridge'表示使用桥接方式使客户机获得网络。<mac address='52:54:00:4f:0b:8f'/>用来配置客户机中网卡的 mac 地址。<source bridge='br0'/>表示使用宿主机的 br0 网络接口来建立网桥。<model type='rtl8139'/>表示客户机中使用的网络设备类型。<address type='pci' domain='0x0000' bus='0x00' slot='0x03' function='0x0'/>表示该网卡在客户机中的 PCI 设备编号值。

4. 其他配置

<input type='tablet' bus='usb'/>表示提供 tablet 这种类型的设备，让光标可以在客户机获取绝对的位置定位。

<input type='mouse' bus='ps2'/>表示会让 QEMU 模拟 PS2 接口的鼠标。

<graphics></graphics>标签内放置连接到客户机的图形显示方式的配置。"type='vnc'"表示通过 VNC 的方式连接到客户机，type 类型的值可以是"sdl"、"vnc"、"rdp"或者是"desktop"。"port='-1'"端口属性指定使用的 TCP 端口号，值为"-1"时表示端口由 libvirt 自动分配。"autoport"指示是否使用 libvirt 自动获取 TCP 端口号。"listen"属性表示服务器监听的 IP 地址。"keymap"属性表示使用的键映射。可以在<graphics>标签内部使用<listen>标签指明服务器监听的具体信息。

<video></video>标签内放置的是显卡配置，对于<model type='cirrus' vram='9216' heads='1'/>，其中，<model>标签表示客户机模拟的显卡类型，"type"属性的值可以为"vga"、"cirrus"、"vmvga"、"xen"、"vbox"或"qxl"等。vram 表示虚拟显卡的显存容量，单位为 KB，heads 的值表示显示屏幕的序号。KVM 虚拟机的默认配置是 cirrus 类型，9216 KB 显存，使用在 1 号屏幕上。<address type='pci' domain='0x0000' bus='0x00' slot='0x02' function='0x0'/>表示该显卡在客户机中的 PCI 设备编号值。

<memballoon model='virtio'></memballoon>标签放置内存的 ballooning 相关的配置，即客户机的内存气球设备。"model='virtio'"属性表示使用 virtio-balloon 驱动实现客户机的 ballooning 调节。<address type='pci' domain='0x0000' bus='0x00' slot='0x04' function='0x0'/>表示该设备在客户机中的 PCI 设备编号值。

另外，libvirt 的 XML 配置文件在使用时，libvirt 会默认模拟一些必要的 PCI 控制器在配置文件中。因此，本小节的示例文件在使用时，会默认添加如下内容：

```
<controller type='usb' index='0'>
    <address type='pci' domain='0x0000' bus='0x00' slot='0x01' function='0x2'/>
</controller>
<controller type='pci' index='0' model='pci-root'/>
<controller type='ide' index='0'>
    <address type='pci' domain='0x0000' bus='0x00' slot='0x01' function='0x1'/>
</controller>
```

　　根据客户机架构的不同，有些设备总线连同关联到虚拟控制器的虚拟设备可能不止出现一次。通常，libvirt 不需要显示 XML 标记就能够自动推断出这些 PCI 控制器，但有时需要明确地提供一个<controller>标签。以上代码显示指定了一个 USB 控制器、一个 PCI 控制器和一个 IDE 控制器。

7.2.3　libvirt API 使用示例

　　libvirt API 本身用 C 语言实现，提供了一套管理虚拟机的应用程序接口。本书以 C 语言为例，给出 libvirt API 的使用示例。使用 libvirt API 进行虚拟化管理时，首先需要建立一个到虚拟机监控器 Hypervisor 的连接，有了到 Hypervisor 的连接，才能管理节点、节点上的域等信息。

1. 建立到 Hypervisor 的连接

　　使用 libvirt 进行虚拟化管理，首先要建立到 Hypervisor 的连接。libvirt 支持多种 Hypervisor，本书以 QEMU 为例来讲解如何建立连接。

　　libvirt 连接可以使用简单的客户端－服务器端的架构模式。服务器端运行着 Hypervisor，客户端通过 libvirt 连接服务器端的 Hypervisor 来实现虚拟化的管理。以本书为例，在基于 QEMU-KVM 的虚拟化解决方案中，不管是基于 libvirt 的本地虚拟化的管理还是远程虚拟化的管理，在服务器端，一方面需要运行 Hypervisor，另一方面还需要运行 libvirtd 这个守护进程。

　　libvirt 支持多种 Hypervisor，因此 libvirt 需要通过唯一的标识来指定需要连接的本地或者是远程的 Hypervisor。libvirt 使用 URI(Uniform Resources Identifier，统一资源标识符)来标识到某个 Hypervisor 的连接。

　　(1) 使用 libvirt 连接本地的 Hypervisor 时，URI 的一般格式如下：

　　　　driver[+transport]:///[path][?extral-param]

　　其中，"driver" 是连接 Hypervisor 的驱动名称(如 qemu、xen 等)，本书以 QEMU 为例，因此为 qemu。"transport" 是连接所使用的传输方式(可以为空，也可以为 "unix" 这样的值)。"path" 是连接到 Hypervisor 的路径。"?extral-param" 表示额外需添加的参数。

　　连接 QEMU 有两种方式，一种是系统范围内的特权驱动("system" 实例)，一种是用户相关的无特权驱动("session" 实例)。常用的本地连接 QEMU 的 URI 如下：

　　　　qemu:///system

　　　　qemu:///session

　　其中，system 和 session 是 URI 格式中 path 的一部分，代表着连接到 Hypervisor 的两

种方式。在建立 session 连接时，根据客户端的当前用户和当前组所在的服务器端去寻找相应的用户和组，只有都一致时，才能进行管理。建立 session 连接后，只能查询和控制当前用户权限范围内的域或其他资源，而不是整个节点上的全部域或其他全部资源。建立 system 连接后，可以查询和控制整个节点范围内的所有域和资源。用 system 实例建立连接时，使用特权系统账户 root，因此，建立 system 连接后具有最大权限，可以管理整个范围的域，也能管理节点上的块设备、网络设备等系统资源。通常，在开发过程中或者是公司内网范围内可建立 system 的连接以方便节点上内容的管理。但是，对于其他用户，赋予不同用户不同权限的 session 连接更为安全。

（2）使用 libvirt 连接远程的 Hypervisor 时，URI 的一般格式如下：

    driver[+transport]:///[user@][host][:port]/[path][?extral-param]

其中，driver 和本地连接时含义一样。transport 表示传输方式，取值通常是 ssh、tcp 等。user 表示连接远程主机时使用的用户名。host 表示远程主机的主机名或者是 ip 地址。port 表示远程主机的端口号。path 和 extral-param 与本地连接时含义一样。

在进行远程连接时，也有 system 和 session 两种连接方式。例如"qemu+ssh://root@example.com/system"表示，通过 ssh 连接远程节点的 QEMU，以 root 用户连接名为"example.com"的主机，以"system"实例方式建立连接。

"qemu+ssh://user@example.com/session"表示，通过 ssh 连接远程节点的 QEMU，使用 user 用户连接名为"example.com"的主机，以"session"实例方式建立连接。

（3）使用 URI 建立连接。

通过 libvirt 建立到 Hypervisor 的连接时需要使用 URI。URI 标识相对复杂些，当管理多个节点时，使用很多的 URI 连接不太容易记忆，可以在 libvirt 的配置文件 libvirt.conf 中，为 URI 指定别名。例如"hail=qemu+ssh://root@hail.cloud.example.com/system"中用"hail"这个别名即可。

libvirt 使用 URI，一方面是在 libvirt API 中建立到 Hypervisor 的函数 virConnectOpen 中需要一个 URI 作为参数；另一方面，可以通过 libvirt 的 virsh 命令行工具，将 URI 作为 virsh 的参数建立到 Hypervisor 的连接。

例如，首先使用了 virsh 命令的 create 参数由 7.2.2 小节中的 demo.xml 配置文件创建并启动一个虚拟机 demo，然后使用 virsh 命令来建立本地连接，查看本地运行的虚拟机。具体操作如下：

```
root@kvm-host:/etc/libvirt/qemu# virsh create /etc/libvirt/qemu/demo.xml
Domain demo created from /etc/libvirt/qemu/demo.xml
root@kvm-host:/etc/libvirt/qemu# virsh -c qemu:///session
Welcome to virsh, the virtualization interactive terminal.

Type:    'help' for help with commands
         'quit' to quit

virsh # list
 Id      Name                                State
```

```
---------------------------------------------------
2        demo                          running
```

2. 使用 libvirt API 查询某个域的信息

下面举一个简单的 C 语言使用 libvirt API 的例子，文件名为 libvirt-conn.c，在该例子中使用 libvirt API 查询某个域的信息。在该代码中包含两个自定义函数，一个是 virConnectPtr getConn()，一个是 int getInfo(int id)。getConn()函数建立一个到 Hypervisor 的连接，getInfo(int id)函数获取 id 为 2 的客户机的信息。

只有与 Hypervisor 建立连接后，才能进行虚拟机管理操作。在 getConn()函数中，使用 libvirt API 中的 virConnectPtr virConnectOpenReadOnly(const char * name)函数建立一个只读连接，如果参数 name 为 NULL，表明创建一个到本地 Hypervisor 的连接。该函数返回值是一个 virConnectPtr 类型，该类型变量就代表到 Hypervisor 的一个连接，如果连接出错，返回空值 NULL。virConnectOpenReadOnly()函数表示一个只读的连接，在该连接上只可以使用查询功能，通过 virConnectOpen()函数创建连接后可以使用创建和修改等功能。

对虚拟机进行管理操作，大部分的内容是对各个节点上的域的管理。在 libvirt API 中有很多对域管理的函数，要对域进行管理时，需要得到 virDomainPtr 这个类型的变量。在 getInfo()函数中，首先定义一个 virDomainPtr 变量 dom，然后使用 getConn()函数得到一个 virConnectPtr 类型的到 Hypervisor 的连接 conn，然后使用 virDomainLookupByID()函数得到一个 virDomainPtr 的值赋给 dom 用于对域进行管理。virDomainPtr virDomainLookupByID (virConnectPtr conn, int id) 函数是根据域的 id 值到 conn 这个连接上去查找相应的域，在得到一个 virDomainPtr 后，就可以对域进行操作。

int virDomainGetInfo (virDomainPtr domain, virDomainInfoPtr info) 函 数 会 将 virDomainPtr 指定的域的信息放置在 virDomainInfo 中。virDomainInfo 是一个结构体，其中，state 属性表示域的运行状态，是 virDomainState 中的一个值。maxMem 属性表示分配的最大内存，单位是 KB。memory 属性表示该域使用的内存，单位也是 KB。nrVirtCpu 属性表示为该域分配的虚拟 CPU 个数。

在本例中，还有 virConnectClose()和 virDomainFree()函数，其中，int virConnectClose (virConnectPtr conn)函数用来关闭到 Hypervisor 的连接。int virDomainFree (virDomainPtr domain)函数用于释放获得的 domain 对象。两个函数都是在返回 0 时表示成功，返回-1 时表示失败。

libvirt-conn.c 文件的源码如下：

```c
#include <stdio.h>
#include <stdlib.h>
#include <libvirt/libvirt.h>
virConnectPtr conn=NULL;

virConnectPtr getConn()
{
        conn=virConnectOpenReadOnly(NULL);
```

```
        if(conn==NULL)
        {
                printf("error,cann't connect!");
                exit(1);
        }
        return conn;
}

int    getInfo(int id)
{
        virDomainPtr dom=NULL;
        virDomainInfo info;
        conn=getConn();
        dom=virDomainLookupByID(conn,id);
        if(dom==NULL)
        {
                printf("error,cann't find domain!");
                virConnectClose(conn);
                exit(1);
        }
        if(virDomainGetInfo(dom,&info)<0)
        {
                printf("error,cann't get info!");
                virDomainFree(dom);
                exit(1);
        }

        printf("the Domain state is : %c\n",info.state);
        printf("the Domain allowed max memory is : %ld KB\n",info.maxMem);
        printf("the Domain used memory is : %ld KB\n",info.memory);
        printf("the Domain vCPU number is : %d\n",info.nrVirtCpu);

        if(dom!=NULL)
        {
                virDomainFree(dom);
        }
        if(conn!=NULL)
        {
                virConnectClose(conn);
```

```
        }
        return 0;
    }


    int main()
    {
        getInfo(2);
        return 0;
    }
```

3. 编译运行 libvirt-conn.c 并使用 virsh 查看当前节点情况

首先，使用 virsh 的交互模式查看本机默认连接的虚拟机。使用"virsh"的"list"命令，具体操作如下：

```
root@kvm-host:~# virsh
Welcome to virsh, the virtualization interactive terminal.

Type:  'help' for help with commands
       'quit' to quit

virsh # list
 Id    Name                                State
----------------------------------------------------


virsh #
```

可以看到当前没有任何的虚拟机在运行，接下来使用 virsh 加载 7.2.2 小节中的 demo.xml 文件作为虚拟机的配置文件。使用 virsh 的"define demo.xml"命令定义虚拟机，需要注意的是该命令执行后，虚拟机只是从指定的 XML 文件进行定义，并没有真正的启动(想要定义虚拟机的同时并启动虚拟机，需要使用 virsh 下的 create 命令，例如执行"virsh create /etc/libvirt/qemu/demo.xml"命令)。因此，再次执行"list"命令同样没有任何虚拟机信息。具体操作如下：

```
virsh # define /etc/libvirt/qemu/demo.xml
Domain demo defined from /etc/libvirt/qemu/demo.xml

virsh # list
 Id    Name                                State
----------------------------------------------------


virsh #
```

接下来，启动由 demo.xml 定义的名为 demo 的虚拟机，使用 virsh 下的"start demo"

命令。之后，再次执行"list"命令可出现虚拟机的信息，虚拟机的 id 为 2 名字为 demo，状态为"正在运行"。具体操作如下：

```
virsh # start demo
Domain demo started


virsh # list
 Id    Name                         State
----------------------------------------------------
 2     demo                         running


virsh #
```

在使用 virsh 启动 demo.xml 定义的虚拟机后，可以在 libvirt-conn.c 的代码中查询已经启动的域(即虚拟机)的信息。将 libvirt-conn.c 文件使用 gcc 编译为可执行文件 libvirt-conn，然后执行该文件即可看到 demo.xml 文件定义的虚拟机的信息。具体操作如下：

```
root@kvm-host:~/xjy/libvirt/test# gcc libvirt-conn.c -o libvirt-conn -lvirt
root@kvm-host:~/xjy/libvirt/test# ls
demo.xml    demo.xml~    libvirt-conn    libvirt-conn.c    libvirt-conn.c~
root@kvm-host:~/xjy/libvirt/test# ./libvirt-conn
the Domain state is : 1
the Domain allowed max memory is : 1048576 KB
the Domain used memory is : 1048576 KB
the Domain vCPU number is : 2
```

在使用 gcc 编译 libvirt-conn.c 文件时需要加上"-lvirt"，此参数表示使用 gcc 编译源文件时需要指定程序连接时依赖的库文件，"-lvirt"表示连接 libvirt 库。编译成功后生成 libvirt-conn 可执行文件，运行该可执行文件得到结果"the Domain state is : 1"，其中"1"由 info.state 得来，表示节点中的域的运行状态为正在运行。"the Domain allowed max memory is : 1048576 KB"表示该域分配的最大内存为 1048576 KB，即 1 G。"the Domain used max memory is : 1048576 KB"表示该域使用的内存为 1 G。"the Domain vCPU number is : 2"表示该域的虚拟 CPU 个数为 2。

使用 virsh 查看虚拟机的相关信息，"domid demo"命令表示通过虚拟机的 name 属性查看虚拟机的 id 编号。"domname 2"命令表示通过虚拟机的 id 编号查看其 name 属性。"dominfo 2"表示通过虚拟机的 id 编号值查看虚拟机信息。从中可以看出 libvirt-conn.c 代码的执行结果和 virsh 命令下显示的 id 号、运行状态、CPU 个数、最大内存、已用内存都保持一致。具体操作如下所示：

```
virsh # domid demo
2


virsh # domname 2
demo
```

```
virsh # dominfo 2
Id:                2
Name:              demo
UUID:              160ec4c8-407f-4428-bdc2-8a9851d51225
OS Type:           hvm
State:             running
CPU(s):            2
CPU time:          5.2s
Max memory:        1048576 KiB
Used memory:       1048576 KiB
Persistent:        yes
Autostart:         disable
Managed save:      no
Security model: none
Security DOI:      0
```

可以通过 vnc 查看虚拟机，使用命令"vncdisplay demo"查看 vnc 的端口号，然后使用命令"vncviewer 127.0.0.1:0"，查看虚拟机 demo 的界面，如图 7-6 所示。

图 7-6　demo 虚拟机的界面

通过"shutdown demo"关闭虚拟机，最后，在 virsh 下输入"quit"命令，退出 virsh。具体操作如下：

```
virsh # vncdisplay demo
127.0.0.1:0

virsh # vncviewer 127.0.0.1:0
virsh # shutdown demo
```

```
Domain demo is being shutdown
virsh # quit

root@kvm-host:/etc/libvirt/qemu#
```

7.3   virt-manager

virt-manager 是一个由红帽公司发起，全名为 Virtual Machine Manager 的开源虚拟机管理程序。virt-manager 是用 Python 编写的 GUI 程序，底层使用了 libvirt 对各类 Hypervisor 进行管理。

virt-manager 虽是一个基于 libvirt 的虚拟机管理应用程序，主要用于管理 KVM 虚拟机，但是也能管理 Xen 等其他 Hypervisor。virt-manager 提供了图形化界面来管理 KVM 虚拟机，可以管理多个宿主机上的虚拟机，但是宿主机上必须安装 libvirt。

virt-manager 通过丰富直观的界面给用户提供了方便易用的虚拟化管理功能，包括：

(1) 创建、编辑、启动或停止虚拟机。

(2) 查看并控制每个虚拟机的控制台。

(3) 查看每部虚拟机的性能以及使用率。

(4) 查看每部正在运行中的虚拟机以及主控端的实时性能及使用率信息。

不论是在本机或远程，皆可使用 KVM、Xen、QEMU。

virt-manager 支持绝大部分 Hypervisor，并且可以连接本地和网络上的 Hypervisor。用户在 virt-manager 中用 GUI 做的配置会被转为 libvirt 的 XML 格式的配置文件保存在 libvirt 的相关目录下。使用 virt-manager 生成 libvirt 的配置文件也是一个不错的选择。它可以生成非常复杂的配置文件。

7.3.1   virt-manager 的编译和安装

virt-manager 的安装同其他 linux 的软件安装一样，有多种方式。

如果想从源代码进行编译和安装，可以到 virt-manager 的官方网站 http://virt-manager.org/ 进行下载，在 http://virt-manager.org/download/ 地址有 virt-manager 的各个版本的源代码。源代码下载后，首先解压缩，然后进入到解压缩目录，执行命令 "./configure"，"make"，"make install" 进行配置、编译和安装。具体操作可参考本书其他软件的安装，这里不再赘述。

virt-manager 的源代码使用了版本管理工具 git 进行管理，在 git 的代码仓库中也可以下载 virt-manager 的源代码，然后进行安装。使用 git 工具下载 virt-manager 的源码时的地址为：git://git.fedorahosted.org/virt-manager.git。使用命令 git clone git://git.fedorahosted.org/virt-manager.git，该命令执行后，会在当前目录生成一个 virt-manager 目录，具体操作如下：

```
root@kvm-host:~/xjy/git# git clone git://git.fedorahosted.org/virt-manager.git
Cloning into 'virt-manager'...
remote: Counting objects: 30130, done.
remote: Compressing objects: 100% (12610/12610), done.
```

remote: Total 30130 (delta 23990), reused 22476 (delta 17478)

Receiving objects: 100% (30130/30130), 57.41 MiB | 1.87 MiB/s, done.

Resolving deltas: 100% (23990/23990), done.

Checking connectivity... done.

root@kvm-host:~/xjy/git# ls

virt-manager

root@kvm-host:~/xjy/git# cd virt-manager/

root@kvm-host:~/xjy/git/virt-manager# ls

autobuild.sh	INSTALL	po	ui	virt-convert	virtManager
COPYING	man	README	virtcli	virtinst	virt-manager.spec.in
data	MANIFEST.in	setup.py	virt-clone	virt-install	virt-xml
HACKING	NEWS	tests	virtconv	virt-manager	

在 Linux 的发行版本 Ubuntu 中，可以使用"apt-get"命令下载 virt-manager，下载命令为："apt-get install virt-manager "，下载之前可以在 apt-cache 软件仓库中查找 virt-manager 相应的包，命令为"apt-cache search virt-manager"。下载完成后 virt-manager 自动安装成功。

7.3.2 virt-manager 的使用

可以在 Ubuntu 系统中直接运行"virt-manager"命令来打开 virt-manager 的管理界面。可以通过命令"virt-manager --help"来查看"virt-manager"的帮助信息。具体操作如下：

root@kvm-host:~# virt-manager --help

Usage: virt-manager [options]

Options:

--version   show program's version number and exit

-h, --help   show this help message and exit

-c URI, --connect=URI

                             Connect to hypervisor at URI

--debug   Print debug output to stdout (implies --no-fork)

--no-dbus   Disable DBus service for controlling UI

--no-fork   Don't fork into background on startup

--no-conn-autostart   Do not autostart connections

--show-domain-creator

                             Show 'New VM' wizard

--show-domain-editor=UUID

                             Show domain details window

--show-domain-performance=UUID

                             Show domain performance window

--show-domain-console=UUID

Show domain graphical console window

   --show-host-summary   Show connection details window

从以上输出信息可以看出，virt-manager 以"-c URI"参数来指定启动时连接到本地还是远程的 Hypervisor。URI 格式如 7.2.3 小节中建立到 Hypervisor 的连接所示。在没有带"-c URI"参数时，默认连接到本地的 Hypervisor。

如果想要查看 virt-manager 的版本号，可以在终端下执行命令"virt-manager --version"，具体操作如下：

   root@kvm-host:~# virt-manager --version

   0.9.5

1. 在 Ubuntu 中打开 virt-manager

在 Ubuntu 14.04 中使用 virt-manager 非常方便，可以在 Ubuntu 的图形界面中打开，在桌面左上角"search your computer and online sources"，点开后，在搜索框中输入"virt"即可在下方看到"Virtual Machine Manager"即 virt-manager 的图标，鼠标点击即可，如图 7-7 和 7-8 所示。

图 7-7   在 Ubuntu 图形界面中打开 virt-manager(步骤一)

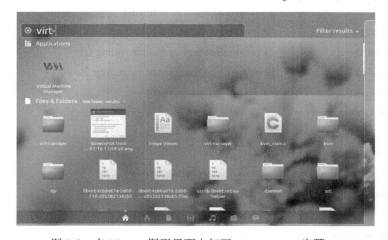

图 7-8   在 Ubuntu 图形界面中打开 virt-manager(步骤二)

virt-manager 打开后，界面如图 7-9 所示。

2. 在 virt-manager 中创建客户机

在图 7-9 中的 virt-manager 管理界面中，创建一个客户机，可以点击左上角的电脑小图标，也可以将鼠标放置在"localhost(QEMU)"上右键，点击里面的"New"选项创建客户机。将鼠标放置在"localhost(QEMU)"上右键，会出现一个提示"qemu:///system"，这就是默认的本地连接 QEMU 的 URI。

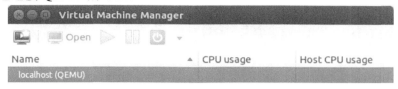

图 7-9　virt-manager 的管理界面

在 virt-manager 的图形界面中，创建客户机只需要输入一些必要的设置，在设置完成后，virt-manager 会自动连接到客户机。

在图 7-10 中，输入要创建的虚拟机的名字，本例中为"demo-v"。然后选择创建虚拟机要使用的镜像文件，即安装介质的选择，virt-manager 支持多种方式创建虚拟机操作系统，例如可以使用本地的 ISO 文件，这里选择最后一种导入已存在的磁盘镜像。

在图 7-11 中指定要使用的磁盘镜像文件所在的路径，然后选择使用的镜像文件的操作系统类型和版本号。

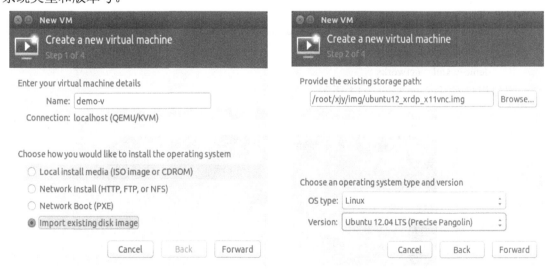

图 7-10　virt-manager 中创建虚拟机(步骤一)　　　图 7-11　virt-manager 中创建虚拟机(步骤二)

在图 7-12 中选择要为虚拟机设置的内存大小和虚拟 CPU 的个数。本例中内存设为 1 G，vCPU 个数设为两个。

在图 7-13 中，给出了前面设置的虚拟机的基本信息。在下方的高级选项中包括虚拟网络的配置，采用默认值即可，配置完成后点击"Finish"客户机启动，virt-manager 自动连接到客户机。

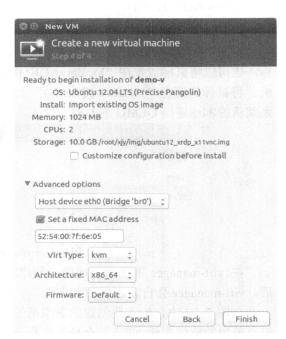

图 7-12　virt-manager 中创建虚拟机(步骤三)　　　图 7-13　virt-manager 中创建虚拟机(步骤四)

在客户机创建成功后，virt-manager 会生成 7.2.2 小节中格式的配置文件，配置文件默认存放路径在/etc/libvirt/qemu，文件名即为创建的虚拟机的名称 demo-v。查看配置文件具体操作如下：

　　　　root@kvm-host:/var/lib/libvirt/images# cd /etc/libvirt/qemu/

　　　　root@kvm-host:/etc/libvirt/qemu# ls

　　　　demo-v.xml　　networks

虚拟机启动后界面如图 7-14 所示。

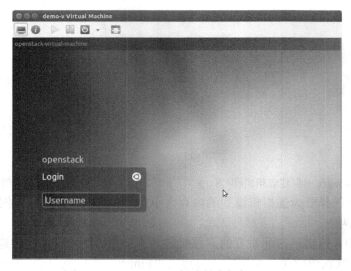

图 7-14　virt-manager 创建的虚拟机 Ubuntu

在图 7-14 的界面左上角,将鼠标放置在" $\textcircled{i}$ "图标上,提示信息为"Show virtual hardware details",点击该图标,可以看到如图 7-15 所示的创建的 Ubuntu 虚拟机的详细配置信息。在该配置信息中,包括对客户机的名称、描述信息、处理器、内存、磁盘、网卡、鼠标、声卡、显卡等许多信息的配置,这些详细的配置信息都写在/etc/libvirt/qemu/demo-v.xml 配置文件中。如果对运行中的客户机进行配置信息的修改,配置并不能立即生效,只有重启虚拟机后才能生效。

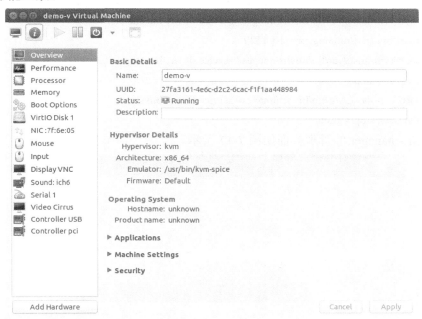

图 7-15　虚拟机 Ubuntu 的详细配置信息

虚拟机启动后 virt-manager 的管理界面如图 7-16 所示。"demo-v"为创建的虚拟机的名称,右边是虚拟机的 CPU 使用率和宿主机的 CPU 使用率的图形展示。

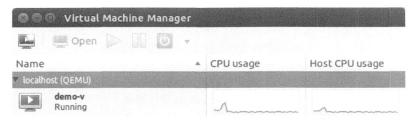

图 7-16　virt-manager 的管理界面

3. 在 virt-manager 中管理客户机

在图 7-16 中,处于运行状态的虚拟机的显示为"Running",点击"Open"图标打开虚拟机窗口界面,点击 ▷ 图标启动虚拟机。" ⏻ ▾ "图标后有几个选项,包括"Reboot""Shut Down""Force Reset""Force Off"和"Save"。点击"Shut Down"进行虚拟机的正常关闭,使用"Force Off"进行虚拟机的强制关机，一般尽量避免使用"Force Off"来强制关机。
点击"Save"保存当前客户机的运行状态。

4. 建立一个新的连接

在默认情况下，启动 virt-manager 时会自动连接本地的 Hypervisor。由于 virt-manager
是基于 libvirt 的，因此在启动 virt-manager 时，如果 libvirt 的守护进程没有启动，会有连接
错误的提示。例如将 libvirt 的守护进程关闭，然后查看 virt-manager，具体操作如下：

```
root@kvm-host:/var/lib/libvirt/images# service libvirt-bin status
libvirt-bin start/running, process 1329
root@kvm-host:/var/lib/libvirt/images# service libvirt-bin stop
libvirt-bin stop/waiting
root@kvm-host:/var/lib/libvirt/images# service libvirt-bin status
libvirt-bin stop/waiting
```

此时 virt-manager 的管理界面如图 7-17 所示。

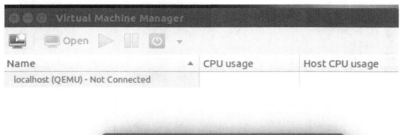

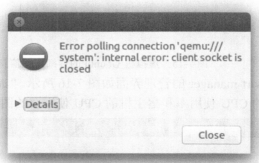

图 7-17　virt-manager 连接错误

通过 virt-manager 的菜单"File"→"Add Connection"可以在 virt-manager 中建立一个
本地或者远程 Hypervisor 的连接。在图 7-18 中，选择 Hypervisor 的类型，类型包括 Xen、
QEMU/KVM 和 LXC(Linux Containers)，如果要连接远程主机，勾选"Connect to remote host"
选项框，选择使用的远程连接方式，远程连接方式包括 SSH、TCP 和 TLS，填上连接远程
主机时使用的用户名，指定远程主机的主机名或 IP 地址，然后点击"Connect"按钮即可。

内容填完后，virt-manager 会依据填写内容，生成一个连接远程主机的 URI，本例中的
URI 为 qemu+ssh://root@192.168.10.239/system，位于图 7-18 的下方，该连接的含义请参考
7.2.3 小节。

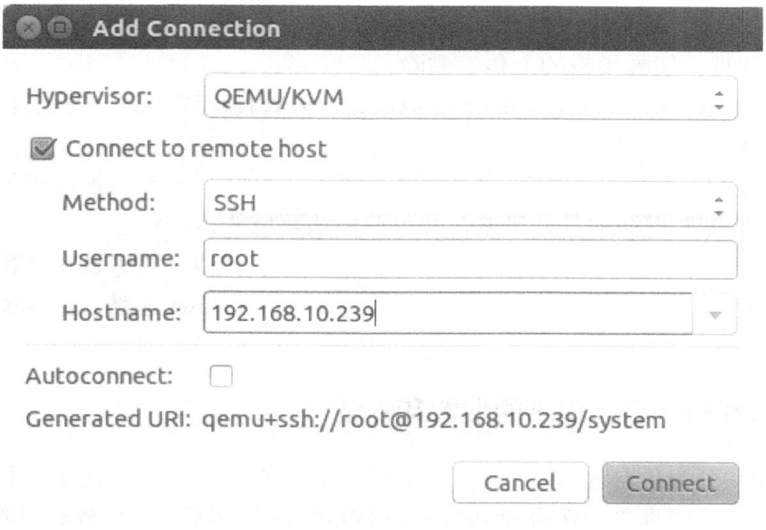

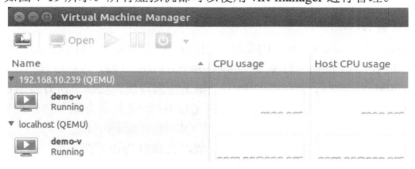

图 7-18　增加一个连接

图 7-18 的连接建立后，virt-manager 界面会显示出本地连接和远程连接的主机上运行的虚拟机，如图 7-19 所示。所有虚拟机都可以使用 virt-manager 进行管理。

图 7-19　virt-manager 管理本地和远程主机的虚拟机

7.4　Marvel Sky

Marvel Sky 是北京奇观科技有限责任公司的一个商业产品，作为一个虚拟化管理平台，Marvel Sky 主要用于管理客户机、模板、用户等操作。Marvel Sky 的前身是 TinyCloud，Marvel Sky 作为 TinyCloud 的一个成熟版本，进行了商业化运作。Marvel Sky 包括其前身 TinyCloud，是由北京奇观科技有限责任公司研发的，该公司的研发团队由南阳理工学院软件学院的王耀宽老师及部分师生组成。

Marvel Sky 是与 VMware 类似的虚拟化平台，采用快速响应的 C/S 架构可用于公有云和私有云的平台搭建。Marvel Sky 云平台是基于虚拟化、自动化和自优化等技术实现的新一代云计算运行平台。它主要包括以下功能：

(1) 虚拟机管理：虚拟机快速创建、删除、启动、关闭等功能；虚拟机资源信息的实时动态显示、查看；灵活地增加、删除系统附属磁盘。

(2) 模板管理：镜像模板的上传、删除。

(3) 用户管理：用户的创建、绑定虚拟机、权限管控；管理员一键设置选定用户 USB 权限，系统恢复；

(4) 管理控制：可定义和配置动态集群和应用路由控制节点的各种相关参数，包括运行时的动态集群需要遵循的各种策略，并可监控该环境的运行状态。

相对于第三方云管理平台，Marvel Sky 具有占用资源少、可方便快速部署、易于维护等优点，可支持常见的系统以及国内操作系统，例如 Windows 系统、中标麒麟操作系统和苹果系统。

7.4.1　Marvel Sky 后台程序的配置和安装

Marvel Sky 分为后台程序和管理平台两部分，后台程序在服务器上运行，管理平台在 PC 机上运行。由于管理平台在普通 PC 机上可直接运行，因此，本小节介绍的是 Marvel Sky 后台程序的安装。

安装 Marvel Sky 大致分为五步，分别是 QEMU 的安装、libvirt 的安装、libevent 的安装、MySQL 的安装配置和 Marvel Sky 云平台软件的安装。

1. 编译安装 QEMU

由于 Marvel Sky 需要 QEMU 的支持，因此首先需要编译安装 QEMU。而官方 QEMU 的版本由于 Marvel Sky 的研发团队对 QEMU 进行的二次开发，并不可直接使用，需要安装特定版本的 QEMU，本小节所指的 QEMU，如无特别说明，均指二次开发后的特定版本的 QEMU，非官方 QEMU 版本。由于该版本的 QEMU 涉及北京奇观科技有限责任公司的商业机密，故在此只提供演示，并不提供该版本 QEMU 的源码下载。

安装 QEMU 和普通的 Linux 软件安装类似，大致分为如下四步：

(1) 把 QEMU 源码包 qemu-2.2.0-1212.tar.gz 拷贝到服务器中，本书的示例中把 QEMU 放置在"/root/xjy/qemu"目录下，如下所示：

```
root@kvm-host:~/xjy/qemu# pwd
/root/xjy/qemu
root@kvm-host:~/xjy/qemu# ls
qemu-1212
root@kvm-host:~/xjy/qemu# cd qemu-1212
root@kvm-host:~/xjy/qemu/qemu-1212# ls
qemu-2.2.0-1212.tar.gz
```

(2) 使用命令"tar zxvf qemu-2.2.0-1212.tar.gz"解压源码包。解压完成后在当前目录中出现名为"qemu-2.2.0-1212"的目录，具体操作如下：

```
root@kvm-host:~/xjy/qemu/qemu-1212# tar xzvf qemu-2.2.0-1212.tar.gz
<!--省略其余内容-->
root@kvm-host:~/xjy/qemu/qemu-1212# ls
qemu-2.2.0-1212    qemu-2.2.0-1212.tar.gz
```

（3）在安装 QEMU 之前需要先安装其依赖的软件包。使用 apt-get 安装 gcc 的具体操作如下：

```
root@kvm-host:~/xjy/qemu/qemu-1212# apt-get install gcc
Reading package lists... Done
Building dependency tree
Reading state information... Done
gcc is already the newest version.
0 upgraded, 0 newly installed, 0 to remove and 539 not upgraded.
```

由于依赖的软件包较多，此处不再给出具体的操作步骤。读者可使用 apt-get install 逐步安装。所需依赖的软件包共 11 个，如下所示：

① apt-get install gcc；

② apt-get install g++；

③ apt-get install libtool；

④ apt-get install pkg-config；

⑤ apt-get install libghc-zlib-bindings-dev；

⑥ apt-get install libsdl2-dev；

⑦ apt-get install liblzo2-dev；

⑧ apt-get install libspice-server-dev；

⑨ apt-get install libusb-1.0.0-dev；

⑩ apt-get install libusbredirhost-dev；

⑪ apt-get install make。

（4）配置编译安装 QEMU。

使用命令"./configure"加特定的参数可对 QEMU 进行安装前的配置。命令为"./configure --target-list=x86_64-softmmu　--enable-sdl　--with-sdlabi=2.0　--prefix=/qemu1212 --audio-drv-list=alsa,sdl,oss　--enable-spice"，该命令表示在配置 QEMU 时，通过"--target-list"参数指定目标平台为"x86_64-softmmu"；"--enable-sdl"表明启动 SDL；"--with-sdlabi=2.0"表示使用 SDLABI 的 1.2 或 2.0 版本；"--prefix"表明 QEMU 的安装目录；"--audio-drv-list= alsa,sdl,oss"表明设置音频的驱动列表可以为 oss、alsa、sdl、esd、pa、fmod 等；"--enable-spice"表示启动 spice。

如果在第三步中没有全部安装所需的依赖包，那么在执行以上的"./configure"命令时程序会报错，例如：

```
root@kvm-host:~/xjy/qemu/qemu-1212/qemu-2.2.0-1212#  ./configure  --target-list=x86_64-softmmu
--enable-sdl --with-sdlabi=2.0 --prefix=/qemu1212 --audio-drv-list=alsa,sdl,oss --enable-spice
Disabling libtool due to broken toolchain support
ERROR: User requested feature sdl
        configure was not able to find it.
        Install SDL devel
```

ERROR 中表明需要安装 SDL 包，QEMU 安装时需要 SDL2 以上的版本，然后可以在 apt-cache 中查找 sdl 的开发包并进行安装，具体操作如下：

```
root@kvm-host:~/xjy/qemu/qemu-1212/qemu-2.2.0-1212# apt-cache search sdl2
libaws-bin - Ada Web Server utilities
libsdl2-2.0-0 - Simple DirectMedia Layer
libsdl2-dbg - Simple DirectMedia Layer debug files
libsdl2-dev - Simple DirectMedia Layer development files
libsdl2-gfx-1.0-0 - drawing and graphical effects extension for SDL2
<!--省略其余内容-->
root@kvm-host:~/xjy/qemu/qemu-1212/qemu-2.2.0-1212# apt-get install libsdl2-dev
Reading package lists... Done
Building dependency tree
Reading state information... Done
The following extra packages will be installed:
    libegl1-mesa-dev libgles2-mesa-dev libice-dev libmirclient-dev libmirclient7
    libmirclientplatform-mesa libmirprotobuf-dev libmirprotobuf0 libprotobuf-dev
<!--省略其余内容-->
```

如果没有安装 libspice-server-dev 包，程序也会报错，与 SDL 安装相似，按提示安装即可。

```
root@kvm-host:~/xjy/qemu/qemu-1212/qemu-2.2.0-1212# ./configure --target-list=x86_64-softmmu
--enable-sdl --with-sdlabi=2.0 --prefix=/qemu1212 --audio-drv-list=alsa,sdl,oss --enable-spice
Disabling libtool due to broken toolchain support
ERROR: User requested feature spice
        configure was not able to find it.
        Install spice-server(>=0.12.0) and spice-protocol(>=0.12.3) devel
```

使用 "./configure" 配置完成后，使用 "make" 命令进行编译，在使用 "make" 命令时可以添加 "-j" 参数，例如 "make -j 5"。

编译完成以后，使用 "make install" 命令进行安装，具体操作如下：

```
root@kvm-host:~/xjy/qemu/qemu-1212/qemu-2.2.0-1212# make install
install -d -m 0755 "/qemu1212/share/qemu"
install -d -m 0755 "/qemu1212/etc/qemu"
install -c -m 0644 /root/xjy/qemu/qemu-1212/qemu-2.2.0-1212/sysconfigs/target/target-x86_64.conf
"/qemu1212/etc/qemu"
install -d -m 0755 "/qemu1212/var"/run
install -d -m 0755 "/qemu1212/bin"
libtool --quiet --mode=install install -c -m 0755 qemu-ga qemu-nbd qemu-img qemu-io
"/qemu1212/bin"
<!--省略其余内容-->
```

2. libvirt 的编译安装

Marvel Sky 需要安装 1.2.0 版本的 libvirt，下载源码编译安装即可。在本章的 7.1.2 小节中已经讲解了 libvirt 的编译安装方法，在此不再赘述。此处只将 libvirt 的安装步骤简列如下，供读者参考。

(1) 将 libvirt 源码包拷贝到服务器(宿主机)上合适的目录中。

(2) 解压源码包。

(3) 安装依赖的软件包，软件包名称如下：

```
apt-get install libyajl-dev
apt-get install libxml2-dev libdevmapper-dev
apt-get install libpciaccess-dev libnl-dev uuid-dev
```

(4) 利用 "./configure" "make" "make install" 命令进行配置、编译、安装。

3. libevent 的编译安装

(1) 把 libevent 源码包 libevent-2.0.20-stable.tar.gz 拷贝到服务器中，在本书的示例中将 libevent 放置在 "/root/xjy/libevent" 目录下，如下所示：

```
root@kvm-host:~/xjy/libevent# pwd
/root/xjy/libevent
root@kvm-host:~/xjy/libevent# ls
libevent-2.0.20-stable.tar.gz
```

(2) 解压源码包。

```
root@kvm-host:~/xjy/libevent# tar zxvf libevent-2.0.20-stable.tar.gz
libevent-2.0.20-stable/
libevent-2.0.20-stable/evmap-internal.h
libevent-2.0.20-stable/event_iocp.c
libevent-2.0.20-stable/win32select.c
libevent-2.0.20-stable/configure.in
<!--省略其余内容-->
root@kvm-host:~/xjy/libevent# ls
libevent-2.0.20-stable    libevent-2.0.20-stable.tar.gz
root@kvm-host:~/xjy/libevent# cd libevent-2.0.20-stable/
root@kvm-host:~/xjy/libevent/libevent-2.0.20-stable# ls
```

aclocal.m4	depcomp	evthread-internal.h	make-event-config.sed
arc4random.c	devpoll.c	evthread_pthread.c	Makefile.am
autogen.sh	Doxyfile	evthread_win32.c	Makefile.in
buffer.c	epoll.c	evutil.c	Makefile.nmake
bufferevent_async.c	epoll_sub.c	evutil.h	minheap-internal.h
bufferevent.c	evbuffer-internal.h	evutil_rand.c	missing

```
<!--省略其余内容-->
```

(3) 配置编译安装。

使用 "./configure" 命令进行配置，使用 "make" 命令编译，使用 "make install" 命令安装 libevent。具体操作和 QEMU、libvirt 的编译安装类似，此处不再详述。

4. MySQL 的安装和配置

Marvel Sky 程序使用了 MySQL 保存用户和虚拟机的相关信息，因此，需要在宿主机服务器上安装 MySQL，并创建相应的数据库和表结构。

(1) 安装 MySQL 数据库。

使用 apt-get 的方式安装 MySQL，将数据库的用户名 root 的密码设为 root。使用的命令分别为：apt-get install mysql-server、apt-get install mysql-client 和 apt-get install libmysqlclient-dev，具体操作如下：

> root@kvm-host:~/xjy/libevent# apt-get install mysql-server
>
> Reading package lists... Done
>
> Building dependency tree
>
> Reading state information... Done
>
> The following extra packages will be installed:
>
>   libdbd-mysql-perl libdbi-perl libhtml-template-perl libmysqlclient18 libterm-readkey-perl
>
> ……
>
> (在设置密码时将 root 用户的密码设为 root 即可)
>
> <!--省略其余内容-->
>
> root@kvm-host:~/xjy/libevent# apt-get install mysql-client
>
> Reading package lists... Done
>
> Building dependency tree
>
> Reading state information... Done
>
> The following NEW packages will be installed:
>
>   mysql-client
>
> 0 upgraded, 1 newly installed, 0 to remove and 537 not upgraded.
>
> <!--省略其余内容-->
>
> root@kvm-host:~/xjy/libevent# apt-get install libmysqlclient-dev
>
> Reading package lists... Done
>
> Building dependency tree
>
> Reading state information... Done
>
> The following NEW packages will be installed:
>
>   libmysqlclient-dev
>
> 0 upgraded, 1 newly installed, 0 to remove and 537 not upgraded.
>
> Need to get 862 kB of archives.
>
> <!--省略其余内容-->

(2) 导入数据库表。

安装完 MySQL 后，通过命令"mysql -uroot –proot"进入 MySQL 数据库，该命令表示以 root 用户登录 MySQL 数据库，密码为 root。登录到 MySQL 后，使用"create database"命令创建一个数据库 cloud_v2。然后将做好的 MySQL 文件 data.sql 导入到新建的 cloud_v2 数据库中，使用"source"命令，在本例中，data.sql 的存放位置为"/root/xjy/mysql"目录。命令"source /root/xjy/mysql/data.sql"执行后，可以看到 cloud_v2 数据库中已创建了很多表。

然后通过命令"insert into admin(username,password) values('admin','admin');"在表 admin 中添加一条记录，将管理员的账号和密码都设为 admin(该条记录用于在 Marvel Sky 的管理平台程序中登录使用)。

具体操作如下：

```
root@kvm-host:~/xjy/libevent# mysql -uroot -proot
Welcome to the MySQL monitor.    Commands end with ; or \g.
Your MySQL connection id is 42
Server version: 5.5.41-0ubuntu0.14.04.1 (Ubuntu)

Copyright (c) 2000, 2014, Oracle and/or its affiliates. All rights reserved.

Oracle is a registered trademark of Oracle Corporation and/or its
affiliates. Other names may be trademarks of their respective
owners.

Type 'help;' or '\h' for help. Type '\c' to clear the current input statement.

mysql> show databases;
+--------------------+
| Database           |
+--------------------+
| information_schema |
| mysql              |
| performance_schema |
+--------------------+
3 rows in set (0.00 sec)

mysql> create database cloud_v2;
Query OK, 1 row affected (0.00 sec)

mysql> show databases;
+--------------------+
| Database           |
+--------------------+
| information_schema |
| cloud_v2           |
| mysql              |
| performance_schema |
+--------------------+
```

4 rows in set (0.00 sec)

mysql> use cloud_v2;
Database changed
mysql> show tables;
Empty set (0.00 sec)

mysql> source /root/xjy/mysql/data.sql
Query OK, 0 rows affected, 1 warning (0.00 sec)

Query OK, 0 rows affected (0.06 sec)

Query OK, 0 rows affected, 1 warning (0.00 sec)

Query OK, 0 rows affected (0.05 sec)

Query OK, 0 rows affected, 1 warning (0.00 sec)

Query OK, 0 rows affected (0.04 sec)

Query OK, 0 rows affected, 1 warning (0.00 sec)

Query OK, 0 rows affected (0.06 sec)

Query OK, 0 rows affected, 1 warning (0.00 sec)

Query OK, 0 rows affected (0.04 sec)

Query OK, 0 rows affected, 1 warning (0.00 sec)

Query OK, 0 rows affected (0.06 sec)

Query OK, 0 rows affected, 1 warning (0.00 sec)

Query OK, 0 rows affected (0.14 sec)

Query OK, 0 rows affected, 1 warning (0.00 sec)

Query OK, 0 rows affected (0.05 sec)

Query OK, 0 rows affected, 1 warning (0.00 sec)

Query OK, 0 rows affected (0.05 sec)

Query OK, 0 rows affected, 1 warning (0.00 sec)

Query OK, 0 rows affected (0.05 sec)

mysql> show tables;
```
+------------------+
| Tables_in_ cloud_v2  |
+------------------+
| admin            |
| cloudTerminal    |
| dataimages       |
| image            |
| instances        |
| login_log        |
| operation_log    |
| srcimage         |
| user             |
| user_instance_db |
+------------------+
```
10 rows in set (0.01 sec)

mysql> select * from admin;
Empty set (0.00 sec)

mysql> describe admin;
```
+-----------------+-------------+------+-----+---------+----------------+
| Field           | Type        | Null | Key | Default | Extra          |
+-----------------+-------------+------+-----+---------+----------------+
| id              | int(11)     | NO   | PRI | NULL    | auto_increment |
| username        | varchar(50) | YES  |     | NULL    |                |
| password        | varchar(50) | YES  |     | NULL    |                |
| admin_privilege | int(11)     | YES  |     | NULL    |                |
+-----------------+-------------+------+-----+---------+----------------+
```
4 rows in set (0.00 sec)

```
mysql> insert into admin(username,password) values ('admin','admin');
Query OK, 1 row affected (0.03 sec)

mysql> select * from admin;
+----+----------+----------+-----------------+
| id | username | password | admin_privilege |
+----+----------+----------+-----------------+
|  4 | admin    | admin    |            NULL |
+----+----------+----------+-----------------+
1 row in set (0.01 sec)
```

（3）修改 MySQL 的配置信息。

在 MySQL 中创建完数据库和表之后，需要修改 MySQL 的配置信息，将 wait_timeout 和 interactive_timeout 的值修改为 2880000(默认是 28800)。interactive_timeout 参数表示 MySQL 服务器关闭交互式连接前等待活动的秒数，wait_timeout 参数表示 MySQL 服务器关闭非交互连接前等待活动的秒数。可以将这两个参数的值设置得大一点以避免长时间不操作时出现数据库连接错误。

在 MySQL 的配置文件/etc/mysql/my.cnf 中修改 wait_timeout 和 interactive_timeout 的值，只需在该文件的"[mysqld]"下面加入"wait_timeout=2880000 interactive_timeout = 2880000"即可。修改之前可以通过 MySQL 的命令"show variables like '%timeout%';"查看 MySQL 包含"timeout"的相关参数设置，可以看到 wait_timeout 和 interactive_timeout 的值默认为 28800。修改完毕后需要通过命令"service mysql restart"重启 MySQL 服务器，具体操作如下：

```
mysql> show variables like '%timeout%';
+----------------------------+----------+
| Variable_name              | Value    |
+----------------------------+----------+
| connect_timeout            | 10       |
| delayed_insert_timeout     | 300      |
| innodb_lock_wait_timeout   | 50       |
| innodb_rollback_on_timeout | OFF      |
| interactive_timeout        | 28800    |
| lock_wait_timeout          | 31536000 |
| net_read_timeout           | 30       |
| net_write_timeout          | 60       |
| slave_net_timeout          | 3600     |
| wait_timeout               | 28800    |
+----------------------------+----------+
10 rows in set (0.00 sec)
```

```
root@kvm-host:~/xjy/mysql# vim /etc/mysql/my.cnf
#
# The MySQL database server configuration file.
#
# You can copy this to one of:
# - "/etc/mysql/my.cnf" to set global options,
# - "~/.my.cnf" to set user-specific options.
#
# One can use all long options that the program supports.
# Run program with --help to get a list of available options and with
# --print-defaults to see which it would actually understand and use.
#
# For explanations see
# http://dev.mysql.com/doc/mysql/en/server-system-variables.html


# This will be passed to all mysql clients
# It has been reported that passwords should be enclosed with ticks/quotes
# escpecially if they contain "#" chars...
# Remember to edit /etc/mysql/debian.cnf when changing the socket location.
[client]
port                    = 3306
socket                  = /var/run/mysqld/mysqld.sock


# Here is entries for some specific programs
# The following values assume you have at least 32M ram


# This was formally known as [safe_mysqld]. Both versions are currently parsed.
[mysqld_safe]
socket                  = /var/run/mysqld/mysqld.sock
nice                    = 0
[mysqld]
wait_timeout=2880000
interactive_timeout=2880000
<!--省略其余内容-->
```

保存后退出 vim。然后重新启动 mysql 服务，具体操作如下：

```
root@kvm-host:~/xjy/mysql# service mysql restart
mysql stop/waiting
mysql start/running, process 4075
```

```
root@kvm-host:~/xjy/mysql# mysql -uroot -proot
Welcome to the MySQL monitor.    Commands end with ; or \g.
Your MySQL connection id is 36
Server version: 5.5.41-0ubuntu0.14.04.1 (Ubuntu)

Copyright (c) 2000, 2014, Oracle and/or its affiliates. All rights reserved.

Oracle is a registered trademark of Oracle Corporation and/or its
affiliates. Other names may be trademarks of their respective
owners.

Type 'help;' or '\h' for help. Type '\c' to clear the current input statement.

mysql> show variables like '%timeout%';
+----------------------------+----------+
| Variable_name              | Value    |
+----------------------------+----------+
| connect_timeout            | 10       |
| delayed_insert_timeout     | 300      |
| innodb_lock_wait_timeout   | 50       |
| innodb_rollback_on_timeout | OFF      |
| interactive_timeout        | 2880000  |
| lock_wait_timeout          | 31536000 |
| net_read_timeout           | 30       |
| net_write_timeout          | 60       |
| slave_net_timeout          | 3600     |
| wait_timeout               | 2880000  |
+----------------------------+----------+
10 rows in set (0.00 sec)
```

5. Marvel Sky 后台程序的安装

(1) 安装 Marvel Sky 后台程序。

将 Marvel Sky 后台程序拷贝到服务器当中，通过"bash tinycloud-install.sh all"命令执行部署脚本，脚本会自动将配置文件和对应的程序拷贝到相应目录。本例中将 Marvel Sky 后台程序拷贝到"/root/xjy/install"目录下，具体操作如下：

```
root@kvm-host:~/xjy# ls
git      iso      libvirt  pic        test.txt      yajl
img      kvm      mkimg    qemu       test.txt~
install  libevent mysql    screenshot virt-manager
```

```
root@kvm-host:~/xjy# cd install/
root@kvm-host:~/xjy/install# ls
build  tinycloud-install.sh  tinycloud-install.sh~
root@kvm-host:~/xjy/install# bash tinycloud-install.sh all
root@kvm-host:~/xjy/install#
```

(2) 安装 bridge 软件包。

通过"apt-get install bridge-utils"命令安装 bridge-utils 包，具体操作如下：

```
root@kvm-host:~/xjy/install# apt-get install bridge-utils
Reading package lists... Done
Building dependency tree
Reading state information... Done
bridge-utils is already the newest version.
0 upgraded, 0 newly installed, 0 to remove and 537 not upgraded.
```

因为虚拟机是通过桥 br0 来连网的，安装 bridge-utils 包后还需要添加网桥 bridge，然后配置 br0 的具体信息，具体操作如下：

```
root@kvm-host:~/xjy/install# brctl addbr br0(创建网桥 br0，但本例中 br0 已存在，显示无法创建
同名的 br0)
device br0 already exists; can't create bridge with the same name
root@kvm-host:~/xjy/install# brctl show(显示所有 bridge)
bridge name          bridge id              STP enabled       interfaces
br0                  8000.10604b6c2486       no                eth0
virbr0               8000.000000000000       yes
root@kvm-host:~/xjy/install#
```

接下来配置 br0 的 IP 信息，使用 vim 打开文件"/etc/network/interfaces"后在文件末尾添加信息，具体操作如下：

```
root@kvm-host:~/xjy/install# vim /etc/network/interfaces
# interfaces(5) file used by ifup(8) and ifdown(8)
auto lo
iface lo inet loopback

auto br0
iface br0 inet static
        bridge_ports p2p1
        address 10.9.0.230
        netmask 255.255.255.0
        gateway 10.9.0.250
        dns-nameservers 8.8.8.8
```

添加完毕后保存，退出 vim 即可。Marvel Sky 的后台程序安装完毕。

7.4.2 Marvel Sky 管理平台的使用

1. 登录 Marvel Sky 管理平台

Marvel Sky 管理平台在管理节点中运行，可在普通 PC 机上安装使用。本书以 Windows 操作系统和 Marvel Sky 管理平台的 Win7 版本为例，主要讲解 Marvel Sky 管理平台在管理节点上的使用，Marvel Sky 管理平台(Win7 版本)如图 7-20 所示，直接点击"TinyCloud-QiGuan.exe"即可运行文件。

图 7-20 Marvel Sky 的云管理平台

在使用 Marvel Sky 管理平台之前，需要将 Marvel Sky 在服务器节点上的两个主要的服务开启，分别是 tinycloud-compute 和 tinycloud-ctrl，具体操作如下：

```
root@kvm-host:~# service tinycloud-compute start
 * Starting tiny-compute server    tiny-compute
    ...done.
root@kvm-host:~# service tinycloud-ctrl start
 * Starting    server    tiny-ctrl
/usr/bin/tiny-ctrl already running.
/usr/bin/tiny-ctrl already running.
root@kvm-host:~# pgrep tiny
1956
3179
```

点击如图 7-20 所示界面中的"TinyCloud-QiGuan.exe"图标，出现如图 7-21 所示的 Marvel Sky 的云管理平台界面，点击"管理节点设置"，如图 7-22 所示，在"管理节点 IP"中输入要管理的服务器 IP 地址，本例为"192.168.10.239"，端口号不变，使用 7.4.1 小节中数据表 admin 的账户 admin 和密码 admin 登录。登录后界面如图 7-23 所示。

图 7-21　Marvel Sky 的云平台管理系统登录界面 1　图 7-22　Marvel Sky 的云平台管理系统登录界面 2

图 7-23　Marvel Sky 的云平台管理系统登录界面 3

2. 创建并上传模板文件

从图 7-24～7-27 演示了如何使用 iso 文件创建系统的模块文件(也叫镜像文件)。首先选择 iso 镜像文件，然后定义要创建的模板文件的名称及大小，接下来选择适用的操作系统，最后做内存，声卡和显卡的配置。

图 7-24　使用 iso 文件创建 Ubuntu 模板(步骤 1)

图 7-25　使用 iso 文件创建 Ubuntu 模板(步骤 2)

图 7-26　使用 iso 文件创建 Ubuntu 模板(步骤 3)

图 7-27　使用 iso 文件创建 Ubuntu 模板(步骤 4)

　　模板文件创建成功后，可以浏览模板，然后进行上传。上传成功后可在系统界面看到已上传的模板详细信息。本例中创建了多个模板，如图 7-28 所示。

图 7-28　已上传的模板详细信息

3. 使用模板文件创建并管理虚拟机

有了模板文件后，接下来即可使用模板文件创建虚拟机，进行虚拟机的管理。创建虚拟机时通过点击图 7-29 所示"虚拟机管理"右侧的加号即可出现如图所示的对话框，在对话框中定义虚拟机的名称、需创建的数量、内存大小等信息。如图 7-29 所示为创建的多个不同类型的虚拟机。

图 7-29　创建虚拟机

在图 7-30 中可以看到创建的多个不同名称、不同操作系统的虚拟机，有些状态是运行中，有些是停止；有些和用户绑定，有些未绑定。虚拟机刚创建后，状态都是停止，且未绑定用户。虚拟机在创建完毕后状态一直是停止的，直到有云终端开启并连接到该虚拟机后状态才会改变。

图 7-30　虚拟机管理

Marvel Sky 管理平台还提供了查看服务器信息的功能。在图 7-31 中，可以查看服务器节点信息，包括服务器的 IP 地址，在该服务器节点中创建的虚拟机个数，最大连接数量等等其他信息。

图 7-31　计算节点/服务器管理

本 章 小 结

　　确切来说，KVM 仅仅是 Linux 内核的一个模块。管理和创建完整的 KVM 虚拟机需要更多的辅助工具。QEMU 是一个强大的虚拟化软件，KVM 使用了 QEMU 的基于 x86 的部分并稍加改造，形成可控制 KVM 内核模块的用户空间工具 QEMU。因此，从某种意义上说，QEMU 是 KVM 虚拟机的一个管理工具。

　　但是，由于 QEMU 的命令行参数使用起来比较复杂，且对初学者进行学习和系统管理员进行部署都增加了难度，因此，出现了许多第三方的 KVM 虚拟化管理工具，本章介绍了一些比较流行的 KVM 的虚拟化管理工具。在这些工具中，有大名鼎鼎的 libvirt，也有基于 libvirt API 的带有图形化界面的 virt-manager，还有北京奇观科技有限责任公司的 Marvel Sky。本书在介绍这些管理工具的同时，也给出了各种工具的具体使用方法，针对 libvirt 还给出了使用 libvirt API 进行开发的示例。

　　虚拟化和云计算在当今的 IT 产业中的地位和用途越来越广泛，发展也十分迅速。读者可以根据自己的实际生产环境和学习需要，针对性地选择虚拟化管理工具来使用 KVM。

参 考 文 献

[1]   邢利荣，何晓龙. 从虚拟化到云计算[M]. 北京：电子工业出版社，2013.

[2]   何坤源. Linux KVM 虚拟化架构实距指南[M]. 北京：人民邮电出版社，2015.

[3]   任永杰，单海涛. KVM 虚拟化技术实战与原理解析[M]. 北京：机械工业出版社，2013.

[4]   Danielle Ruest. 虚拟化技术指南[M]. 陈奋，译. 北京：机械工业出版社，2011.

[5]   邓志. 处理器虚拟化技术[M]. 北京：电子工业出版社，2014.

[6]   KVM 官网[EB/OL]. [2015-1-15]. http://www.linux-kvm.org/page/Main_Page.

[7]   QEMU 官网[EB/OL]，[2014-11-25]. http://wiki.qemu.org/Main Page.

[8]   libvirt 官网[EB/OL]. [2014-12-02]. http://libvirt.org/.

[9]   virt-manager 官网[EB/OL]. [2015-01-09]. http://virt-manager.org/.

[10]   Linux man 手册.